My Life
as an Explorer
I

我的探险生涯 I

〔瑞典〕斯文·赫定 著　李宛蓉 译

人民文学出版社
PEOPLE'S LITERATURE PUBLISHING HOUSE

图书在版编目(CIP)数据

我的探险生涯.Ⅰ/(瑞典)斯文·赫定著;李宛蓉译.—北京:人民文学出版社,2016(2025.3重印)
(远行译丛)
ISBN 978-7-02-011677-5

Ⅰ.①我… Ⅱ.①斯… ②李… Ⅲ.①探险-亚洲-近代 Ⅳ.①N83

中国版本图书馆 CIP 数据核字(2016)第 117391 号

出 品 人　黄育海
责任编辑　朱卫净　邰莉莉
封面设计　汪佳诗

出版发行　人民文学出版社
社　　址　北京市朝内大街 166 号
邮政编码　100705
印　　刷　山东临沂新华印刷物流集团有限责任公司
经　　销　全国新华书店等
字　　数　225 千字
开　　本　890 毫米×1240 毫米　1/32
印　　张　12　插页 5
版　　次　2016 年 11 月北京第 1 版
印　　次　2025 年 3 月第 2 次印刷
书　　号　978-7-02-011677-5
定　　价　69.00 元

如有印装质量问题,请与本社图书销售中心调换。电话:01065233595

目 录

1	第一章	缘起
14	第二章	穿越厄尔布尔士山抵达德黑兰
23	第三章	策马穿越波斯
34	第四章	穿过美索不达米亚到巴格达
44	第五章	波斯冒险之旅
58	第六章	君士坦丁堡
67	第七章	觐见波斯大帝
77	第八章	盗取死人头颅
84	第九章	攀登达马万德山峰
95	第十章	阳光大地呼罗珊
107	第十一章	殉教之城马什哈德
110	第十二章	布哈拉与撒马尔罕
125	第十三章	深入亚洲心脏地带
134	第十四章	结识布哈拉酋长
145	第十五章	两千英里马车之旅
162	第十六章	吉尔吉斯人

174　第十七章　与"冰山之父"搏斗

188　第十八章　接近沙漠

200　第十九章　沙海

211　第二十章　大难临头

225　第二十一章　生死关头

237　第二十二章　现代鲁宾逊

251　第二十三章　二度挑战帕米尔高原

259　第二十四章　两千年的沙漠古城

269　第二十五章　野骆驼的乐园

278　第二十六章　撤退一千二百英里

289　第二十七章　亚洲核心的侦探故事

300　第二十八章　第一次西藏行

311　第二十九章　野驴、野牦牛和蒙古人

324　第三十章　唐古特强盗之地

335　第三十一章　北京之路

350　第三十二章　重返沙漠

363　第三十三章　河上生活

第一章
缘起

能在童稚时期发现自己一生挚爱的事业，是件多么快乐的事！没错，就这点我的确十分幸运；早在十二岁那年，我的人生目标就已经非常明确。因此，我童年最亲密的友伴包括：库柏①、凡尔纳②、利文斯通③、斯坦利④、富兰克林⑤、帕耶⑥、诺登斯科德⑦，尤其是那些北极探险队里前仆后继的英雄和殉难者，

---

① 詹姆斯·费尼莫尔·库柏（James Fenimore Cooper, 1789—1851），美国小说家，以撰写冒险小说闻名。
② 儒勒·凡尔纳（1828—1905），法国小说家，为《海底两万里》《八十天环游世界》等著名探险故事的作者。
③ 戴维·利文斯通（David Livingstone, 1813—1873），英国传教士，深入当时有"黑色大陆"之称的非洲从事探险。
④ 亨利·斯坦利（Henry Stanley, 1841—1904），于担任纽约《前锋报》特约记者时，受命前往非洲找寻失踪的利文斯通，他所撰写的报道成为当时西方社会极为轰动的探险文章。
⑤ 约翰·富兰克林（John Franklin, 1786—1847），英国著名的北极探险家。
⑥ 帕耶（Julius von Payer, 1841—1915），为奥地利探险家兼画家，曾率领奥匈帝国北极探险队发现位于俄罗斯西北的法兰士约瑟夫地群岛。
⑦ 阿道夫·诺登斯科德（Adolf Nordenskiuöd, 1832—1901），瑞典的北极航海家，驾船由大西洋向亚洲北太平洋前进，成功穿越东北航道。

特别让我着迷。那时候，诺登斯科德正首次前往斯匹茨卑尔根岛①、新地岛②和叶尼塞河③河口，这一项大胆的冒险行动，令人咋舌。我十五岁那年，诺登斯科德回到故乡，也就是我的出生地斯德哥尔摩，完成了他的东北航道之旅。

探险的启蒙

一八七八年六月，诺登斯科德登上帕兰德船长所指挥的"维加号"，从瑞典出发探险。他们沿着欧洲与亚洲北方的海岸线航行，一直到西伯利亚北方北极海岸线的最东端，然而冰雪将"维加号"给困住了，整整十个月动弹不得。瑞典的乡民焦急忧虑，大家都为诺登斯科德与整个科学探险队的命运感到忧心忡忡。第一支出发前去营救的是美国籍队伍，当年因为指派斯坦利前往非洲"找寻利文斯通"而声名大噪的纽约《前锋报》编辑詹姆斯·戈登·本纳特再度发号施令，派遣德朗船长前往北极，一来寻找北极点以打通东北航道，二来设法解救受困的瑞典探险队。于是，德朗的"珍妮特号"在一八七九年七月出发，展开探险兼营救的行动。

然而，等在美国籍探险队前方的却是悲惨的命运！"珍妮

---

① 北极海岛群中的一个岛。
② 俄罗斯西北极海中之岛群。
③ 位于西伯利亚中部，向北流入北极圈内的喀拉海。

特号"撞上冰山,大部分船员不幸罹难。不过值得安慰的是,被冰雪封冻的"维加号"终于在融冰后脱困,并在蒸气动力引擎的辅助下,顺利穿越白令海峡,驶入太平洋,在未折损任何一位队员的情况下,诺登斯科德的东北航道探险克竟全功。诺登斯科德探险告捷的新闻最先从日本横滨传来,我永远忘不了当时斯德哥尔摩市民欢欣鼓舞的热闹景象。

诺登斯科德探险队沿着亚洲和欧洲南方的海岸线返回,这趟航程是一次睥睨群伦的壮举。一八八〇年四月二十四日,"维加号"的汽笛声响彻斯德哥尔摩港,整个城市弥漫欢腾的气氛。沿岸的楼房点缀着无数的灯笼和火炬,皇宫前用煤气灯点亮装饰成的"维加"二字如同一颗闪亮的星星,就在一片令人炫目的灯海中,这艘名闻遐迩的探险船轻缓地滑入港湾。

当时,我和父母亲、兄弟姐妹们一起站在斯德哥尔摩南方的高地上,饱览这场盛大的欢迎仪式。霎时,我被那股剧烈的狂喜和兴奋俘虏了——终此一生,我未曾遗忘那一天的盛况,因为它决定了我未来的志业。听着码头上、大街上、窗户旁、屋顶上响起的热情以及如雷的欢呼声,我暗自立定志向:"有朝一日,我也要像这样衣锦荣归。"

从此,我开始钻研任何和北极探险有关的事物,只要是关于北极探险的书籍,不论新旧我都会去研读,而且动手绘制每一次探险的路线图。在北地的隆冬里,我在雪地上踯躅而行,在敞开的窗前入眠,为的是锻炼自己忍受酷寒的能力。我幻想自己长大成人之后，立刻会有个慷慨的赞助人出现，他会掷一袋金币在我的脚下，对我说："去吧！去寻找北极！"我决心要有一艘自己的船，满载着探险队员、雪橇和拉橇狗，穿越夜色和冰原，勇往直前迈向终年只吹南风的北极极点。

命运之神的安排

可是命运之神却另有安排！一八八五年，就在我快要离开学校的时候，校长问我愿不愿意前往里海沿岸的巴库去担任半年的家庭教师，教一个资质较低的男孩。这位男孩的父亲是诺贝尔兄弟雇用的总工程师。我未经考虑就答应了，毕竟我还需要很长一段时间，才可能等到一位多金的赞助人；更何况只要接受这份工作，我就能立刻展开长途旅行，前往亚洲的重要关口。就这样，命运之神引导我走向亚洲大道。随着岁月的流逝，我年少时到北极探险的梦想已逐渐淡去，从那一刻起，亚洲这片地球上幅员最辽阔的陆地所散发出的令人着迷的力量，显然主宰了我往后的生命。

一八八五年春夏之际，我不耐烦地等候出发时刻的到来。驰骋的想象力已经把我带到里海边上，我隐约可以听见滚滚汹涌的波涛声，也能听见沙漠商旅行进时叮当作响的骆驼铃声，整个东方的魅力在我眼前迅速开展，我觉得自己已然掌握了那把开启传奇与冒险之境的钥匙。这时候，斯德哥尔摩来了一支

莫斯科

小型马戏团，表演的动物之中包括一峰来自中亚土耳其斯坦①的骆驼，对我来说，它仿佛是来自远方的同胞，吸引我一再前去探望它。不久之后，我就要去这峰骆驼的故乡，向它在亚洲的亲戚们捎上一声问候。

  这趟长途旅程，我父母和兄弟姐妹们都很担心。不过，我并不是单独一人前往，跟我同行的有我的学生，还有他的母亲和弟弟。在依依不舍与家人道别之后，我们登上即将载着我们横越波罗的海与芬兰湾的汽船；在俄罗斯的喀琅施塔得可以眺望到圣以撒大教堂贴满金箔的拱顶，闪烁生辉犹如耀眼的太阳；几个小时之后，我们一行人从圣彼得堡的涅瓦河码头上岸。

  可惜我们没有时间逗留，在沙皇的首都稍作停留几个小时

---

① 又作突厥斯坦。

第一章 缘起　5

之后就上了火车,这是一列中途经过莫斯科,从欧俄前往高加索的快车,全程需要四天的时间。沿途无边无际的平原快速向后飞去,火车像子弹一样呼啸着穿越稀疏的松林和肥沃的田园,田里即将成熟的秋谷随风摇曳。从莫斯科以南,发亮的铁轨蜿蜒直下南俄,丝毫不见起伏的大草原。我的双眼贪婪地欣赏着这一切景物,因为这是我第一次到国外旅行。白色的小教堂顶着绿色洋葱形尖顶,突起于农村的上空;穿着红上衣与沉重靴子的农人在田里工作,四轮马车载运干草和蔬菜根茎往来于乡野之间。崎岖而泥泞的马路上行驶的不是梦想中的美国动力汽车,而是由三四匹马合力拖曳的马车,伴随着叮当作响的铃声,奔驰起来速度煞是惊人。

离开罗斯托夫之后,我们渡过壮阔的顿河;罗斯托夫是顿河注入亚速海的出口,而亚速海正是黑海的门户。火车继续朝南飞快地行驶,车站上,几乎都是哥萨克骑兵、士兵、卫兵,还有英俊、魁梧的高加索人,他们穿戴着褐色外套和毛皮毡帽,胸前横挂着银色的弹药匣,腰间的皮带上则悬着手枪或匕首。

我们乘坐的火车开始缓缓地往上爬坡,驶向高加索山北边的山脚;来到捷列克河畔,一座美丽的小城弗拉季高加索傍河而建,这就是"高加索之君",就像海参崴[1]是"东方之君"一样。我学生的父亲,就是那位总工程师乘了一部马车来接我

---

[1] 俄罗斯城市符拉迪沃斯托克的别名。

们，我们于是又搭乘这部马车继续旅行了两天，沿着格鲁西亚军用道穿过高加索山，走了一百二十英里路。这条路分成十一个站，每到一个休息站都需要更换马匹，由于马车很笨重，当我们在攀登海拔七千八百七十英尺高的高道尔站时，必须动用七匹马才能将马车拉上去，不过，下坡的行程只需要两三匹马。山坡路崎岖难行，有时才爬上陡峭的山脊，马上又碰到四五个曲折的大弯道，道路迅速下降到另一个山谷，然后马上又得攀上另一座高耸的山头。

穿越高加索军用道路

这真是一趟伟大的旅行。在此之前，我从未做过任何可以跟它媲美的事。我们四周尽是高加索山壮丽的景色，远处山峰白雪覆盖，陡峭的山壁里层层峰峦相叠，其中以海拔一万六千五百四十英尺的卡兹别克山最为高耸，它的峰顶沉静地沐浴在日光中。

这条山路的路况相当良好，是沙皇尼古拉一世在位期间修筑完成。由于修建经费极为昂贵，沙皇在启用仪式上说："我原以为会看到一条用黄金铺成的道路，结果发现这条路竟是灰石

第一章 缘起　7

子儿铺设而成的。"道路濒临悬崖深渊,因此外围有一道低矮的石墙环绕着。崩解的冬雪在斜坡上堆积成厚厚的一层,并且漫延到整条道路和村庄,我们的马车驶进村落时,必须穿过墙高十英尺的、坚固的遮雪棚。

高加索山最高峰:卡兹别克山

一整天,马车都维持全速前进,这样的旅行速度实在疯狂!我因为坐在马车夫旁边的位置,每次遇到急转弯时都觉得头晕目眩,好像前方的道路突然消失在空中一般,随时都有被抛进深谷的危险。

幸亏我担心的事并没有发生,我们安然抵达了高加索区的主要城市第比利斯,那儿热闹非凡,景致优美!从库拉河两岸到陡峭贫瘠的山坡上,屋舍如同圆形的露天剧场一阶又一阶地向上伸展;大街小巷挤满了骆驼、骡子和车辆,以及熙来攘往各色各样的种族,包括:俄罗斯人、亚美尼亚人、鞑靼人、乔治亚人、彻尔克斯人①、波斯人、吉卜赛人和犹太人等。

---

① 高加索民族的一支。

到了第比利斯，我们改搭火车继续未完的旅程。此时已进入盛夏，天气炎热，我们选择三等车厢的座位，原因是这里最通风。同车厢的还有波斯、鞑靼和亚美尼亚的商人，他们大都携家带眷。另外，还有一些迷人的东方民族，不论在举止或服饰上都是那么优雅似画；尽管天气酷热难耐，这些外地民族仍然戴着厚重的羊皮帽。火车上还有些从麦加朝圣回来的信徒，他们将薄薄的祈祷毯子摊开铺在车厢的地上，在夕阳落入地平线的那一刻，所有的信徒全都面朝圣城麦加的方向，跪下来喃喃吟诵祷词；此时，火车仍旧轰隆轰隆地向前行驶。当时涌现心里的那股惊奇感受，至今犹是鲜明清晰。

火车沿着库拉河蜿蜒前进，有时在河的北岸，有时又行驶到河的南岸。库拉河沿岸已有垦殖，清新鲜绿的河岸经常在远处闪烁着光辉。然而，除了这些开垦的田地外，其余可说是一片荒芜；大部分都是平坦的大草原，只见到照顾牲口的牧羊人踪迹，还有少数地方几乎是寸草不生的沙漠。朝北望去，整个高加索山恰似灯火通明的舞台景幕，深浅交织的蓝色调夹杂着峰峦积雪的白色线条，这就是亚洲啊！这片诱人的景致令我舍不得移开视线。在那一刻，我已经感觉到自己将会爱上这块一望无垠的荒原旷野，在未来的岁月中，我将被吸引到东方，而且越来越深入。

到了尤吉瑞车站，按照往常的习惯，我拿着素描簿下了火车准备画一些东西，还没走多远，就觉得肩膀被沉重的手掌给按住,三个看起来不怀好意的警察抓住我,面色狐疑地板着脸问我问题。由于我还没学会俄语,幸好在场有一位懂法语的亚美尼亚女孩帮我翻译。警察一把抢过我的素描簿,对于我的解释响起一阵轻蔑的笑声,显然他们把我当成了间谍,意图颠覆沙皇的国家。我们的周遭聚集了大批人群,当火车启动的第一声鸣笛响起,这些警察有意想把我抓去关起来。就在这当口,火车站的站长穿过人群过来查看究竟,他拉着我的手臂护送我回到火车上,此时第二声鸣笛再度响起,我爬上月台,那几个警察紧随在后。火车哐啷哐啷地起动了,我像一尾滑溜溜的鳗鱼,快速穿过两三节车厢,然后躲在一个角落里,等到我回到同伴身边时,那几个警察已经跳下火车不见踪影了。

"风城"巴库

我们慢慢地接近里海。风很强,从地上卷起云雾般的灰尘,一开始是远山不见了,紧接着,连乡间也被浓密的烟尘给整个遮蔽。风越刮越强劲,后来竟转成一股飓风,火车吃力地顶着强风前进;当火车顺着海岸行驶时,我们呼吸困难,只能模糊地注视着白浪滔天、惊涛拍岸的壮观景色。火车终于抵达巴库,这个被誉为"风城"的地方果然名不虚传。

巴库位于阿普歇伦半岛的南岸,此半岛向东延展伸入里海约五十英里,诺贝尔兄弟与其他石油大王的庞大炼油厂所在地

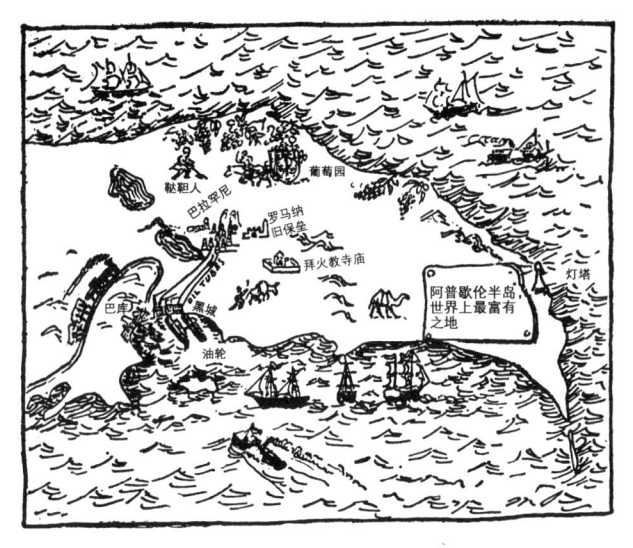

阿普歇伦半岛

"黑城",就在巴库的东方。提炼好的石油从这里经由油管输送到黑海,途经辽阔遥远的高加索南部地区;至于海路运输则借由油轮横渡里海,目的地是阿斯特拉罕和伏尔加河河畔的察里津[①]。多数油井所在的油田大都集中在巴拉罕尼,这是个鞑靼村落,位于巴库东北方十三俄里[②]外,长久以来以蕴含丰富石油而闻名,但直到一八七四年诺贝尔兄弟引进美国式钻井法,才真正进行原油的开采。接下来的几年,此地的石油开采工业欣欣向荣,当我一八八五年首次拜访巴拉罕尼时,当地已经拥有

---

① 即现在的伏尔加格勒。
② 一俄里约一点零六七公里。

三百七十座油井，每年的石油产量高达好几亿俄磅①。有时地底压力会使原油像喷泉一样涌出来，据估计，一座油井在二十四小时内就可以喷出五十万俄磅的原油。

我在耸立如森林般的钻油塔之间度过了七个月，为学生补习历史、地理、语文和其他实用性的学科，可是，我最快乐的时刻却是陪伴卢德维格·诺贝尔去巡视油田。我也喜欢骑着马穿梭在各个村庄间，为鞑靼族的男人、妇女、小孩和马匹画素描；或者是骑一匹活泼的马儿往巴库奔驰，到"黑色市集"逛逛。市集里都是鞑靼人、波斯人和亚美尼亚人经营的小铺子，商人们坐在阴暗的店铺里，叫卖来自库尔德斯坦②和克尔曼的地毯、壁饰、织锦、拖鞋、大毡帽等。我观赏金匠锤炼饰品和兵器，把生铁铸造成刀刃和匕首。这里的每一件事物，无不令我深深地着迷，不论是衣衫褴褛的托钵僧或身着深蓝色长外套的皇室亲王，我同样兴致勃勃。

有个目标督促我作一趟短程的旅行，那就是造访拜火教的神庙。以前，神庙里日夜都点着圣火，信徒在圆形拱顶下长

巴拉罕尼的油井

---

① 一俄磅约为三十六英磅。
② 今伊朗与伊拉克北方接壤之处。

年以天然气供奉着这把火，不过，现在这把火已经永远熄灭了。夜幕低垂时，古老的神庙静静地躺在荒秃的大草原上，围绕它的只是黑暗与孤寂。

流积成湖的原油火焰浓烈

在冬天的一个夜晚，我们围坐在灯火前面，突然从窗外远方的路上传来不祥的呼号："失火了！失火了！"村里的鞑靼人四处奔走，扯开嗓门警告大家，并挨家挨户叫醒屋里的人。我们赶忙跑出屋外，发现整座油田都燃烧了起来，熊熊火焰把附近照得通亮如白昼；火场中心距离村庄只有几百码远，积聚成湖的原油猛烈地烧着，连阻挡原油外泄的挡土墙之间都冒出火舌，甚至一座铁塔也延烧了起来！强风翻搅着火焰，好像碎裂、迎风飘扬的旗帜，阵阵黑褐色的浓烟越滚越高；所有的东西都在沸腾、噼啪作响，鞑靼人企图用泥土灭火，但是徒劳无功。由于油井的铁塔紧密相邻，强风把星火从这一个铁塔刮到另一个铁塔，致使所有突出地面的东西都被摧毁殆尽。在刺眼的强光下，最靠近我们的钻油塔看起来像一具具白色幽灵，鞑靼人快速将这些铁塔砍倒，靠着超人般的毅力，他们终于成功地堵住这场大火。几个小时之后，油湖烧尽了，大地再度被黑暗所笼罩。

第一章 缘起　　13

第二章
穿越厄尔布尔士山抵达德黑兰

我利用在巴拉罕尼整个冬天的晚上,学会了流利的鞑靼语和波斯语。我的老师名字叫巴奇·卡诺夫,是个年轻的鞑靼贵族。隔年的四月初,我的教书工作告一个段落,我决定把挣来的三百卢布用来作一趟骑马的旅行,往南穿越波斯[①],最后抵达海边;一路上有巴奇陪伴我同行。

策马奔向旅程

一天深夜,我向同乡的友人告别,登上一艘俄国明轮船,然而强烈的北风横扫巴库上空,船长不敢冒险驶离港口。第二天早上,风力终于逐渐减弱,我们的船开始和海浪搏斗,继续

[①] "波斯"一辞源于"帕萨"(Persa),为阿契美尼德人的家乡,在今伊朗西南部的法斯省。几个世纪以来,多数西方国家均以"波斯"名称泛指伊朗全境。一九三五年,伊朗政府要求人民使用"伊朗"来代替"波斯",但于一九四九年,伊朗政府即不再坚持。因此"波斯"被广泛使用。

朝南方前进，经过长达三十个小时的航行，我们在里海南岸的恩泽利登陆，随即换乘一艘汽艇横渡一个很大的淡水礁湖莫达布，或称作"死水"；抵达一处被湖环绕、青葱碧绿的村庄。我们从这里换乘马匹前往商业城市拉什特。

我已经把身上所有的钱兑换成波斯克朗，当时，一波斯克朗相当于一法朗。我和巴奇各带一半的银币，我们将它们缝进腰间的皮带里。除了沉重的皮带，衣物都尽可能轻便，因此，我除了身上穿的一套冬装外，只带了一件短外套和一张毛毯。不过，我带了一把左轮手枪自卫，巴奇则在他穿的鞑靼外套上背着一支长枪，皮带上还插了一把匕首。

拉什特附近茂密的森林里，皇家孟加拉虎常会悄无声息地出没觅食；而沼泽中氤氲升起的瘴气会使人产生热病，有时候，

拉什特的清真寺

第二章　穿越厄尔布尔士山抵达德黑兰

甚至引发令人丧胆的大规模流行性疾病。有个小镇就曾经在一次痢疾大流行时造成六千个居民死亡的惨剧，侥幸生还的人连埋葬死者的时间都没有，便将死者尸体都丢进清真寺里。这儿的清真寺建有低矮的尖塔和红石板屋顶，景观优美如画；商家的店铺外头则挂满了色泽多样的布帘，主要是用来遮挡强烈的阳光。沿着这条海岸线，丝织品、稻米和棉花是波斯的主要产品。

在拉什特有位俄国领事叫凡拉索夫，我前去拜访他，当晚并受邀在他的住处晚餐。我穿着简单的旅行装和马靴赴宴，当我踏进领事的房子，看到屋内装潢呈现优雅的波斯风格，室内灯火通明；因此，当主人一身正式的晚宴服出现眼前时，我感觉很不自在。我很后悔没有和巴奇待在我们那间简陋的客栈里。但是我没有晚礼服可穿，只好尽情享受这顿奢华的两人晚餐了。

第二天早上，两匹休息过的马在客栈门前蹬着脚，两位负责照顾它们的男孩等候在一旁，马鞍后方绑着一对鞑靼人用的软皮袋，里面装着我全部的行李。我们跃身上马，两个男孩小跑步跟着我们出发。这条路通往一片茂盛的森林，我们在路上遇到许多骑牲口或徒步的旅人，也有大型的骡车载着货物准备渡海前往俄国。其中有些箱子里装的是水果干，箱子上都有皮革覆盖。森林里到处听得见骡颈上叮当作响的铃铛声，每一辆骡车前的第一匹骡子颈上都系着一个巨大的铜铃，随着步伐摇晃发出沉闷的铃声。

暴风雪中攀越厄尔布尔士山

第一个晚上，我们在科多姆的一家小旅馆过夜，旅馆的屋顶密密实实地披覆青苔，好几百只燕子在青苔里筑巢栖息，经由敞开的窗户飞进飞出。

远方接近山区的地表开始向上拔起，我们沿着"白河"（Sefīd-Rūd）河谷前进，晚上就留宿在美丽的村庄里；这些村庄四周都种植橄榄树、果树、法国梧桐和柳树。我们并没有随身携带粮食，不过，乡间的家禽、鸡蛋、牛奶、面包、水果已经足够喂饱我们的胃，而且价钱便宜得不可思议。路越走越峭险，我们进入厄尔布尔士山区，沿途地势逐渐升高，森林越深入越稀疏，最后直达尽头。

到了曼吉尔，我们骑马通过一座建有八个拱形洞口的古老石桥。天色变得灰暗，风也刮了起来，整座山像盖上一层雪白的毯子一般，我们攀爬得越高，地上堆积的白雪就越厚。这时，天上开始飘起片片雪花，一场伸手不见五指的暴风雪将天地整个笼罩住了，我身上穿的衣服并不能御寒，现在可说是被牢牢冻在马鞍上，简直冻到骨髓里去了。雪下得很大，路径完全被掩盖，马匹像海豚似的陷进皑皑白雪里；暴风雪打在我们脸上，眼前每一样东西都是白色的，就在我们以为迷路的时候，有个东西若隐若现地出现在狂飞乱舞的雪花中，原来是一队由马车和骡车组成的商旅朝我们的方向走过来。两个汉子骑马当前导，他们手持细长的长矛探路，以防车队陷入危机四伏的山涧或掉落悬崖。在全身被冻僵的情况下，我们终于抵达一个叫马斯拉的小村落。我们找到一个脏乱、像是山洞的地方，在地上升起火来，与我们一起围着火堆席地而坐的还有四个鞑靼人、两个波斯人和一个瑞典人；大伙儿忙着暖和已被冻硬的关节，同时把湿透的衣服脱下烤干。

光环不再的"皇家宝座"

山径盘旋直上厄尔布尔士山最高的山脊，向南的斜坡积雪很快就融化了，平坦的大草原缓缓延伸直至加兹温市。先知穆罕默德就这么说过："伟哉加兹温，它乃天堂之门槛。"加兹温在伟大的哈里发[①]哈伦·拉希德的整治下变得更加美轮美奂，到了波

[①] 原意为"继承人"，后为伊斯兰教国家政治、宗教领袖的称号。

斯王大马士一世在位时,更将加兹温选为首都(公元一五四八年),并称它为"皇家宝座"。四十年后,阿拔斯大帝把首都迁往伊斯巴汗①,加兹温的光彩从此褪色。

在马斯拉的休息站

传说阿拉伯诗人洛克曼就住在加兹温,当他自知死神即将降临时,便把儿子找来对他们说:"我没有什么财宝可以留给你们,这里有三只瓶子,瓶子里装满具有神奇效用的药水。如果你从第一个瓶子里取出几滴来,滴在已死的人身上,他的灵魂就会返回躯体,这时,你再从第二个瓶子里取几滴药水滴在他身上,他就能坐起来,等到第三瓶里的药水滴到他身上时,他就可以完全复活了。不过你要记住,务必谨慎使用这些珍贵的药水。"诗人的儿子已逐渐老迈,他知道自己大限将至,便对仆人说明这些药水的用法,并指示仆人,等他一死,就立刻用药水让他复活。后来当主人死了,仆人立刻将主人的尸体搬到浴室去,把第一瓶和第二瓶的药水滴在主人

---

① 位于伊朗中西部,今名为伊斯法罕。

第二章 穿越厄尔布尔士山抵达德黑兰

身上,这时候,洛克曼的儿子坐了起来,死命地尖声叫道:"倒啊!倒啊!"仆人一看见死尸会坐起来说话,简直吓坏了!情急之下,拿在手上的第三只瓶子一松,竟掉在石子铺的地板上,自己一溜烟逃得无影无踪。可怜那洛克曼的儿子只有坐在澡堂里,最后还是走上了黄泉路!有人说,直到今天,在浴室的地窖里仍然听得见阴森森的鬼叫声:"倒啊!倒啊!"

加兹温坐落于厄尔布尔士山南方的平原上,从这里通往首都德黑兰有一条长达九十英里的道路,整条道路分成六站,商旅往来多数依赖俄国式的马车,有的用三匹马拉车,有的需要四匹马;每到一站都必须更换马匹,因此走完整趟路必须换五次马匹。现在天气和煦,晴朗如春,我们坐在马车上享受那股奔驰的快感。马儿全速奔跑,车轮扬起了大片灰尘,恰似云雾一般。往北眺望,山脊上覆满白雪的厄尔布尔士山清晰可见。而南方辽阔的平原一路伸展,直入天际;平原上散布着零星的村落,村里到处点缀鲜绿青翠的庭园。但是,一离开这些村落,剩下的只有单调的苍黄景观。

有一次,我们听到后方传来另一辆马车卡跶卡跶快速前进的声音,才一转眼工夫,那辆车就像旋风般超越了我们,车上有三名鞑靼商人,在超车的那一刻朝我们戏谑地吼道:"旅途愉快!"如此,他们就可以抢先到达下一个驿站挑走最好的马匹。这时我的好胜心陡地涌现,我对车夫说,只要能赶过前面那辆马车,我就赏他两克朗。于是车夫快马加鞭,果然在接近下一个驿站时，我们的马车超越了那些鞑靼人，这次轮到我使尽吃奶的力气朝他们笑谑道："旅途愉快！"

我认识一位来自瑞典的海贝奈特医生，他从一八七三年起开始担任波斯王的牙医，还被封为波斯极尊贵的称号"汗"，所以一抵达德黑兰，我就直接到他家登门拜访。海贝奈特医生对于有机会看到乡人觉得很开心，他张开双臂热烈欢迎我，并且邀我在他府上住一段时日。医生的住宅豪华富丽，室内装饰为典型的波斯风格。我们日日流连在这迷人的大城市，其间经历的事情容我稍后再详述，这里，我要先描述另一件事，因为它对我日后造成了极大的影响。

有一天，海贝奈特医生和我走在德黑兰尘土飞扬的街道上，两边的人家都建有黄土墙；这些街道相当宽广，两旁开凿窄窄的明沟，路旁种植成行的梧桐、胡杨树、柳树、桑树等。突然，我们注意到前方走来一支前导仪队，队员身穿红衣、头戴银盔，手执长长的银棍，他们用这些棍子从人群中开出一条路来，因为"众王之王"的车子就要过来了。前导仪队后面紧跟着一支五十人的骑兵队，再后面才是波斯王的灰色马车，马车由六匹配戴着银色华丽辔饰的黑色骏马拖曳，每辆马车靠左的马上都坐有一位骑士。大王的肩上披着黑色斗篷，头上的黑帽子镶嵌着一颗硕大的翡翠和一枚饰有珠宝的军徽；大王乘坐的马车后紧跟着另一支骑兵队，殿后的是一辆后补用马车，以备大王的马车万一抛锚时可以立刻接替。虽然街道并未铺石板，但马蹄却没有扬起尘埃，因为在波斯王来临前，就已经先有骡队驮着装水的皮袋在街道上洒过水了。大约一分钟光景，这支壮观的队伍慢慢消失在远方的行道树之间。

　　这是我第一次看到波斯王纳斯尔丁。他相貌堂堂，眼睛黑黑亮亮的，鹰钩鼻，唇上蓄着浓密的黑髭须。当我们站在路旁凝视马车经过时，波斯王指着我对海贝奈特医生问道："他是谁？"海贝奈特回答："陛下，这是来拜访我的乡亲。"几年过后，我有个机会熟识这位波斯王朝的末代皇帝，因而对于这位堪称亚洲真正暴君的狂妄与傲慢，才有了更进一步的认识。

第三章
策马穿越波斯

夏季就快来临了,天气越来越暖和,我没有理由再拖延向南旅行的计划,偏偏巴奇却在这时候染上热病,我只好单独往南行进。于是巴奇出发返回巴库,我自己则在没有仆从的情况下,于四月二十七日只身踏上旅途。

虽说如此,但骑着租来的马儿在波斯旅行,从这一个驿站到达另一个驿站,是不可能完全形单影只的,因为旅人的身边一定跟着一个马夫,以便把租来的两匹马物归原主。马儿值两克朗,而在驿站住宿一晚也差不多这个价格。每到一站,马夫和马儿都得换新。当然,旅人要是觉得体力许可,自然可以日夜赶路,两个驿站之间的距离约摸十二英里到十八英里。我的马鞍后面挂着一对囊袋装满所有行李,不过,我还是把六百克朗的银币缝在了腰间的皮带里,一旦有不时之需,可以割破皮带的暗袋取出银币,至于饮食到处都很便宜。

进入陌生之境

当我和第一个马夫骑出德黑兰的南城门时，映入眼帘的是个无垠无际的陌生国土。亚洲人率真热情的招待令我感到自在愉快，不论是骑师、马车夫或流浪的托钵僧，每个人都是我的朋友。即使对那些驮负装有红西瓜、黄甜瓜的藤篮的小骡子，看着它们被沉重的货物压得疲惫不堪，连头都抬不起来，我也会感到万分不忍。在我们的左方矗立着"拉杰兹之塔"，这个古老的城市曾经出现在天主教圣典别集《多比传》中。在陵墓清真寺金黄色的洋葱形圆顶下，神圣的阿卜杜勒·阿齐姆大帝即长眠于此；十年后，纳斯尔丁大帝就是在这里被一个狂热的伊斯兰教神学家刺杀身亡。

空旷的原野越来越荒芜，园林庭院也越来越稀少，接着出现的是广袤的大草原，继续走下去，看见的就只是沙漠了。我们一会儿轻蹄小跑，一会儿纵马狂奔。途中，我们遇到一支从麦加朝圣回来的队伍，我

圣女法蒂玛的陵墓

的同伴翻身下马,为了亲吻朝圣者的衣角。

下一站来到库姆。库姆是个圣地,因有圣女法蒂玛长眠在此,前来朝圣参拜的信徒难以数计。法蒂玛的陵墓上方建造成金黄色的圆顶,在阳光下闪耀生辉;拱顶两旁分别耸立一座细高的尖塔。

我们一路朝南前进,经过商业重镇卡尚,再往下走,道路又开始拔高进入山区。离开卡尚时,我没有注意到马夫——一个十五岁大的男孩——竟然自己骑一匹精神奕奕的马,反而把一匹疲倦不堪的马给了我,我发现之后,到了乡下就把马调换过来。他因为赶不上我的快马,急得都快哭出来了,央求我别丢下他先走。可是,我还是硬着心肠说:"你比我还清楚这里的路况和地形,一定可以自己找到库鲁得站,我会在那里等你。"

男孩说:"没错,可是天快黑了,我害怕一个人骑马穿过森林!"

我回答:"你胡扯!森林一点都不危险,你只要尽快骑马通过就对了。"

于是我径自策马向南前进,男孩在我身后的远方消失了,太阳也跟着落入地平线下。暮色低垂,黑夜很快笼罩着整个大地。当路面还看得见时,我可以辨识方向,但天黑以后就必须靠马儿领路了。我的马走得很快,将我带进库鲁得山区。我对这里的地形毫无概念,不过,偶尔可以感觉到擦身而过的树干或枝叶,或许马儿带错路了。我要是聪明的话,当初应该带着那个识路的男孩,现在一切只有仰赖马匹了。马儿只是走着,在墨汁般的黑幕里看不见任何东西,唯一可见的微光是谷地上空的闪闪星星,偶有片刻,我隐约可以见到远处天空雷电乍放的光芒。

在暗夜中骑了约四个小时,我注意到林叶间透出一丝幽暗的光影,那应该是游牧民族的帐篷。我将马系好,拉起帐幕看看里面是否有人,一个老人出声回应,他不高兴地指责我,半夜里打扰他和他的家人实在很不懂得体谅别人。我急忙向他保证,我别无他意,只是想打听这条路是不是可以通往库鲁得,老人这才走出来,陪我走了一段路直到穿越树林,指点我正确的方向后,又不发一语地消失在夜色中。最后,我终于安然抵达库鲁得站。先前被我无情地遗弃在荒地里的男孩,此时站在门边瞅着我大笑,原来他比我早到好几个小时,正在怀疑我是不是被绑架了。我喝了茶,吃了些鸡蛋、盐和面包之后,把鞍囊放在地上当作枕头,很快就呼呼大睡,进入梦乡了。

英国和印度之间的电报线路通过波斯,而库鲁得正是电报线架设的最高点(七千英尺)。

繁荣的历史古城

我们来到一座城市,越深入市区,人们的生活越繁荣、越多彩多姿,村落与园林也越形紧密。一路上,我们和驴子、马匹、骡子所拉的小型商队擦身而过，牲口背上均驮着水果与谷物。接着，我们进入一条大街道，这儿正是鼎鼎有名的伊斯巴罕，也就是阿拔斯大帝在位时的首都。

扎因代河直接横越伊斯巴罕市中心，成漩涡状的泥河在已有三百多年历史的宏伟桥梁下静静流淌着。在这个城市里有太多的事物足以让游客驻足流连，譬如举世最大的广场之一伊玛目广场即在此；它长达两千英尺、宽七百英尺；伊玛目清真寺以贴陶装饰门面，美轮美奂，令人叹为观止；而四十柱宫虽然实际上只有二十根圆柱，但只要亲自走一遭，你就会明白，原来是宫殿前宁静的水池映射出的倒影效果，所以才有"四十柱宫"的名称。

在约俄法（Yulfa）郊区，住民大半是贫穷的亚美尼亚人。我闻得到水蜜桃、杏子、葡萄的芳香。在那石墙后面是规模庞大的市场，不时传来震耳欲聋的喧闹声，原来是驴马商队想要穿过拥挤的人群；还有商人扯开嗓门叫卖的声音，间或夹杂着铜匠锤打锅鼎的铿锵声。

伫立城南的高地上往下望，展开于眼前的确是一幅明媚风光。我坐在马鞍上回首来时路，触目所及尽是绿意盎然的花园，以及繁密毗连的房舍。清真寺的洋葱形圆顶和尖塔在一片翠绿中挑高鼎立，在阳光下闪耀着璀璨的光辉。

我再次骑马进入荒原，不时可见躲在土地里的红蜘蛛与或灰或绿的蜥蜴，还有游牧民族赶着羊群吃草。通过这片旷野，我顺着渐次攀高的路径到达帕萨尔加德遗迹[①]登上一座很高的阶梯，在一间大理石砌建的小屋里享受短暂的停留。这座波斯古城虽然已历经两千五百年岁月的刻蚀，却依旧屹立不摇。

波斯人称这座古代遗迹为"所罗门之母"，他们相信在阶梯顶端一个十英尺长、七英尺宽的墓室里，安息的正是这位伟大的女子。不过，欧洲人则称它为"居鲁士之墓"。传说这里躺着古波斯的居鲁士大帝，他被葬在镀金的石棺里，陵寝的墙上悬挂巴比伦产的昂贵帐幔；此外，陪葬的还有居鲁士大帝的长剑、盾牌、弓箭、项链、耳环、皇袍——不过，这些传说的真实性实在令人怀疑。

我记得居鲁士曾经十分自豪地说："我父亲统治下的领土南起酷热不适人居的荒漠，北止冰天冻地的极区，而处于南北之间的全是他的臣民。"

亲炙古迹遗风

越过崇山峻岭，地势豁然开展，我们来到了美尔达什特平原。我们马不停蹄，为的是去造访历史悠久，甚至更壮观的古代遗迹——波斯波利斯废墟；它曾是阿契美尼德王朝[②]历代首

[①] 公元前五四六年，为波斯王居鲁士大帝所创建的首都，他死后陵墓也建在此地。
[②] 波斯的第一代王朝，由公元前七世纪初期的统治者阿契美尼斯建立。

伊斯巴罕的皇家清真寺

都，也是波斯保存的古迹里最瑰丽的遗宝。古城周遭几乎是寸草不生的穷乡僻壤，焦黄的泥土因为热气而龟裂，极目展望，看不出任何生机。我要马夫带着马匹先回驿站，这一整天，我打算独自待在古城里。

有一条双边筑有栏杆、宽度可容纳十个骑士并肩通过的低矮的大理石阶梯，通到一座宽广的平台。大流士一世①所建造的皇宫基墙至今还保留着；而薛西斯国王②于两千四百年前建立的宫殿，采用三十六根圆柱支撑屋梁，如今仍然有十三根顶立着。未能亲自造访这个古都的读者，可以借《旧约全书》里的《以斯帖记》第一章第六节对埃兰古国③首都苏萨的描述，神游一下这座宫殿。《以斯帖记》对苏萨城里阿哈苏鲁斯④皇宫的描写如下："墙上悬挂白、绿、蓝色的帐幔，以细麻布和紫色布料绑在银环和大理石柱上；金银镶嵌的床座底下铺砌红、蓝、白、黑各色大理石。"

然而，这富丽堂皇的光景却在公元前三百三十一年遭受祝融的摧毁。当时，马其顿的亚历山大大帝征服了波斯的阿契美尼德王朝，喝得烂醉如泥的亚历山大大帝下令放火烧了皇宫，波斯波利斯城因而化为一堆灰烬。

我们继续朝南前进。走在一条狭窄的山径上俯瞰下面的平原，但见设拉子城静谧地躺在平原上，那景象叫人永难忘怀。

---

① 大流士一世（前550—前486），阿契美尼德王朝最伟大的君主。
② 薛西斯一世（前519—前465），大流士一世之子。
③ 位于今之伊朗西南部，为公元前十三世纪极为强盛的国家。
④ 阿哈苏鲁斯（Ahasuerus），意同希腊语中的"薛西斯"。

当地人称这条山径为"安拉胡阿克巴村",缘起于波斯人首次踏上这条山径远眺设拉子时,惊喜之余不禁高呼:"安拉胡阿克巴!"(伟哉安拉!)

设拉子以醇酒、美女、歌谣和妍丽的玫瑰花而闻名,站在山腰上就可以闻到酿好的醇酒醉人的芳香,空气里则溢满浓郁的花香;我们也看到著名诗人墓前种植高耸的柏树,其中最有名的是波斯最伟大的两位诗人,一个是《玫瑰园》作者萨迪,另一个是《诗集》作者哈菲兹。哈菲兹甚至为自己写了墓志铭:"噢!爱人,当我死去时,请带着美酒与歌声来墓前探望我,聆听你愉悦的歌声和甜美的乐曲,将使我从死亡的沉睡中苏醒。"帖木儿曾经在他所领导的一次战役中,特地到设拉子拜访哈菲兹,并对他的诗作极为推崇。

伊斯兰教的托钵僧分为许多层级,每一层级的领导人称为"裨尔"(pir)。他们各自拥有不同的风俗与规则,有些托钵僧嘴里不断嚷着:"安拉汗!"(噢,安拉!)有的则呼叫:"安拉公正无私,他就是真理!"还有一些律己更加严苛的托钵僧不断拿铁链鞭笞自己的肩膀。尽管如此,他们都有个共通点:他们永远都是一手拿着手杖,一手捧着半个椰子壳接受布施。

诗人的城市

一八六三年,有一位名叫费格贵兰的瑞典医生选择设拉子住了下来，在这个玫瑰与诗人的城市里度过三十年的岁月，最后长眠于当地基督教教会的墓园里。据说在费格贵兰生前，有一天，有个托钵僧前来叩门，费格贵兰开门丢了一个铜板给他，孰料托钵僧却不屑地表示，他的目的并非化缘，而是要点化费格贵兰这个异教徒，希望他改信伊斯兰教。费格贵兰要求他："那么你先得向我证明你的神力。"托钵僧回答："好，你可以指定任何语言，我都能够通晓。"于是费格贵兰改用瑞典话说："既然你这么说，就讲几句瑞典话让我听听吧！"托钵僧立即扬高音调，顺畅如流地咏诵几段瑞典诗人泰格奈尔（Esaias Tegnér）的著名史诗《弗里肖夫传奇》。费格贵兰医生听得目瞪口呆，惊讶不已，他简直不敢相信自己的耳朵。这时托钵僧认为已经整够了医生，才除去伪装的衣物，原来他是布达佩斯大学东方语言学教授范贝里，日后名扬全世界。

盖在孤岩顶的叶斯狄卡斯特

我倒是没有任何伪装来到了设拉子，与一位和蔼亲切的法国人法尔格共处了一段时间。一八六六年，年轻的法尔格原本在法国担任军官，他请了六个月长假，前往设拉子作一次小旅游，但是当我于一八八六年抵达该地时，他依旧"乐不思归"。四年后，我又在德黑兰与他相遇，他可说是全心全意迷恋着波斯了。

从里海一路往南的旅程中，以设拉子到波斯湾这一段最为艰辛，这条路径必须穿越扎格罗斯山脉，山路非常陡峭，而且惊险万状。我们骑着马翻山涉谷，四周尽是被太阳烤烫、斑驳碎裂的奇岩怪石；沿途经过三条山径，分别称为："白马鞍"、"老妇人"和"女儿"山径。有一回，我骑的马不小心踩了一个空，人连同马滚落山崖，所幸我及时从马鞍上脱身，才没有被甩离路面。

天气热得令人感到窒闷烦躁。山势越来越平缓，慢慢地终于与平坦的海岸沙地连成一气。有一个晚上，我又甩开跟班的马夫（这次是个老人）独自行动，这个地区不太安宁，经常有抢匪和歹徒虎视眈眈地等候猎物，幸好一切平安无事。在黎明曙光出现的瞬间，有一道亮晃晃的白光从我眼前划过，仿佛一把锐利的剑刃。几个小时之后，我策马进入布什尔港。这一趟旅程我花了二十九天，走了九百英里路，正好横越波斯大帝辽阔的江山。

第四章
穿过美索不达米亚到巴格达

　　布什尔可能是我旅游过的亚洲城市里最令人厌恶的地方！这对必须住在那里和在那里工作的人来说，简直是很大的一项惩罚。布什尔是个极度缺乏绿意的城市，充其量只不过有两三棵棕榈树；房子清一色是两层楼的白色建筑，巷弄的宽度窄得不能再窄了，为的是让两旁的房子制造可乘凉的阴影。这里终年阳光曝晒，到了夏天更是炎热得难以忍受。有一次，我发现户外阴影下的温度竟高达四十三点三摄氏度，听说最热时还高达四十五摄氏度。布什尔最后一个令人厌恶的原因是，由于经年强烈阳光照射，导致温暖、咸度高的波斯湾，就像一片毫无生机的水沙漠。

　　我和几个友善的欧洲人住在一起，这里的床铺四周都用蚊帐围着，而且铺设在屋顶上，即便如此，每天我还是趁着太阳露脸之前赶回楼下的阴凉处，避免被太阳晒出疼痛难堪的白水泡。

　　这天来了一艘英国籍汽船"亚述号"，船停泊在布什尔宽阔的外港，为了节省急剧缩水的荷包，我订的船位是在没有遮蔽的甲板上。这艘汽船载运货物和乘客往来于孟买和巴士拉①之间。乘客蜂拥着上船,大部分是东方人,包括印度人、波斯人和阿拉伯人。这趟横渡波斯湾的旅途并不长,甚至用肉眼就可以看到欲抵达的陆地;当我们靠近壮阔的阿拉伯河河口时,船的速度渐渐放慢,驾驶员小心翼翼地驶着汽船在危险的泥岸之间行进;这里的泥岸因遭水冲积形成一块三角洲。阿拉伯河的上游是由底格里斯河和幼发拉底河两大河汇流而成,河水夹带大量的泥沙,在波斯湾淤积成一片三角洲,每年朝海里伸展出一百七十五英尺宽的新生地。

我们搭汽船顺河而上。低矮的河岸上棕榈树丛生,居民在河岸两旁搭盖茅草屋和黑帐篷,豢养牛羊群;长着弯角的灰色水牛在烂泥中打滚。"亚述号"终于驶抵巴士拉城外,大约有三十艘小船乘风破浪划近"亚述号",因而溅起片片水花;这些小船主要用来运载乘客和货物。外港河水很深,阿拉伯船夫划着五颜六色的宽桨,到了内港浅水处,他们便跳上船尾,用细长的竹篙撑船前进。

欧洲国家的领事馆、商会和货栈都设在河岸边,我反正无事可做,便雇了一艘小木船,独自沿着一条蜿蜒曲折的小溪往上划,穿过一片蓊郁葱茏的枣椰林。丛林浓密蔽日,既潮湿又闷热,透不进一丝稍可舒心的微风,不过,空气中却散发出枣

---

① 位于波斯湾西北角,也是今天伊拉克境内底格里斯河的出海口。

第四章 穿过美索不达米亚到巴格达

椰树浓郁的芳香。有位波斯诗人曾指出,这里有七十种不同品种的枣椰树,用途却高达三百六十三种。枣椰树以有"伊斯兰的福树"之称而闻名,因为它可口的果实是本地广大人口的主要营养来源。

阿拉伯人所建的巴士拉港曾于一六六八年被土耳其人征服,这里的房子大半是有阳台的两层楼建筑。妇女们透过格子窗观望屋外狭窄街道上的景致。设有露天阳台的咖啡馆,时常有土耳其人、阿拉伯人、波斯人,以及其他地区的东方人来喝茶和咖啡,或抽抽烟。巴士拉是个非常脏乱的城市,热病肆虐,而豺狼和鬣狗是此地主要的"清道夫",它们在夜里溜出沙漠的洞穴,潜入城市觅食,把街道上腐败的垃圾和尸体清除干净。

离开巴士拉前往巴格达

五月的最后一天,明轮船"美济迪号"驶离巴士拉,前往巴格达。我订了上层的舱位。船上的高阶船员都是英国人,至于工作人员则属土耳其人;船上乘客除了我是白人之外,其他都是东方人面孔。站在船桥上,可见旅客集聚前甲板尽情享受悠闲的日子:阿拉伯商人正在玩双陆棋,波斯人抽着烟斗,一边吹着茶炉下的炭火,而他们的岁月就在缥缈袅绕的烟雾中悄悄流逝。从船桥上往下望,正对着一间女眷的内室,里面有临时悬挂起来的蓝色帷帐,年轻的妇女们依着靠枕席坐在羽毛床上打发时间；她们边吃零食，边抽烟，或是喝茶。船上还有一位托钵僧，此刻正向一群围着他而坐的男孩高声讲述寓言故事，讲完之后，便托着椰子壳向乘客化缘乞食。

被称为天堂之河的底格里斯河和幼发拉底河在廓尔纳（Korna）交会。根据阿拉伯人的说法，天地初始，伊甸园即位居两大河之间的半岛上，他们甚至能为你指出"智慧树"① 长在哪里；另有一些阿拉伯人说，幼发拉底河是名男子，底格里斯河则是位女子，两人选择在廓尔纳结婚。就地形上来看这两条河流的形状，很难不令人联想到一对牛角；事实上，廓尔纳这地名听起来就像是拉丁文里的"角"（cornu）。幼发拉底河为西亚最大的河流，约有一千六百六十五英里长②，发源自亚美尼亚境内的高地，距离亚拉拉特山不远，与较短的底格里斯河会合，形成了美索不达米亚平原，原意是"河间之地"，或为阿拉伯人所昵称的"岛"。美索不达米亚平原上的每一寸土地，无不令人遥想起几千年前，正值强盛的两大强权帝国亚述和巴比伦在这里掀起的世界大战。古巴比伦帝国极为繁荣兴盛，狂妄傲慢的百姓便在巴比伦城建造一座巴别塔，欲与天齐高，因而激怒了上帝而降临灾祸。至今我们还可以在底格里斯河畔发现古城尼尼微的废墟残迹——它曾是辛纳赫里布、阿萨尔哈东、萨丹纳帕路斯等亚述帝王时的首邑。

---

① 《旧约》中所记载亚当和夏娃偷食禁果的那棵树。
② 此处疑作者有误，据考幼发拉底河全长约一千七百四十英里。

第四章 穿过美索不达米亚到巴格达

离开了幼发拉底河河口，汽船缓缓沿着弯弯曲曲的底格里斯河上游行驶。亚美尼亚高原和托罗斯山脉融化的雪水，汇聚成流顺河而下，淹没了底格里斯河河岸，因此，我们需要四天的时间才能抵达巴格达。河道有些部分水浅，再加上浑浊如豌豆浓汤的河水下沙岸变幻莫测，导致汽船经常搁浅，这时必须设法排出底舱里的水，让货物与人员都先下船，以便使船身再浮起来，结果整段航程足足花了七天才结束。如果是从巴格达乘汽船顺流而下，到巴士拉只需要四十二个小时。

我们在以斯拉之墓①停泊上岸，河面上映照出棕榈树的款款丰姿，活泼的犹太男孩划着小船来接运货物和乘客。岸上，半开化的游牧民族蒙帖菲克和阿布·穆罕默德族人在此放牧牲口，他们手里拿着长矛，头戴马鬃圈环好固定白面纱，不致被风吹得胡乱翻飞。

沙洲古城

迎着风的帆船以轻快的速度朝上游飞驰前进，白色的船帆被微风吹得鼓了起来。遥望远方，库尔德斯坦蓝色的山峦尽收眼底，一群水牛正在游水渡河，赶牛的牧人用长矛试图使牛群排列成行。在燃烧过的干旱草原上，到处搭盖着黑色帐篷，熊

---

① 以斯拉是公元前五世纪至公元前四世纪时，巴比伦希伯来的宗教领袖。

底格里斯河畔的以斯拉之墓

熊的营火穿透黑暗的夜色晃着亮光。

　　太阳还没有升起，大地已开始热气蒸腾，令人感到窒闷。夜里，大伙儿被蚊子折腾得很惨，到了白天，成群如云的蝗虫漫天飞舞。一大批蝗虫飞掠过河，有的停在船上，或钻或爬，无所不在；连我们的衣服、手和脸都难逃骚扰，逼得大家只好关紧舱房的门窗，避免晚上有它们"作伴"。有些蝗虫扑上热烟囱，羽翅烧毁纷纷跌落地面，不久，地上竟叠起一堆越来越高的蝗虫残骸。

　　在库特-阿马拉，有一批货物上船，里头装的都是羊毛。突然，船停了下来，原来是船在沙岸上搁浅了。船员再次把底舱的水排出，加上有流速二点五英里的水流推波助澜，我们终于得以脱身。更往上游一些，河流划出一条长长的弯道，我们花了两个小时又四十分钟才绕出弯道。如果是用徒步横越弯道所包围的沙洲，却只需半个小时就能走到另一端。在这块突出于

第四章　穿过美索不达米亚到巴格达

河道的沙洲上，静静躺着泰西封城，这个城市相继被帕提亚王朝①、罗马帝国、萨珊王朝②、阿拉伯人所统治过。除了泰西封古城，这里还有一座美丽的城堡遗迹泰西封拱门，或称为"库思老之弓"，是萨珊王朝的库思老国王③当年的建树。

我想上岸走一走，"美济迪号"的船长不反对，还派遣四个阿拉伯人为我划小船，其中两位陪我走到沙洲。沙洲上散列的彩陶碎片被我们踩得喀嚓作响，我在"库思老之弓"城堡逗留了一个小时，将眼前的景致画进我的素描簿。这里曾经是泰西封城墙耸立之处，如今却已被沙漠所吞噬。而当年的御花园至今仍是瑰丽缤纷，不过，在绿意盎然的中央地带，居然有一块地方只有丛生的杂草与野蓟。

有个罗马教皇特使对此深感迷惑，于是向国王请教缘由。国王的回答是，这块荒芜的园地为一位穷寡妇所有，可惜她并不想出售。在这位罗马教廷使节的心目中，这片野草遍生的土地却是整座御花园里最美丽的一个角落。

公元六三七年，伊嗣俟三世④向大举来犯的阿拉伯军队投降，在求和的谈判过程中，伊嗣俟三世感慨地说："我见识过许多民族，还没有见过像你们这么贫穷的；你们以蛇鼠为食，以

---

① 公元前三世纪建于幼发拉底河流域的王国，在中国史籍上被称为"安息"。
② 波斯强国，于公元二二四年推翻帕提亚王朝。
③ 指萨珊王朝最伟大的君主库思老一世（531—579 在位）。
④ 萨珊王朝的最后一个君主。

羊驼皮为衣，怎么可能征服我的国家呢？"阿拉伯使节回答他："您说得没错，我们确实衣食匮乏，可是真神赐予我们先知穆罕默德，他的宗教就是我们的力量。"

巴格达的庐山真面目

我们慢慢接近巴格达了！眼前荒凉的景观被浓厚的烟尘所遮蔽，我在脑海里幻想《一千零一夜》的故事，阿拔斯王朝的哈里发以巴格达为首都，不知道要用多少的财富和气派，才能堆砌出这个名声响彻整个东方世界的城市。但是浓雾逐渐消散，我看到的仅仅是普普通通的土造房屋和棕榈树，刚才浮现脑海的美丽幻想霎时破灭。一座看似弱不禁风的浮桥横跨底格里斯河，马儿拉着水轮车将河水汲取上岸，用来灌溉田地。在河的右岸则有一座陵墓，叫作"柔贝依妲之墓"，她是巴格达的拉希德哈里发最宠爱的妻子。"美济迪号"在海关办公大楼外下了锚，一大群像贝壳般的小船蜂拥而上，围住"美济迪号"，然后把所有旅客接泊上岸。根据希腊史学家希罗多德的描述，这种小船叫"古发"，既无船头也无船尾，看起来倒像是一面盾牌。

巴格达为权威盖世的哈里发曼苏尔[①]于公元七六二年所创建，当时，他为这个首都取名为"达瑞赛伦"（Dar-es-Selam），

---

① 阿拔斯王朝的第二任哈里发艾布·贾法尔，自称曼苏尔，意为"胜利者"。

有"和平之居"的意思。截至他的孙子拉希德在位期间，在这位号称"公正之君"的治理下，巴格达的繁荣兴盛臻至巅峰。一二五八年，蒙古的旭烈兀率军大肆掠夺巴格达，之后放火烧城；不过到了一三二七年，伊本·白图泰①初次到巴格达时，仍然为这个城市的雄伟与壮丽惊叹不已。然而就在一四〇一年，令人闻风丧胆的帖木儿兵临巴格达城下，除了清真寺之外，没有一件东西得以幸免——不是被摧毁，就是遭受劫掠，他甚至下令用七万颗人头堆了一座金字塔。

自此之后，巴格达在哈里发全盛期的风华已经渐形褪色，如今，这个拥有二十万居民的古城，留下的只有一座供商旅客宿的大旅馆、一扇城门、柔贝依妲之墓，和一栋高耸于群屋之间的苏克阿迦尔尖塔（Suk-ei-Gazl）。这里的街道虽然狭窄，却优雅如画；我被人群推拥着前进，四周尽是穿着华丽长袍的阿拉伯人、贝都因人②、土耳其人、波斯人、印度人、犹太人与亚美尼亚人。在热闹喧嚣的市集上，各式各样色彩夺目的地毯、丝绸、壁毡、印花织锦，令人目不暇给；这些东西多半由印度进口。

巴格达的房子都是两层楼高，设有阳台；并辟建地下室，

---

① 伊本·白图泰（1304—1368/1369），阿拉伯地区旅行家暨作家。出身于北非摩洛哥丹吉尔，一三二五年开始出发旅行，在二十九年中旅行了十二万公里，东达中国广东，西抵安达卢西亚（今西班牙），南至廷巴克图（今西非国家马利），北履今俄国境内的干草原。
② 住在阿拉伯半岛、叙利亚和北非沙漠中的阿拉伯游牧民族。

炎炎夏日时可供人们避暑。室内的天花板垂吊着风扇,不时有童仆去拉动风扇的绳子,作用是纳凉和通风。屋外种植的棕榈树高过平坦的屋顶,夏风习习吹拂,在棕榈树的枝叶间逗弄着,发出阵阵的低吟声。

第五章
波斯冒险之旅

到了巴格达，我前往英国商人希尔本的家里拜访，他与夫人十分热情地款待我。我在他们府上叨扰了三天。在巴格达这段时日，我每天城里城外东逛西晃，划着"古发"小船游河，回到希尔本先生的家里，又享受着如帝王般的美食佳肴。

我想，希尔本先生大概会认为我是个行事莽撞的年轻人，因为我单枪匹马来到巴格达，接着竟然又打算不带任何随从，骑马穿越沙漠，以及随时都有可能发生危险的库尔德斯坦、波斯西部，然后回到德黑兰。我实在很难启齿向他解释，这么做其实是因为我皮带里的钱只剩下不到一百五十克朗了。我决定宁可受雇当骡夫，完成这趟荒远的路程，也绝不泄露自己阮囊羞涩的处境。

希尔本陪我到市集边的一间大客栈，院子里刚好有几名男子正在打包货物，准备装上鞍袋。我们向他们打听要往何处去，他们回答要去"克尔曼沙赫"。

"上那儿要花几天时间？"

"十一天或十二天吧。"

"你们商队有多少人?"

"有五十只骡子和货物。队上共十个商人,他们骑马;另外,还有几个从麦加回来的朝圣客、六个从卡尔巴拉①返回的朝圣徒,以及一个迦勒底商人。"

"我能加入你们的商队吗?"我问道。

"好啊,只要你肯出个好价钱。"

"雇匹马到克尔曼沙赫要多少钱?"

"五十克朗。"

希尔本先生建议我接受这个价钱。于是,我待在希尔本先生家里等候六月七日晚上商队来通知我何时出发。到了指定的时间,两个阿拉伯人出现了,我把波斯马鞍安置在雇来的马背上,向好心的希尔本先生和他夫人告辞后,便跃身上马,随着前来的阿拉伯人穿过巴格达市,来到市郊的商队客栈。

加入商旅队

此时正值伊斯兰教的斋戒月,穆斯林在日落之前一律不能进食、饮水、抽烟,不过等到太阳一下山,穆斯林就开始大开"吃"戒,借以弥补白天禁食的缺憾。之后男人都聚集在市集的

---

① 位于伊拉克中部,为什叶派穆斯林的圣地。

露天咖啡座上，依照宗教仪节进用晚餐。我们行走的路径正好横越波斯王国的领土，商队旅人所吸的水烟斗飘荡着缕缕轻烟，萦绕于狭隘的山道中仿佛笼上一层薄雾，因而，油灯所发出的依稀亮光必须奋力不懈才能突破暗夜之幕。

直到凌晨两点，骡子才再度驮负货物，拉长的商旅队伍浩浩荡荡继续展开旅程。沿路果树、园林越来越稀少，围绕在我们四周的只有寂静、黑夜和沙漠，还有带路的骡子颈上铜铃的叮当声。在黎明来临前，偶尔可见道路两旁若隐若现的阴影在探头探脑，它们是利用夜间外出猎物的豺狼和鬣狗，忙了一夜正要回到自己的巢穴。

正在啃食骆驼尸体的豺狼

清晨四点半，太阳已经高挂在沙漠上空。我们又走了四个小时的路程，来到班尼萨伊德（Ben-I-Said）客栈打尖休息；货物从骡子身上卸下来，赶路的人也利用一天里最热的这段时间躺下打个盹。

当我们的队伍走到迪亚拉河畔的小城巴库巴时，一队戍守边界的士兵突然将我团团围住，他们说我的瑞典护照上并没有入境签证，所以不可以越过土耳其和波斯的边界。眼见士兵试图强行拿走我单薄的行囊，我像一头猛狮般奋勇抵抗，接下来便是一场混战。与我同行的阿拉伯伙伴们都为我撑腰，最后我们一起去见总督，总督批准了我的入境文件，代价是费用六克朗。

隔天夜里，我骑在马上拼命想甩掉瞌睡虫，可是效果不大。骑了很长一段路，坐在马鞍上的我竟然昏沉沉睡着了。有一次，马儿看到路旁躺着一峰死去的骆驼，惊吓之余往后退缩，硬是不肯前进；我还不清楚到底发生什么事时，人已经被摔落地上了。饱受惊吓的马匹在夜色里狂奔而去，幸好被两个阿拉伯人给及时抓住，这会儿，我整个人才真正清醒过来。

六月九日晚上，先前落后的一位阿拉伯老头赶上了我们的商队，他骑着一匹纯种阿拉伯马。刚刚我才决定不再和商队一起旅行，因为一想到在往克尔曼沙赫的一百八十英里路上都得在伸手不见五指的黑夜里赶路，就觉得意兴阑珊。既然自己没有能耐只身完成这趟旅程，于是，我小心翼翼地同那位迦勒底商人和新加入的阿拉伯老头攀谈起来。迦勒底商人强烈说服我打消念头，他说我们要是脱队落了单，可能会被库德族强盗攻击和杀害；至于阿拉伯老头倒是不害怕，可是却以他的骏马为理由，向我开价每天二十五克朗，虽然我已经支付了全程旅费。我心想，跟着老头走，只要四天就能抵达克尔曼沙赫，跟着商队走则得再花九个晚上，这么一来，我的钱包就真的是空空如

第五章 波斯冒险之旅

也了！不过，我打定主意走一步算一步，毕竟当下我还不会有饿死的危机。也许到了克尔曼沙赫，我可以在商队觅个赶骡子的活儿，或者也可以学托钵僧沿路乞讨啊！

快马加鞭往克尔曼沙赫

不料，我的计划被另一个阿拉伯人偷听到，他向同伴泄露了我的秘密，结果商队队员坚决反对我们离开。他们反对倒不是因为我们见异思迁，而是不愿损失我座下的那匹马。我佯装顺从商队的意思，若无其事地继续晚上的行程。月亮缓缓升起，时间的脚步也跟着移动，在单调的铜铃声中，疲惫不堪的商人一个个坐在自己的马上，酣然进入梦乡。起先还有几个商人引吭高歌，希望借此驱走睡意，但很快地，歌声倏然静了下来。似乎没有人注意到，一路上我都和阿拉伯老头并肩骑着马，老头被我亮闪闪的银币所引诱，决定背叛自己的同伴。我们慢慢地、不动声色地骑到商队前方，等到月亮落下，天色整个暗了下来，我们便一点一点地拉远跟商队的距离；铜铃声掩护了我们的马蹄声。我们逐渐加快速度，身后商队的铜铃声越来越微弱，最后终至完全听不到了。我用力夹紧马的腹胁，与我的同伴飞驰直奔克尔曼沙赫。

太阳升起之后，我们停留在一个小村落稍作休息。嘴里叼着青蛙的白鹳正要回巢，一晃眼的时间，我们又得准备上路了！忽然，天空下起一阵倾盆大雨，我们全身湿透，而脚下的大地也同样得到雨水的滋润。最后的棕榈树远远地被我们抛到身后，眼前我们已经来到危险山区，也就是盗匪横行的地带。我把随身携带的左轮手枪先上好膛，不过，沿路只看到亲切温和的骑士、行人和商队。

我们遇到一群骑骡子的朝圣客，他们正要前往巴格达、大马士革和麦加朝拜。对这些人而言，他们一生最大的愿望就是站在阿拉法特山顶上，向下俯瞰圣城，再到克尔白①面向神圣的黑石祝祷，之后，他们即可获得"哈吉"②的光荣头衔，意思就是去过麦加朝圣的信徒。

在一个被认为是特别危险的地区，我们加入一支与我们同方向的商旅队，其中有一小段路，甚至有一队波斯军人随行：他们身穿蓝白相间的斗篷，皮带上装饰银色的刺绣图案。在表演各种精彩马术之后，这些军人向我讨赏，说是当作救我一命的报酬。他们宣称要不是有他们同行，我必然已经落入抢匪的手里。我没有钱可以给他们，只得指天发誓从来没要求他们保护，借此挽回颜面。

六月十三日，我们终于抵达克尔曼沙赫。当我们骑马穿过熙攘嘈杂的市集时，必须使劲推开挡路的骡子、托钵僧、商队、马夫和忙着叫卖的商人。

---

① 麦加禁寺内的伊斯兰教圣迹。
② 阿拉伯语音译，意为"朝觐者"。

到了商旅客栈的庭院，陪我来的阿拉伯老头翻身下马，我也跟着他下马。我付给他一百克朗的租马费，身上还剩下一些银币，可是老头并不满意，坚持我应该再多给他一些小费，因为这趟旅程十分愉快而且顺利（他说得确实有道理），所以我只好又花了点钱。如今，我身上只留下一个小铜板，价值约十五分钱；我用它买了两粒鸡蛋、一块面包和两三杯茶当晚餐，然后向老头辞别，把行李甩在肩上，独个儿走进城里。

绝处逢生

克尔曼沙赫城连一个欧洲人都没有，我身上也没有任何介绍信可用来向穆斯林自我引荐。即使身在沙漠中，我也未曾有过此刻的孤单无援。我靠着一堵坍塌的土墙坐下来思考，一边看着来来往往的人群；熙来攘往的行人看我的眼光，好像我是一头野兽，他们慢慢往我身边围拢过来，而且议论纷纷。看来拥挤的人群中没有一个比我还穷的。我到底该怎么办？再过几个小时就天黑了，今晚要到哪里落脚才不会被豺狼攻击？群众的心肠是冷酷无情的，谁会在乎一个信仰基督的异教狗呢？

"看来我得把马鞍和毯子给卖了。"我心里想。

就在灵光乍现的那一刻，我记起一个曾在布什尔和巴格达耳闻过的阿拉伯富商哈桑，他的商队遍布整个西亚，东起赫拉特、西至耶路撒冷，北从撒马尔罕、南至麦加。不仅如此，哈桑在波斯西部还有一个绰号是"大英帝国的掮客"。他,正是我要找的人!要是他不肯收留我,我只好去商旅客栈,想办法在商队里谋个差事。

我站起身来,向一位面貌和善的男子打听他是否知道哈桑的住处,他回答:"噢,我晓得。你跟我来。"我们很快就在一扇门前停下脚步,我敲敲门上一块附有铁环的牌子,门房把门打开。我向他表明来意后,他领我穿过一座花园,来到皇宫一般富丽堂皇的屋子。门房留下我径自走上阶梯,不久,他走了回来,告诉我富商愿意接见我。

我被带领穿过一间间豪华气派的房间,每个房间都铺上波斯地毯、克什米尔的壁饰与纺织品,并且摆置长沙发和青铜器具。走到最里头便是哈桑的书房,他坐在一张地毯上,身旁散布一堆堆文件与书信。两位秘书振笔疾书,记下哈桑口述的指示。另外还有几个访客靠墙站着。

上了年纪的哈桑蓄着一撮浓密斑白的胡子,外表慈祥而尊贵,戴着一副眼镜,头上缠绕白色头巾,身穿一袭镶金线的白丝绸外衣。而我身上穿着的是仅有的破衣衫,足蹬一双沾满灰尘的长统靴。当我一脚踩在哈桑房里柔软的地毯上时,哈桑起身表示欢迎,并伸出手来邀我坐下,垂询我的旅程与计划。对于我所有的回答,他一概点头表示了解,唯一不明白的是瑞典这个国家及它的地理位置,我详尽地向他说明,告诉他瑞典位于英国和俄国之间。

他思索了一会儿，似有所解地问我是不是来自"铁头"当国王的那个国家？"铁头"是瑞典国王查理十二世享誉东方的称号。

我回答："没错，我就是从'铁头'当国王的那个国家来的。"

哈桑一听我这么说，脸上立刻绽放出光芒。只见他低下头，仿佛在向一段伟大的回忆致敬。然后对我说："请你务必要留在我家里做客，至少住上六个月。请把我所有的东西都当作是你自己的，一切但凭阁下吩咐。现在请原谅我必须回到工作上，不过，仆从会带你去花园里另一栋房子，我希望你把那里当作自己的家。"

受到王子般的礼遇

于是，我随埃芬迪与米萨克来到附近一栋具波斯风味的优美房子。房间布置精巧，地上铺着舒适的地毯，还摆设黑色的丝缎长椅垫，天花板上的水晶吊灯闪烁耀眼。我大大松了一口气，几乎忍不住想要拥抱一下那两位被哈桑指派来服侍我的仆人！想想半个小时以前，我还风尘仆仆、衣衫褴褛地站在大街上，被另一群比我好不到哪儿去的人所围观。现在，阿拉丁神灯就在我眼前燃出熠熠光辉，命运的神奇力量把我变成了《一千零一夜》里的王子。

正当我和随从闲聊之际，几个仆役像幽灵似的悄悄走进房里，在地毯上铺了一块薄布，开始摆上晚餐。我一定要好好享用这顿佳肴美食。摆在眼前的晚餐有切成小块的烧烤羊肉，几只碗里装满了鸡肉、米饭、乳酪、面包和椰枣汁，最后上来的是土耳其咖啡和波斯水烟斗。

受到阿拉伯富商哈桑的热忱款待

等我好不容易想就寝时，发现床已经铺好在花园里了。那是一席靠着大理石墙的长椅垫，旁边有个大理石喷泉。水池里金鱼悠游自在，喷泉向上喷涌而出的水注清澈如水晶、纤细如发丝；水花在月光下跃动，亮闪闪胜似白银。空气中弥漫着夏天的氛围，掺杂着丛密娇艳的玫瑰和紫丁香所散发的迷人香味，这片优雅美景较之脏乱的商旅客栈简直是天壤之别！我感觉自己仿佛置身童话故事里，或者是一场梦。

夜色固然甜美，我还是渴望清晨尽快到来，因为我很想试试哈桑的骏马。我等到觉得不至于太早打扰到仆役时，便即刻召来一个仆人，不消多久，几匹已经上好马鞍的马儿早等候在门外了。在米萨克和一个马夫的陪伴下,我们骑马来到萨珊王朝历代国王的避暑岩洞——塔吉波斯坦。在岩洞壁上,我看到多位国王的浮雕肖像,涵盖从公元三八〇年开始的历代统治者;例如身穿盔甲、手执长矛、跨骑剽悍战马的"胜利者"库思老二世。壁上雕刻并且呈现出皇家成员狩猎的情景:他们骑乘大象追赶野猪,策马捕捉羚羊,划船追逐海鸟,一景一物无不表现出当时完美的狩猎活动。

日子就在四处游荡与盛宴中度过,而我依旧囊空如洗,身上连一个施舍给乞丐的铜板都没有,但我还是努力保持像绅士一样冷静、自信的态度,至少外表看起来如此。不过,这种情况不可能永远持续下去。有一天,我终于鼓起勇气,向埃芬迪透露自己窘迫的处境,我说这趟旅程比我原先的计划还长,所以现下我是身无分文。埃芬迪感到惊讶,却带着一脸深表同情的笑意(莫非他早就对我的境况心存怀疑?),接着,他说了一句令我永生难忘的话:"不管你要多少钱,尽管向哈桑开口。"

我决定于六月十六日午夜过后启程,同行的是一位信差,他自己带着由三位武装骑士组成的护卫队,为的是防范抢匪的劫掠。这位信差用怀疑的眼光打量我,而且认为我可能会因受不了旅途劳顿而中途脱队,因为从克尔曼沙赫到德黑兰将近三百英里的路程中,只容许在哈马丹城休息一天或一夜,至于停留其他驿站的时间则仅够替换马匹,吃点鸡蛋、面包、水果,以及喝喝茶充饥而已。年方二十的我如何服得下这口气,所以即使冒着被马儿震得粉碎的危险,我也要向信差阿克巴尔证明,我可以忍受任何的艰苦。

当天午夜,我与哈桑最后一次共度晚宴,席间尽聊些欧洲和亚洲的事物。哈桑还是那么和蔼慈祥,然而,我们两人都没有触及令我感到尴尬的财务问题。我站起身来向哈桑致谢,准备离开,哈桑脸上挂着微笑祝我一路顺风。后来,哈桑去世后安葬在某位圣人陵墓的附近,距今已经很多年了,可是我到现在还记得他的样子,每次一想到哈桑先生,我的内心总是充满敬爱与感激。

当我最后一次回到曾暂居过的"皇宫"时,米萨克交给我一个皮囊,里面装满纯银的克朗;后来,我如数偿还了这笔钱。我跃上马鞍,与阿克巴尔及三位武装随从在夜色中上路。

行行复行行

这趟路果真窒碍难行!在开始的十六个小时里,我们骑了一百零二英里路,到了第二天早上,皑皑白雪覆顶的阿勒万德峰(海拔一万零七百英尺)已然在望。我们在山脚下的哈马丹城休息了一天。我利用半天的时间好好睡了个觉,剩下的半天则用来拜访古迹"以斯帖之墓",以及埃克巴坦那古城[①]的旧迹。

[①] 公元前六七世纪里海西南古民族米堤亚人的首都。

前往卡尔巴拉的送葬队伍

我们经过一个村庄又一个村庄,每到一个休息站就累得跟死人一样,趁着换马和煮茶的空当,只顾把沉重疲惫的身躯瘫在壁炉旁休息,然后马上又得出发赶路;翻越一山又一岭,穿越园林村舍,渡过桥梁溪流。白天,大家必须忍受太阳无情的炙烤,夜里还要驱走正在分食路旁兽尸的豺狼。每天,我们看到日出日落,也望见晚上月亮升起与沉落;在蓝黑色的夜空,月亮宛如一枚银色的贝壳浮游在众星之间。有一回,我们甚至碰到一支送葬队伍,其实,我们在很远的距离便知道了,因为骡背上裹在毯子里的尸体恶臭冲天。他们的目的地是卡尔巴拉,墓地选在临近伊玛目侯赛因的陵墓。

六月二十一日清晨,我们终于抵达德黑兰。在这长达五十五个钟头的路程当中,我们没有一个人合过眼,而且每个人都骑瘫了九匹马。

经过一次完全的休养生息之后，我再度骑马翻越厄尔布尔士山，来到里海边的巴尔福鲁什[1]，然后乘船沿着土库曼海岸线，先后抵达克拉斯诺沃茨克[2]和巴库。我在巴库换搭火车，经过第比利斯和黑海沿岸的巴统，接着又换船来到君士坦丁堡（现称伊斯坦布尔）。为了行囊中的素描簿，我还在亚得里亚堡被逮捕。八月二十四日，我来到索非亚，由于太过靠近城堡，差点被警卫开枪射中，原来三天前这里才发生过革命，日耳曼王室贝滕贝格家族的亚历山大亲王痛失王位宝座。最后，我在德国北方的施特拉尔松德登上一艘瑞典籍轮船，回到家乡，受到父母和兄弟姐妹的热情欢迎，也为我在亚洲的第一次长途旅行谱下休止符。

---

[1] 即今巴博勒，伊朗北部城市。
[2] 即今土库曼巴希，土库曼斯坦港口城市。

第六章
君士坦丁堡

现在我分别在乌普萨拉大学、柏林大学和斯德哥尔摩高等学校攻读地理学与地质学；我在柏林的老师便是李希霍芬男爵[①]，他以游历中国闻名于世，也是当代对亚洲地理最具权威的学者。

在此同时，我也在写作方面初试啼声，将先前波斯旅游的见闻写成书，并以自己的素描画作为书的插图。以前我从来没有为出版社写过任何东西，因此当一位慈祥的老出版商出现在我家，主动出价一百二十英镑买我的旅行游记出版权时，我简直不敢相信自己的耳朵；原先我只是期盼不必自己出资，只要有人愿意出版这本书就谢天谢地了，没想到这位亲切的老绅士竟然愿意花钱买我的手稿，而且与我的经济状况比起来，这笔钱可真多得吓人。庆幸的是，我懂得把握这个千载难逢的机会，

[①] 李希霍芬（1833—1905），德国地理与地质学家，对这两个领域有卓越贡献，曾经到过东亚与美国加州进行地理探勘，著有关于中国的重要作品。

立即转变成外交家的姿态，表示对方所出的这笔钱和我一路上的惊骇险境与艰辛比较，根本就不能相提并论。不过，最后我还是屈服了，接受这位出版商所提的价格，事实上，我的内心可真是雀跃不已！

受到这次成功的经验鼓舞，我着手翻译并节录俄国将军普热瓦利斯基①的亚洲游记，把这些书籍整理成册出版。由于不是我原创的作品，因此只得到四十英镑的报酬。

一八八九年夏天，斯德哥尔摩举办东方学者大会，街道上到处挤满了亚洲与非洲的原住民。前来参加的有四位是杰出的波斯学者，受波斯大帝纳斯尔丁之命，来此向瑞典国王奥斯卡二世颁赠勋章。能够与这些波斯子民交谈，我仿佛沉浸在故乡和煦的微风中，比以往更加渴望能再度造访他们的国家。阿拉丁神灯又重新燃起，绽放出与哈桑花园里一般明亮的火花。

秋天时节，我与母亲、妹妹在斯德哥尔摩海边南岸的一个农场度假一个月。农场所在地达尔毕育（Dalbyö）属于"维加号"英雄诺登斯科德的产业。有一天，我收到父亲寄来的信，信上说："你明天早上十一点钟务必回城里一趟，向首相致敬。国王将在春天派遣一支特使团去波斯觐见大君，你被指派陪同前往。太棒了！"

---

① 普热瓦利斯基（1839—1888），俄国探险家，曾旅游至中国中西部，重新发现罗布泊，游历之地包括西藏东部、黄河和长江源头。他所发现的亚洲野马，后世乃将其命名为"普热瓦利斯基马"。

第六章　君士坦丁堡　　59

接下来，我们的度假小屋不断响起欢呼声，当天夜里我睡得不多，因为第二天清晨四点钟就得起床。达尔毕育和斯德哥尔摩之间的路况很差，我必须徒步穿过森林，再划着小船穿梭于群岛之间，航程长达七英里，才能够抵达轮船码头。不过这天早上，我拼命跑过森林，像只野鸭般横越海水，准时到达斯德哥尔摩。

当时瑞典和挪威还是同属一个国家，国王任命挪威籍的宫内大臣 F. W. 特雷肖夫率领特使团，另外派 C. E. 耶耶尔担任秘书，莱文豪普特伯爵担任武官，至于我本人则负起翻译的责任。我们于一八九〇年四月初启程，横越欧洲大陆，在伊斯兰教斋戒月里抵达了君士坦丁堡。

一首由宗教敲响的哀歌

君士坦丁堡是世界上最美丽的城市之一，地理位置刚好扼守着狭窄的博斯普鲁斯海峡。这道海峡连接两个内海，却分隔两块大陆，靠着金角湾港口，对外通往马尔马拉海。

君士坦丁堡和罗马、莫斯科一样，城里有七座山丘，最主要的一区是斯坦堡区（Stamboul）——那是个土耳其风味浓厚的城镇，位于三角形地带的海角上，靠近陆地的一面构筑城墙保护，墙上建有岗哨塔；靠金角湾的那一面则被深湾将它和隔邻的裴拉区（Pera）、加拉塔区（Galata）分离开来。斯坦堡区的海岸浪花汹涌，市内的房屋尽是白色搭配着明亮鲜艳的色调；而清真寺洋葱形圆顶与高瘦的尖塔突立于民房之上，益显壮观雄伟。斋戒月入了夜之后，清真寺即被万盏灯火照得通亮；亮晃晃的灯火经过精心设计，在尖塔之间拼成先知穆罕默德与神圣伊玛目的名字。

斯坦堡区最美丽的庙宇是圣索菲亚教堂，就是一般人所称的"智慧圣殿"，公元五四八年，由拜占庭皇帝查士丁尼所隆重敬献。圣殿圆顶和回廊由一百根巨柱支撑，有些柱子以墨绿色大理石为材质，其他则是暗红色的斑岩。

当时，圣索菲亚教堂的圆顶上立着基督教的十字架，但是九百年之后，在一四五三年五月二十九日，一个温暖的夏夜，"征服者"穆罕默德[1]率领一群粗野彪悍的暴民，高举伊斯兰教先知的绿色旗帜来到城堡外面。眼见强敌当前，罗马帝国的最后一位皇帝君士坦丁大帝脱掉身上的紫色皇袍，领军英勇抗战，最后终究战死沙场；尸横遍野，竟连君士坦丁大帝的遗体都无法辨认。大获全胜的苏丹在参观过美轮美奂的君士坦丁皇宫之后，对于生命的无常陡地兴起伤感情怀，不禁慨叹地吟诵一首波斯诗歌："蛛网结皇殿，夜鸦鸣暮曲，在阿夫拉夏卜塔（Tower of Afrasiab）上。"

十万名受到惊吓的基督教徒仓皇逃到圣索菲亚教堂避难，

---

[1] 即穆罕默德二世（1432—1481），奥斯曼帝国的苏丹，消灭拜占庭帝国，吞并大部分塞尔维亚、希腊，以及爱琴海众多岛屿。

希腊主教站在圣坛前,高声为亡者朗读弥撒

他们把门全部上了栓，然而，残暴的土耳其人仿佛发了疯似的，硬是将门敲破，蜂拥而入，一场恐怖大屠杀于此展开。一位希腊主教站在隆起的圣坛前，他穿着祭袍，高声为亡者朗读弥撒，最后，整个教堂就只剩下他这个基督徒还活着。在朗读到某句祷词时，他突然中断，拿起圣餐杯登上通往楼上回廊的阶梯，土耳其人见状竟似饿狼一般紧随在后；主教走进一扇打开的门扉，随即门便在他身后合上。土耳其士兵手持长矛和斧头，奋力砍击那堵门墙，却是无法动它分毫。四百五十几年来，希腊人盲目地相信着，有朝一日，当圣索菲亚教堂再度回到基督教徒手里那刻，那一扇门将会自动打开，而主教也会手执圣餐杯走出来，然后继续主持他被土耳其人打断的弥撒，并且就从中断的那句祷词接续下去。尽管如此，世界大战末期①，协约国军队攻占君士坦丁堡时，那位消失的主教并未现身。

皇宫居高临下

我们造访圣索菲亚教堂时，新月形的土耳其国徽依旧安然无恙地竖在圆顶与尖塔上，寺院的宣礼员按时在圆形阳台上向信徒宣告祈祷时刻，他的声音洪亮而清脆，四面八方都可以听到回音："伟哉安拉！唯一真神！穆罕默德是安拉的先知！快来

---

① 指第一次世界大战。

祷告，来领受永恒的喜悦。伟哉安拉！"

被改建为清真寺的圣索菲亚教堂里，回廊上点着无数盏的油灯，我们在那里目睹成千上万虔诚的信徒潜心诚意地祷告。

"征服者"穆罕默德为苏丹皇宫奠定了基础，截止苏丹阿卜杜勒·迈吉德①在博斯普鲁斯建立多尔马巴格奇（Dolma Bagche），整整四百年过去了，前后已历任二十五位苏丹。苏丹的皇宫盘踞在君士坦丁堡的最高点，黎明时分，皇宫的尖顶是最先被微曦染成紫色的地方，夜幕低垂时，也是最后淡去的景致。站在皇宫的阳台往下眺望，景色之美令人叹为观止；马尔马拉海、金角湾、亚洲海岸线尽收眼底。

苏丹皇宫由几座聚集的建筑物与庭院组合而成，彼此借由大门区隔开来。"中门"位于土耳其禁卫军宫殿，前后各一对门，两对门之间是个辟有地下墓穴的暗室；苏丹每每召唤官员前来听令，当官员过了第一对门，身后便会传来关门的声音，但如果眼前的第二对门纹丝不动，完全没有打开的意思，那么，这名官员就知道自己大限已到，因为被苏丹赐死的官员都是在此接受极刑。

第三道门称为"幸福之门"，门后就是储藏金银珠宝的国库，包括黄金御座、珍珠、红宝石、翡翠等，都是苏丹谢里姆一世从波斯的伊思迈尔大帝那儿夺掠而来。而在皇宫僻静的一

---

① 指阿卜杜勒·迈吉德一世（1823—1861），奥斯曼帝国苏丹，曾与英、法缔约结盟。

个角落，珍藏着先知穆罕默德的旗帜、长袍、手杖、弯刀与弓；陌生人不许进入此处，唯有苏丹可以每年一度前往这个神圣的地方瞻仰圣物。

参加晚宴

有一天，我们受邀参加苏丹的"伊夫塔"，也就是斋戒月的晚宴，宴席设在伊尔迪兹露天夏屋，担任主人的是苏丹的官员奥斯曼·葛西，他曾在一八七七年以寡敌众对抗俄国大军，成功地守卫普列夫纳长达四个多月，英勇名声不胫而走。夏屋的餐厅相当小，色调很深，不过光线倒是非常充足；屋外的日光逐渐隐没，屋内所有的人宛如雕像般静坐不动，个个倾身靠向自己面前的纯金餐盘，等候宣告日落的枪响。好不容易，日落枪声终于响起，仆役开始为宾客奉上晚餐。

晚宴过后，阿卜杜勒·哈米德二世①接见我们一行人。苏丹的个

阿卜杜勒·哈米德二世

① 阿卜杜勒·哈米德二世（1842—1918），曾并吞库尔德斯坦、土库曼、叙利亚、埃及，并征服过波斯的部分领土。

第六章 君士坦丁堡　65

儿矮小、轮廓细致、面色苍白，一撮胡子黑中泛蓝，眼珠子黑溜溜地、目光犀利，还长着一只鹰钩鼻；他戴着一顶红色的土耳其带缨毡帽，身穿深蓝色的长军服外套。苏丹的右手放在腰间半月弯刀的刀柄上，他优雅地点点头，接过敝国国王命我们转交的亲笔信函。

当然，我们也不会忘了去参观"死人城"——位于斯坦堡之外的一座墓园，确切地点是在斯库塔里。坟墓之间种植高大苍郁的柏树，无数碑石底下是疲惫的朝圣徒安息之所。在平躺式的墓碑上经常可以发现一个碗状的洞，下雨过后雨水聚集在洞里，引来许多喝水的小鸟；也许小鸟们造访时啁啾鸣唱的歌声，多少可以抚慰在墓石下长眠的亡灵吧。

第七章
觐见波斯大帝

四月三十日,我们搭乘俄国籍的轮船"罗斯托夫-敖德萨号"通过博斯普鲁斯海峡,左边是欧洲海岸线,右边是亚洲海岸线,映入眼帘的尽是美不胜收的奇妙景致。临近傍晚时分,最后一座灯塔也消失了,我们轻快地驶入黑海海域。接下来的路程我很熟悉。我们先停靠小亚细亚沿岸的一处小镇,然后在巴统上岸,之后改搭火车,取道第比利斯抵达巴库。沿途风光与我上次旅行一模一样,商旅、骑士、牧人也都没什么改变,即便是那灰色水牛拉车的如画景致,仍是不减往昔。

我们也利用这次旅程,造访了诺贝尔兄弟在巴拉罕尼的油田。这时候(一八九〇年),此地油井已经增加到四百一十座,其中一百一十六座属于诺贝尔家族所有;当中有四十座开始生产原油,另外二十五座油井还在继续开凿。有一座油井估计二十四小时甚至可喷涌出高达十五万"普特"①的原油。这些油

---

① 俄罗斯的重量单位,一普特相当于十六点三八千克。

井的平均深度在一百二十到一百五十英寻之间，最粗的输油管直径达二十四英寸。巴拉罕尼每天有二十三万普特的原油经由两条输油管运送到黑城，经过提炼以后，一天可生产六万普特的石油。

五月十一日深夜，诺贝尔那边有几位工程师陪伴我们登上轮船"米哈伊尔号"，我们才刚坐下来聊天，就听到从四面八方传来刺耳的轮船汽笛声。只见苍白的火焰从黑城上空窜起，火焰上方冒着黑褐色的浓烟。那些瑞典工程师急忙赶上岸去，搭乘出租马车赶往起火地点。在焰火的亮光中，"米哈伊尔号"慢慢驶离岸边。这回，我们的目的地是波斯的南方海岸。

礼炮迎嘉宾

船在恩泽利上岸，迎宾的小号齐鸣，伴随着向我们致意的是四十响礼炮。岸上站着两位朝廷高级官员，他们的制服上披挂着华丽的金色穗带与饰品，羊皮帽子上缀饰太阳和雄狮的帽结。其中一位是礼宾官穆罕默德·阿迦将军，他代表波斯大帝向我们一行人致欢迎之意，并派遣一支声势浩大的护送队伍，亲自陪伴我们前往德黑兰。

一群衣着宽松的纤夫拉着我们乘坐的船，朝拉什特前进；这些纤夫令我想起英国民间故事里淘气的小精灵，他们不断在岸边的灌木林与芦苇丛间钻进钻出，其快速敏捷令人看了眼花

声势浩大的骑兵队进入加兹温市

缭乱。总督殷勤招待我们,并且摆上一席有五十道丰盛餐肴的晚宴。五月十六日,我们离开拉什特,护送的队伍可谓浩浩荡荡,四十四匹骡子驮着帐篷、地毯、铺席、各式装备与粮食;至于护送的波斯士兵清一色穿着黑色制服,佩戴步枪、军刀、手枪。他们还有自己的车队。

眼前我们即将展开的旅程,唯有在古代的波斯故事里听到过:为了迎接强权大国的特使莅临,波斯人大方展示他们瑰丽的山河。此时正是仲春时节,森林中散发浓郁的芳香,清澈的小溪潺潺而流,鸟儿也竞相展喉高歌,清脆悦耳的歌声,好似迎接我们这支威风的队伍。我们把每日的行程分成早上与夜晚两个阶段,白天当温度高达摄氏三十度以上时,我们就躲在通风的帐篷里纳凉,因为帐篷都搭在橄榄树和桑树树荫下,感觉凉快多了。每次我们路过村落，一定会有蓄着白胡子的老人出来欢迎，他们穿着及踝的长袍，头上缠绕高高的白头巾。

进入加兹温市是大家前所未有的经验。离加兹温市还很远，市长就已经率领大批扈从前来迎接我们，紧随而到的是总督和他所带领的一百名骑兵，我们的队伍逐渐扩大为规模惊人的骑马行列，沿路策马奔驰，时而消失在马蹄卷起的灰黄尘烟之中。居前引导的是两名传令官，一个穿黑衣服，另一个穿红衣服，两人都戴着白色羊皮毡帽和银色穗带，尾随在后面的则是吹小号的骑士；骑士两侧为分列徒步奔跑的蓝制服士兵。跟着前进的队伍，他们表演一项又一项惊险万分的技艺，眼见这会儿还在快马的马鞍上"金鸡独立"，下一刻却是在马背上表演倒挂金钟，拾起地上的东西。有时，他们将步枪掷向空中，手一接到立即开枪；有时，则舞动出了鞘的薄利军刀，让刀刃在阳光下闪烁着锋利刺眼的光芒。我们的庞大队伍就这样震天价响地行经葡萄园与园林，通过加兹温城门的陶瓷塔楼，再穿越城中市集，越过了一个广场又一个广场。

有一次，我们和一支由什叶派穆斯林组成的送葬队伍不期而遇，在前面开路的是两面红色旗帜和两条黑色飘带。走在后面的人手捧大托盘，里面盛放面包、米饭和甜食；盘子的角落插上点燃的蜡烛。接着是一群悲伤哀恸的男子，嘴里还哭喊着死者的名字："侯赛因，哈桑"；而跟随其后的是死者生前所骑的一匹灰马，马鞍装饰得十分华丽，马背披挂一面刺绣的花毯子，鞍头上缠着一条绿色头巾，象征死者是先知穆罕默德的后裔。摆放尸体的拱形高架上覆盖一块棕色毯子，按照习俗，任何一位路人都可以轮流去扛架子；由于死者是个德高望重的教士，因此路人争先恐后要抬他的遗体。为整个送葬队伍押后的是一大群头缠白头巾的教士，数量颇为惊人。

我们在加兹温受到空前的礼遇，之后，我们搭上马车，启程前往德黑兰。途中，我们碰到一场冰雹，马车溅满了泥泞。还有一回，道路被一队驮着地毯的骡车堵住了，一听到后方马车轰隆轰隆作响，惊慌的骡子便迈开步子小跑了起来，系在它们颈上与货物之间的绳子顿时松开，于是地毯一匹接着一匹滚落在地上。由于背上的重担减轻，骡子反而跑得更快；它们迈着轻快的步伐开心地奔驰着，一溜烟似的就从马车队前面跑掉了。目睹这一幕，我们一行人笑得东倒西歪，几乎快喘不过气来了，不过，可怜的赶骡人却哭丧着一张脸，沿路捡拾掉在地上沾满尘土的地毯。

身份非昔日可比

我们到达德黑兰的那一天，东方世界的奇绝华丽可谓达到巅峰，和我上次的旅行经验相比，简直不能相提并论！当时我只是个穷学生，现在则是瑞典国王的特使身份。前来迎接的骑兵连队穿着笔挺的制服，声势壮大；步兵连队则整齐地分列于街道欢迎我们的到来。骑在马上的乐队演奏瑞典国歌，波斯的高级官员们在一座园林里为我们接风。我们在这里组成了一支骑马队，全是阿拉伯的纯种马，马鞍上披挂镶缀着金银丝线的绣花布巾，马鞍下铺着豹皮，这些都是我们收到的礼物。连马儿都感受到音乐的魔力，迈着优雅的舞步穿过城门。似乎德黑兰所有的人都跑出来观看我们进城的盛况，游行队伍在一座庭园里停下来；这座庭园的奢华与堂皇是我过去从未见过的。庭园中央为庄严的海军大臣官邸，也是我们暂住的地方。

主人摆设盛宴款待我们，一场接一场，连续十二天未曾间断；不管我们想上哪里，总是有波斯官员和骑士如影随形地陪伴我们、服侍我们。用餐时，波斯王的连襟亚希雅汗都以主人的身份作陪，到了晚上，乐队便在官邸前的大理石喷泉池旁演奏美妙的音乐。

在抵达德黑兰几天之后，我们奉召前往皇宫觐见波斯王。在宫内大臣与政府官员的护送下，我们搭乘皇家马车前往，每一辆马车由四匹白马拉着，马儿的尾巴全被染成了紫色。前导的传令官与我们的距离很远，他们身穿红色制服，手持银色棍棒与开路仪仗。

我们被引到一间接待室等候。过了几分钟，宫内一位侍臣来宣告大君陛下已经准备好要接见我们了。他带领我们走进一个很宽敞的房间，室内布置着地毯与壁饰，属于典型而精致的波斯格调。几面墙壁都有一些侍臣、朝廷大臣、将领靠边站立，他们穿着老式的刺绣及踝长袍，每个人像雕像似的一动也不动。

波斯大帝纳斯尔丁此刻站在一堵外墙旁边，墙的两边分别是一扇巨大的落地窗，以及著名的孔雀王座；这件稀奇的家具看起来像一张庞大的椅子，后面有靠背，座椅部分加长，整张椅子垫高起来，地板上搭建了几级阶梯，以方便波斯大帝登上王座。王座内外贴上一层厚厚的黄金，并以各种宝石镶嵌成孔雀开屏的样式。这张宝座是将近两百多年前，波斯的纳迪尔大帝征讨北印度时，从德里的蒙兀儿帝国[①]那里抢来的战利品之一。

纳斯尔丁大帝身穿黑色服装，胸前佩戴四十八颗硕大的钻石；两肩上的肩章各镶饰三颗大翡翠，黑毡帽上插着一枚钻石扣饰；腰际悬挂一把军刀，刀鞘上同样也镶满宝石。他目不转睛地观察着我们，一副皇族的尊贵身份；他昂然挺立的态势就像他是个真正的亚洲统治者，拥有至高无上的地位和权力。

我们特使团的团长呈上敝国国王赠给这位波斯表亲的绶带，皇宫的翻译接过绶带，并向纳斯尔丁大帝展示，大帝与我们每人都交谈了一会儿，询问一些关于瑞典与挪威的问题。他告诉我们，他曾经到过欧洲三次，下一次他计划要去瑞典和美国旅游。

整个接见仪式洋溢着古老的波斯魅力。十五年之后，我又有一次机会觐见波斯大帝，不过，那次觐见的是纳斯尔丁大帝

[①] 又作莫卧儿帝国（1526—1858），是建于印度北部的伊斯兰教封建王朝。

的儿子穆沙法尔丁大帝。令人惋惜的是，传统的波斯仪节已经简化许多，到了今天，更是荡然无存。

接下来的几天，主人为了取悦我们，精心安排各项娱乐活动。有一次，皇宫特地摆设一桌丰盛的酒席，文武百官全部在座；波斯大帝本身虽然没有参加酒宴，却透过回廊观看我们。

纳斯尔丁大帝

欢迎活动应接不暇

我们还受邀参观波斯大帝的博物馆，这里平常不对外开放，只有特别贵宾到访才会开馆。馆内收藏许多珍奇宝藏，其中有一颗称为"光之海"的钻石；还有一个直径两英尺的地球仪，海洋部分用密集的翠绿色玉石镶缀而成，亚洲地区则以多颗透明如水晶的钻石来表示，另外用一颗宝石象征德黑兰。除了这些，我们还看到装满珍宝的玻璃管子，其中珍珠来自巴林群岛，翠绿色宝石来自内沙布尔，红宝石则是产自巴达克山[①]。

波斯大帝的马厩前面有个跑马场，负责人向我们展示波斯

---

① 今译巴达赫尚。

大帝那九百多匹品种名贵的马儿，每匹马背上各坐着一位马夫。

不过，最令我们叹为观止的，是在城外空地上进行的军事演习。一万四千名矫健的士兵排成一个四方形纵队，我们搭乘波斯大帝的专用火车从旁驶过，借此校阅演习队伍。紧接着，波斯大帝在一顶红色的大帐篷里站定，我们跟着也进入旁边的玫瑰红帐篷里就位。步兵连队踢正步通过帐篷前面，向他们的君王行礼致敬，骑兵队也踢着马刺向前狂奔。最壮观美丽的是穿红袍、扎着红色发带的骑师，色泽绚丽夺目！

有一天，我们骑马来到《多比传》上所提到的古城拉杰兹旧迹所在。这个古城在萨尔玛那萨尔时代相当繁华兴盛，亚历山大大帝每次从里海西岸的隘道"里海门"出发，走了一天的路程后，都会选在拉杰兹休息。经过了一千多年，阿拔斯王朝的哈里发曼苏尔将这个城市修葺得更加美轮美奂，拉希德哈里发又在这个城市诞生，因此阿拉伯人歌颂它的荣耀，称呼它为"大地的门中之门"。到了十三世纪，拉杰兹遭受蒙古人摧残而毁灭，至今唯一被完整保留下来的，仅剩废墟上的一座塔了。

我发现自己此刻在德黑兰的心境有点举棋不定，到底是该心满意足地享受这些笙歌宴饮，除了放烟火外无所事事？还是应该利用这次机会深入亚洲，继续探索这块大陆的心脏地带？如果未来我想更上一层楼，这样的旅途将会是宝贵的经验。想要一步步走访未曾被探访过的沙漠地区和西藏高原的欲望，实在让我难以抗拒。

与我同行的特使团成员准许我实践这项计划，于是我发电报向奥斯卡国王请求，恳请国王陛下同意我继续往东行进，没想到国王不仅同意，还允诺支付我这趟旅行的费用。

六月三日这天，特使团的其他成员离开德黑兰，依循原路踏上归乡之路，我却留了下来，暂时借住友人海贝奈特医生家里。这次，我荷包里的钱足够支持我走到中国边界了。

第八章
盗取死人头颅

琐罗亚斯德教[①]是世界上最古老的宗教之一,为波斯预言家琐罗亚斯德所创;该教圣典称为《阿维斯塔》。信奉这个宗教的是世上最强大的民族,强盛期长达一千年之久,尔后的一千年间势力逐渐没落,最后于公元六〇四年奥马尔哈里发所歼灭。手执伊斯兰教旗帜的奥马尔在埃克巴坦那附近一举击败波斯人,当奥马尔的凯旋大军还没进占波斯之前,许多琐罗亚斯德教徒早已乘船穿过霍尔木兹海峡逃到印度孟买。目前,印度还有大约十万名虔诚的琐罗亚斯德教徒,波斯则仅剩八千人,显然维系这个宗教的圣火并没有熄灭。

崇拜"火"的宗教

在前面的文章里,我曾提到去巴库附近的苏拉罕尼拜访一

[①] 即中国人所称的祆教或拜火教。

座不久前才遭废弃的拜火教神庙，而在波斯的亚兹德，这样的神庙只有一二十座。反观古代的盛况，简直是天壤之别；单以波斯波利斯城而言，就曾经拥有众多的拜火教圣坛。根据希腊史学家色诺芬[1]的描述：

居鲁士走出了他的宫殿，在他面前站着即将献祭给太阳的马匹和一辆装饰白色花圈的马车，后面又跟着一辆马车，拉车的马儿被装扮成醒目的紫色；殿后的是几名男子扛着一个巨大的火炉，炉火烧得正旺。之后马匹献祭给太阳，而根据祭司所流传下来的习俗，他们也会为大地献上祭品。

早在琐罗亚斯德的时代之前，该教就已经传到了波斯和印度，祭拜天体与火、水两种自然元素，巫术与魔法极为盛行。

琐罗亚斯德的教义属于二元论，崇拜的神祇是"善神"阿胡拉·马兹达——所有光明与良善的创造之神，而与善神对立的则是"恶神"阿里曼，象征黑暗、邪恶，并操纵其他的邪魔歪道。善神与恶神之间的争执永不止息，凡是心怀正义感的人都有责任协助善神战胜恶神。

琐罗亚斯德教最古老的圣火就是在拉杰兹点燃的，太阳与火是神祇万能的象征。宇宙大地上再也找不出比火更神圣完美

---

[1] 色诺芬（前430—前354），曾加入希腊佣兵团，跟随波斯的居鲁士王子对抗其王兄，战败回到希腊后，著有《居鲁士远征记》。

的东西,因为火带来了光、热,并且净化万物。人死亡后尸体会污染大地,因此必须把遗体埋葬在高塔之内,四周借着高墙和外界隔离;通往高塔的道路当然也会受到路过遗体的污染,破解之道是找一只眼圈带黑斑点的白狗或黄狗,为送葬队伍开路。琐罗亚斯德教徒相信狗能驱邪,而聚集在遗体上的苍蝇则是听命于恶神的女妖怪。不过,如果死亡的是敌人,遗体并不会污染大地,因为他们亲眼目睹善神战胜了恶神。

在波斯的拜火教徒被称作"帕西人",一直受到穆斯林的歧视和憎恨,因此他们建立自己的村落,与外面的伊斯兰教世界隔绝,借以避免外人窥视、干扰他们的宗教仪典。许多帕西人从事商业买卖和园艺,几千年下来,依旧遵循创教者琐罗亚斯德的教诲,每间房子都点亮一盏灯。抽烟被视为亵渎火的罪恶,万一房子失火了,也绝对不能将火扑灭,因为平凡人类不容许去对抗火的力量。

帕西人死后,家属要为他穿上白袍,并且用白布包裹住头部,然后点上油灯,把遗体放在铁制尸架上,脚边还要放一块面包。若是被放进陈尸间的狗把面包吃了,表示死者真正与世长辞;要是狗不吃面包,代表死者的灵魂还留在体内,这时候必须等到遗体开始腐烂才可以进行殓葬。接下来,洗尸人开始清洗尸体。帕西人认为洗尸人不洁净,所以没有人敢踏进他们的房子一步。

出殡时,由四个抬尸人——身穿经由流动的活水洗涤过的白衣服——负责把尸架扛到葬礼地点,也就是所谓的"寂静之塔"。事实上,它并非一座真正的塔,而是一座由圆周两百二十三英尺长、高度约二十三英尺所围成的圆墙。死者的遗体被放在墙内一个没有遮盖的长方形浅洞里,最后,执事者把死者所穿的衣物解开,除去头巾,此时参加丧礼的宾客走回墙边,再各自返家。葬礼进行当中,兀鹰飞来栖息在墙垣上伺机而动,乌鸦也在塔上盘桓旋飞,等到典礼结束,一切恢复寂静了,随即轮到兀鹰和乌鸦上场。无需多久,尸体就只剩下骷髅,在烈日的曝晒下成了一堆枯骨。

据说帕西人是琐罗亚斯德门徒的直系后裔,因此是印欧种族中血源最正统的代表。

盗取死人头颅

在我离开斯德哥尔摩之前,一位著名的医学教授,也是人类学家请我帮忙,看看能否带几颗拜火教徒的头颅回去,不管用什么方式。为了不负所托,在六月中的一天,我和海贝奈特医生出发前往位于德黑兰东南方的一处寂静之塔,亦即拜火教徒的墓地。这时节正值酷暑,即使是在遮荫处,温度计所显示的气温也高达四十一摄氏度,我们选择正午发动奇袭,因为这个时候所有的人都会躲在屋内纳凉。

我们带了一只软鞍袋,还在鞍袋的两边囊带里装上干草、纸张和两颗人头一般大小的西瓜。

我们驾着一辆马车驶出"阿卜杜勒·阿齐姆大帝之门"。街道上空荡荡地好似干涸的河床，骆驼在城外的大草原上游荡，吃着荒地上的野蓟草，偶尔有一片尘云飘过被太阳炙烤的大地上，好像是飘荡游移的幽魂。

为了向一个农夫商借一罐水和一把梯子，我们特地路过哈谢马巴德村。到了寂静之塔，我们把梯子靠在墙边，不过梯子太短了，差三英尺才能构到墙垣顶端，我设法攀上梯子最上面的一级，在墙顶的遮檐上站稳脚，一跃跳上墙头，然后回头拉了海贝奈特医生一把。

一股呛鼻、令人作呕的恶臭迎面扑来，海贝奈特医生留在遮檐上监视马车夫，以防他刺探我们的举动，我自己则顺着水泥梯往下走到葬礼处的环形凹地上。这里一共有六十一个未加遮盖的浅墓穴，其中有十个墓穴里躺着腐烂程度不一的骷髅和死尸；沿着墙角边，因长久经风吹雨打而泛白的人骨堆叠成小山丘。

经过几番思考，我选了三具成年男子的尸体。腐败程度最轻的尸体是几天前才殓葬的，但柔软的肌肉和内脏已经被鸟儿啄食殆尽，眼睛也已被掏空，脸部的某些部分虽然保留完好，不过已经干掉，硬得像羊皮纸一样。我把这具尸体的头颅取下，倒空颅骨内的东西，第二具也如法炮制，最后一具因为在太阳底下曝晒太久，脑髓都已经干了。

之前，我们带着鞍袋与水罐假装是去野餐。我用水洗洗手，然后把鞍袋里的东西掏出来，拿纸张把头颅包裹起来，再放进原本装西瓜的鞍袋里，如此，鞍袋的形状看起来便和先前一模一样，不会引起马车夫的疑心，问题是死尸的臭味实在太重了，恐怕很难不让他胡思乱想一番。我们走回马车边，发现马车夫在墙下窄窄的阴影里睡得很沉；他并没有背叛我们。回去的路上，我们把水罐和梯子还给农夫，继续穿越仍旧死气沉沉的街道，回到海贝奈特医生的家里。

我们把头颅埋进地里，等过了一个月，再挖出来放进牛奶里煮沸，直到头骨干干净净转成象牙白为止。

这一切行动都必须保持秘密，理由很简单，假如迷信的波斯人和帕西人知道我们这些异教徒跑到他们的墓地，偷走死人的头颅，不晓得会做出什么事来。再说，海贝奈特医生是波斯大帝的私人医生兼牙医，他们也许会以为我们打算敲下死人的牙齿，用来修补波斯大帝那口尊贵的牙齿，这种事情一旦发生，恐怕会引发骚乱，甚至暴动，最糟的情况是，落到把我们交给人民处置的地步。庆幸的是，每件事都进行得很顺利。

虽然如此，第二年，我在返乡途中经过巴库海岸时，险些在海关惹上大麻烦。因为海关仔细检查我所有的行李，最后有三颗圆圆的东西滚到地板上，它们用纸张包着，摸起来、看起来都像是足球。

"这是什么？"海关的检查人员问我。

"人头。"我眼睛眨也不眨地回答。

"你说什么？人头？"

"没错，如果你想看，请便！"

于是其中一个圆球被打开来，一颗龇牙咧嘴的骷髅头赫然出现在检查人员面前。手足无措的检查人员瞪大眼睛你看我、我看你，最后督察员终于对其他检查人员说："把东西包好，全部放回去！"然后转头对我说："把你的行李收起来，马上给我滚出去。"他可能怀疑那些头颅是某桩谋杀案的证据，觉得最好不要牵扯进来才是明哲保身之道。

至于那三颗帕西人的头颅，现在还保存在斯德哥尔摩"人类头盖骨博物馆"内。

第九章
攀登达马万德山峰

每年夏天,波斯大帝纳斯尔丁总会到厄尔布尔士山避暑,暂时逃开德黑兰及郊外的酷热。今年,他的避暑之旅定在七月四日启程。由于我是海贝奈特医生的客人,因而我也受邀一同前往;我们预计在那里停留一个多月。同行的还有另外一位欧洲人,他是法国籍的弗夫里耶医生,也是纳斯尔丁的私人医生。事实上,很少欧洲人参与过这类皇家出游的活动。

出游队伍浩浩荡荡

皇家排场果真不同凡响,令人赞叹之余,不禁留下深刻的印象。在我们出发的前一天,纳斯尔丁的宫内大臣来访,除了告知这趟行程的路线之外,他还捎来一袋波斯金币。原来这是一项惯例,意味着受波斯大帝邀请的宾客绝对没有缺钱之虞。

我们的旅程是往东北部的山区走,进入嘉杰河和拉尔河流域,嘉杰河向南流入沙漠,拉尔河则往北注入里海。沿途经过两条地势高峻的隧道，第二条甚至达到九千五百英尺的高度。

一进入山区，我们顺着蜿蜒的山径穿越断崖与狭坳，驰过河谷与牧场。蓦地，我们发现前路完全被堵住，前进不得，原来是波斯大帝的出游队伍太过庞大了，除了人口之外，还有驮运皇族、大臣、仆役等人的行李，以及帐篷、粮食、用品的牲口——所有的骆驼、骡子、马匹加起来，总共有两千头之多。而参加行旅的一千两百人当中，有两百名卫兵。等到夜里扎营，寂静的山谷无端冒出三百顶帐篷，俨然像个小城。

除了仆役之外，每个人都拥有两副整套的帐篷，所以早晨拔营之后，不论我们赶路赶得多快，到了下一个扎营地点时，总是发现帐篷早已经架设妥当了。

纳斯尔丁大帝的帐篷由佩戴高高的红羽毛的骆驼驮着；他用来装衣物的箱子，上面覆盖滚黑边的红布，由骡子负责驮运。他的马也全装饰着红羽毛，白马的尾巴亦染成了紫罗兰的颜色。

帐篷的搭建有一定的秩序，这样每个人都很清楚自己的帐篷在哪里，也能熟悉帐篷之间的方位关系。除了居住用的大顶红帐篷外，纳斯尔丁还有两顶专用帐篷，一顶用来进餐，另一顶则作为吸烟室；另外，还有几顶帐篷供后宫妃子居住。纳斯尔丁究竟带了几名嫔妃一起旅行，实际数字我们并不清楚，有人说应该有四十人之多，不过这包括后宫妃子的侍女在内。每天骑马时，我们几乎都会经过几名皇妃的身旁，她们一定戴着厚重的面纱，骑在马上；虽然根本看不到她们的脸，但基于礼

第九章　攀登达马万德山峰　　85

貌和谨慎心理，每当这些嫔妃靠近，我们总是刻意把脸转开。她们的马队前后都有太监和侏儒伴骑。

皇家帐篷的四周都以长竿撑起一面很高的红色粗布帘，布帘圈围的区域就是皇室内庭，至于外庭则被另一圈帐篷团团围住；这些外围帐篷是卫兵、补给品、厨房所在之处。这种安排帐篷的方式，和色诺芬书上所记载两千四百年前居鲁士的营帐一模一样。

内政大臣埃明·易·苏丹负责维持队伍行进与扎营的秩序，负责伙食和配给的是纳斯尔丁的亲戚梅吉·多夫列。其他重要职务也都各有专司者，他们分别管理马匹、马厩、贴身警卫、服饰，以及大帝的御寝（负责御寝的是个老人，他一定是睡在大帝就寝的帐篷的入口处）、太监、清洗水烟筒的人、厨师、仆役、理发师、洒水夫（此人得不断在大帝帐篷周遭洒水，以免灰尘扬起）等。当然，还有职司卫兵队的队长。

海贝奈特和我的帐篷位于整个营区的中央地带。我们有一顶供居住的帐篷，另一顶当作厨房，还有一顶供仆役使用。每逢夜里，这座帐篷城必定是一片骚乱景象，那种嘈杂实在很难用言语去形容；不论走到哪个角落，耳朵听到的尽是车夫和卫兵的呼喊声、铃铛声，以及马匹、骡子和骆驼的嘶鸣号叫。晚上十点钟，卫兵吹响小号，从此刻开始，只有知道当天通行口令的人，才准许进入纳斯尔丁大帝帐篷附近的警戒区；偶尔会有人未经许可擅自在营区走动，因而不时可听到巡守警卫发出的警告声。营区处处点燃灿亮的营火，洋溢着欢乐的氛围；每个帐篷也都点着亮晃晃的火炬，任何人若想外出访友，就会有人拿一盏纸糊灯笼为他在前面开路。

营区里由十分诚信可靠的人在主持正义，要是大帝的队伍有牲口踩坏了村庄的农作物，只要地主提出申诉就能获得赔偿；不过，若提出不实的赔偿要求，就会遭受鞭打之刑。

纳斯尔丁每天会和朝廷大臣一起商讨国家大事，有时候，他也会要求他的首席翻译官沙特奈高声朗读法文报纸上的新闻。纳斯尔丁经常带着大批随从去打猎，如果猎获的是可食用动物，他一定大方地分发给随员；当然，他也不会忘记我们。出游队伍每经过一个村落，村里的百姓一定跑出来争睹"君王之王"的庐山真面目，此时，纳斯尔丁就会发放金币给村民。骑马时，纳斯尔丁大帝通常穿着一件棕色外套，头戴黑色毡帽，手里拿着一把黑阳伞；坐骑的马鞍和鞍布都镶绣着金线。

我们在拉尔河畔的垂钓大有斩获，钓上来的鳟鱼鲜美无比。邻近区域有大批游牧民族在那儿扎营，帐篷颜色有黑色，也有缤纷的各式颜色。我有时会顺道去拜访他们，画一些素描。有一次，我想为一个漂亮的女孩素描，女孩的父亲却坚决反对，我问他担心什么，他答道："如果君王看见了她的画像，我担心他会把她纳作后宫妃妾。"

纳斯尔丁自己相当喜欢绘画，因此，对我的素描颇感兴趣，偶尔会要求我把素描簿带到他的帐篷去。

第九章　攀登达马万德山峰　　87

在这趟旅程中，有个趣位十足的人物很值得一提，那就是阿齐兹·易·苏丹，意思为"君王之挚爱"。其实，他不过是个十二岁大、面貌丑陋、患有肺病的男孩，却是纳斯尔丁的吉祥象征；少了这个男孩，大帝哪里也去不成，什么也做不了，甚至也活不下去了！纳斯尔丁之所以几近迷信地宠爱这个不讨人喜欢的孩子，据说和预言有关系。预言指出，纳斯尔丁的寿命与男孩的生命息息相关，因此，他下令必须无微不至地照顾这个男孩，还赏赐给男孩专属的宫殿、侏儒、弄臣、黑人奴仆、按摩女郎和仆役，以满足他的任何需求。这个饱受宠爱的男孩甚至担任陆军元帅，正因为他对大帝具有非比寻常的影响力，因此，每个人都竭尽所能地去取悦他，但是，私底下却都巴望这男孩快点死。

纳斯尔丁似乎总是需要借由某种生物来让他的爱有所寄托，在"君王之挚爱"受宠之前，纳斯尔丁的最爱是五十只猫咪。同样地，这些猫咪都拥有自己的豪宅，不论纳斯尔丁到哪里旅行，这些猫咪也会躺在天鹅绒铺衬的篮子里伴随左右。最得纳斯尔丁宠爱的一只猫叫作"虎猫"，每天早晨在纳斯尔丁桌上陪他用早餐。随着猫的大量繁殖，皇宫的地毯上处处猫头攒动，天可怜见！那些朝廷大臣总是得小心翼翼地走在地毯上，以免踩到猫儿！

大体上，我们的夏季假期过得真是快乐。我到处溜达游荡，随时画画和写作，由于整个营区就我懂得英文，所以，有时候内政大臣会要求我翻译英文快信。有一天，我们在离达马万德山峰不远的拉尔河谷地扎营，刹那间，一股想攀登这座波斯最高峰达马万德山（高一万八千七百英尺，属于厄尔布尔士山脉）的强烈念头在我内心涌现——派驻德黑兰的外交官经常攀登此山峰。

精灵之家达马万德山

据说达马万德山峰是一座只喷发硫磺气和蒸气的火山，如今爆发的动力已经不再那么旺盛。目前喷出的物质是粗面岩、斑岩和熔岩，硫磺成分的火山口圆周约半公里，外面则覆盖着白雪。古代波斯诗人以歌谣来吟咏达马万德山峰；它的原始名字是"狄夫班峰"（Divband），意思是"精灵之家"，直到现在，人们还是相信善良的精灵（jinn）和邪恶的精灵（divs）都住在达马万德峰顶上。

纳斯尔丁大帝对于我想攀登达马万德山峰的计划极感兴趣，不过，我事前既未作充分准备，又不携带大批随从，因此对我能否成功登上峰顶抱怀疑态度。于是他命令内政大臣写一封信给登山口所在拉纳村的长老，指示他竭尽所能帮助我完成壮举。

七月九日早上，纳斯尔丁的手下贾法尔为我带路，我骑马，他骑骡子，两人出发前往当天夜里落脚的拉纳村。果不其然，拉纳村的长老请我们尽管盼咐，他一定会照办。我尽可能

达马万德峰顶火山口隐约可见

不去麻烦他,只是请他为我们准备两位可靠的向导和两天的食粮。长老立即指派塔吉和阿里当我们的向导,他们两人自称曾经攀到达马万德峰顶三十次,为的是采集硫磺。

第二天清晨四点半,我们踏上攀顶之路,此刻的达马万德山峰笼罩在云霭之中。向导手拿长长的铁头登山杖,背上还背着我们的补给用品和工具。

我们顺着陡峭的碎石坡缓缓前进,沿路穿越岩石与溪流,就这样,一天过去了;黄昏降临,向导停在一个山洞前,打算在洞里过夜。此处离山顶还很远,所以我督促他们继续前进。天色已是黑幕一片,地势变得更加崎岖峭险,我们只好在岩石之间徒步而行,天空开始飘起了雪花,我下令大伙儿停下来过夜。我们在灌木丛里升起营火,缓缓扬起的烟雾好像一袭面纱挂在南边山坡的上空,大伙儿吃完面包、鸡蛋、乳酪之后,便枕着开阔的穹天酣然入梦乡。

夜里十分寒冷,风也很强劲,我们整夜烧着营火,像豪猪一样蜷缩起身体取暖,并且尽可能靠近温暖的营火。

隔天清晨四点钟，阿里把我叫醒，还站在我身旁直喊着："大人，我们快走吧！"我们喝几口茶，吃了一些面包，便开始顺着斑岩和凝灰岩构成的山脊前进。达马万德山峰的形状是非常典型的火山锥。在离水平线一万一千英尺的高度，我们踏上终年不消融的雪地，这片皑皑白雪仿佛帽子般戴在山头上，而且顺着岩脊向下延伸到山坡上。我们就是走在两条这种下垂的雪舌之间，慢慢往山顶攻坚。

太阳在晴朗的天空中缓缓升扬，万道金光洒遍这处令人赞叹的旷野大地。西南方的普里普勒石桥边，河床上露出斑斑白点，这些白点原来是纳斯尔丁营区的三百多顶帐篷，在前一天晚上才迁移过来。不过，天气瞬间变得黑云密布，冰雹噼里啪啦打在我们身上，好像鞭打一般，逼得我们不得不暂停下来，蹲伏在两块岩石中间，而冰雹还是落在我们的背上。

攻顶成功

待天气转晴，我们继续攀爬陡峭的山坡。向导的步伐如同羚羊一样轻巧敏捷，可是我的步伐却沉重缓慢；我不擅长登山，事前又缺乏练习，过去也未曾攀登过任何一座高峰，所以每走十步，我就得停下来喘口气，然后再勉强走个几步。这时，我的太阳穴猛烈抽动，头痛欲裂，整个人疲惫得快死了。

石子路走到了尽头，我们才真正进入雪地。才一会儿工夫，我便栽倒在雪地上。我开始怀疑自己是否真能爬到山顶？我问自己如此辛苦所为何来？现在就当机立断折返，不是很好吗？不行！打死我也不能在纳斯尔丁面前承认失败。有那么一会儿，我昏睡在雪地上，阿里立刻摇醒我，嘴里再度喊着："大人，我们快走吧！"我只好撑起身子，咬紧牙根继续往前走。时间点滴流逝，在我的眼里，达马万德山峰有时是那么遥不可及，有时又清晰可见云霭或漩涡似的飞雪紧紧密封着它。最后，阿里解下他的缠腰带，自己抓牢带子的一端，另一端让塔吉抓住，我就夹在他们两人中间，抓着腰带跌跌撞撞地走着；如此，他们把我拉过雪地，说实话，这样走起来的确容易多了。

天空再度晴朗起来，山顶看起来近多了。经过十二个小时千辛万苦的攀登，我们终于在下午四点半登上达马万德山峰，此时气温下降到零下两摄氏度左右，山风强劲，空气刺骨冰冷。

滑下白雪皑皑的达马万德山山坡

我画了一张素描，搜集了几种硫磺矿石，并在缭绕的云雾间找寻隙缝，尽情饱览远方的景观；北边的里海和南边德黑兰四周的平原景致，全都一览无遗。

休息了四十五分

钟，我令大伙儿出发。两位向导带我到一处覆盖积雪的罅隙起点，沿着缓降的山坡，白雪往下淌得远远的。向导在薄薄的雪地上蹲下来，用手杖的铁头尖戳戳雪地表面，然后以令人喘不过气来的速度溜下山坡。我跟在他们后面如法炮制，往下溜的时候得用脚跟煞车，而脚跟所到之处激起的雪花，看起来就像轮船破浪前进时所溅起的浪花。就这样，我们高速下滑了七千英尺的高度，最后积雪变得越来越薄，我们只得换个方式，徒步穿过岩石下山。太阳下山之际，云层升高了，我们在暮色低垂时抵达山洞，贾法尔和一些牧羊人早早等候在那儿，连我的坐骑也一并牵了来。几分钟不到，我已经进入甜甜的梦乡。

过了几天，纳斯尔丁召我前去。他端坐在庞大的红帐篷里，四周围着几名大臣，他们有些人怀疑我根本就没有抵达山顶。纳斯尔丁看了我的素描之后，转头对大臣们说："他真的走到了，确实登上了山顶。"大臣们一听，深深作了个揖行礼，而所有的怀疑，一下子就像环绕达马万德山峰的云雾，完全从他们的脸上消失无踪。我们在清新的山里又盘桓了些时日，才跟随纳斯尔丁一行人回到首都德黑兰。

然而，我对德黑兰最后一段的回忆却是血腥的。当时，城里正在举行庆祝仪式的牺牲礼，一峰戴着银制鞍辔、装饰高挺羽毛、覆盖华丽刺绣布巾的骆驼被带进露天广场，成千上万的民众早已聚集在那里。在乐队的伴奏下，骑士灵活地跃上马鞍，在广场快速奔驰；前导卫队手里拿着长鞭，试图维持群众秩序。

负责献祭的人把骆驼带到群众中央，强迫它跪坐下来，接着，一束青草递到它面前，就在骆驼咀嚼青草的同时，它身上的鞍鞯被解下来。这时候，十个身穿围裙、卷起袖子的屠夫出现在广场，其中一人块头很大，只见他猛力一戳，手中的屠刀已刺进骆驼的胸膛，骆驼痉挛了一阵子，侧身翻倒，头部颓然垂挂到地上。另一个屠夫在此时走上前去，刷刷两刀，瞬即把骆驼的头割了下来，接下来开始剥皮、分割兽肉，而群众竟像饿狼般扑在血淋淋的骆驼尸体上，争着想要抢一块肉，如愿撕扯到小块肉的人会立即退出，让位给后面的人。不过几分钟光景，唯一能证明先前有一峰骆驼被牺牲的证据，只剩下地上的一摊血迹了；只是，在人们的心里，合宜的牺牲礼已经奉上，主宰人类命运的至高神祇理当可以心满意足才是。

第十章
阳光大地呼罗珊

一八九〇年九月九日，我启程前往人称"阳光大地"的呼罗珊省省会马什哈德，沿路必须经过一条很长的马车道，途中共有二十四处驿站；马什哈德也是虔诚的帕西朝圣者最主要的朝拜圣地。

早在薛西斯和大流士时期，这条车道沿线就已经建立起邮务系统，到了帖木儿时代，传递讯息的信使往来于这条路线。当年的驿站和今天相去不远。

这片土地溢满了对前尘往事的回忆。亚历山大大帝曾经在这里追击逃亡的大流士三世科多曼努斯[①]；哈伦·拉希德率领他的军队在这里发动过突袭；蛮悍勇猛的蒙古部落曾在此地烧杀掳掠；这儿的荒芜遗迹显露出纳迪尔大帝当年的战争。还有，成千上万疲惫不堪的朝圣者经过这条路到马什哈德，向伊玛目里达的陵墓伏地跪拜。

---

① 科多曼努斯（前380—前330），统治波斯六年，终被马其顿的亚历山大大帝打败，逃亡途中遭到手下一位波斯贵族所杀害。

在出发前两天,我向年迈的纳斯尔丁大帝道别,当时他在御花园的小径上散步,手里拄着一支金头拐杖,他祝福我旅途愉快,说完又继续在花园里踽踽独行。纳斯尔丁大帝的曾孙新近才继位成为波斯国王。纳斯尔丁统治波斯长达四十八年,而在他逝世后的二十八年内,王位的更迭历经了四代。

朝圣之旅

这趟旅程预计有三千六百英里长,交通工具除了骑马之外,还有雪橇、马车和火车。我尽可能撙节开支,总共只花费了两百英镑。

我带着三匹马随行,一匹当作我的坐骑,一匹负责驮运行李,剩下的那一匹则让陪伴我旅行的马夫骑乘。和上次前往波斯湾旅行一样,我每到一处驿站就会更换新的马夫与马匹。

我们通过呼罗珊城门出德黑兰,这扇城门筑了四座镶嵌黄、蓝、白彩陶的小塔楼;我赏了守门人一枚钱币,他好心地对我们大喊:"朝圣之旅愉快!"(Siaret mubarek!)

在我们的右手边是阿卜杜勒·阿齐姆大帝的陵墓,洋葱形拱顶宛如金球,光芒四射;陵墓圆丘旁的"寂静之塔"已然在望。左手边是达马万德山峰,此时峰顶萦绕着轻柔的云层,不久,达马万德山峰就会披上雪白的冬衣;游牧民族的黑色帐篷散列在大草原上。薄暮时分,我们抵达库贝甘贝德村,夜里和猫狗睡在一处。

邮务员随时会来到,他一旦抵达,便可享有优先挑选马匹的权利,因此我们选在半夜上路。首先,我们让马慢跑一段路程后,再快速奔驰,最后下马走路,以免累坏了马匹。夜风清柔和煦,猎户星座在天边闪烁,月亮也缓缓上升,远处隐隐约约传来商队的驼铃声,不多时,这些骆驼就像幽影般悄悄地越过我们身旁。

第二天大部分的时间我们都在策马赶路,有时候,便在路旁的咖啡屋歇一会儿,有时则和打尖的商队一起休息。游牧民族的帐篷也是我们歇脚的地方,帐篷四周总有古铜色皮肤的孩童和小狗、小羊玩耍嬉戏。有一次我睡着了,太阳下山时,我突然被一连串洪亮的"伟哉安拉!"的呼喊声给吵醒;下午五点,外面的气温仍然高达三十四摄氏度。

我们在戴怡纳马克村被第一位邮务员赶上了,他是个典型的正人君子,主动开口邀我们加入他的行程,于是那天晚上我们与他一同出发,变成一支拥有五匹马的队伍。这条路线刻印着许多平行的轨迹,几千年来,几乎被无数来来往往的骆驼、马匹和旅人的脚步所踩遍。我们经过一个又一个村落,途经塞姆南到达谷榭。有一次,我们遇见二十四位缠着白色和绿色头巾的托钵僧,他们正从马什哈德朝圣回来,要返回位于舒斯特的家。还有一次,我们遇到一些胡子斑白的朝圣者,由于年老力衰,因此被容许坐在骆驼轿子上完成他们的朝圣之旅。

经过荒漠野林

谷榭村里只有两栋房子：一栋是商旅客栈，另一栋是驿站。站在驿站的屋顶上往南方和东南方眺望，可以看到卡维尔，亦即盐漠，恰似一汪冰冻大海。我花了一天时间骑马到盐漠边上，想亲眼看看那令人目眩的白色沙海。骑了约三十一英里路，我来到一处盐层达九厘米厚的地点，朝南走，眼前白色盐层笔直地延伸到地平线的尽头。十六年以后，我经由两条不同的路线横越这片可怕的沙漠。

再回到马路上不久，我们又从一座山丘上望见达姆甘市和田园。这个城市曾经惨遭蒙古人的劫掠，至今还留有一座美丽的清真寺，高耸的尖塔直立云霄；另有一座老旧的清真寺虽然破败，它的拱门与回廊建筑却依然如诗如画。

我临时起意想转往北方六十英里外的城市阿斯特拉巴德[①]，为此我必须横越厄尔布尔士山和山坡上的森林，我雇了一个商队车夫和两匹马后，随即毅然启程。

在第二天的行程中，我们来到一个贫穷的小村落恰尔第，村子四周环绕着寸草不生的山丘。由于这个村子毒虫猖獗，人尽皆知，因此车夫没有带我进村子里，而在几百码外的一处园

---

① 位于伊朗北方，今名戈尔干。

在呼罗珊烧杀掳掠的蒙古人

林落脚,整座园林被五英尺高的土墙所围绕,连一扇门都没有,我们只好翻墙进入。车夫把我的地毯铺在一棵苹果树下,再用毛毯、外套、枕头叠成一张床,旁边放了两口皮箱,打理完后,他便牵着两匹马进村子买蛋、鸡鸭、苹果和面包。过了一阵子,车夫偕同两名男子一起回来,我们开始准备晚餐。晚上吃剩的东西都放在我床边的皮箱上,他们三个人则又一同回村子里去了。

嚣张的夜袭者

就着残余的天光,我坐在床上写东西,四下完全看不见其他生物，只有偶尔隐约听到远处的狗吠声。黝暗的黑幕笼罩而下，我躺下身慢慢沉入梦乡。

夜里不知道什么时刻，皮箱边传来的嘎嘎声把我吵醒，我坐起身来侧耳倾听，但四周静悄悄的，于是我只好躺回床上。没过多久，我又被一阵刮搔皮革的声音吵醒，这次我吓得跳起来，就着星光模模糊糊看出是五六只胡狼，它们警觉地退回墙角的阴影中。这下子我完全清醒过来，开始全神贯注地守望着。我注意到这群胡狼像影子一样蹑手蹑脚，而且听见它们在我身后发出啪哒的脚步声，此时又有一些胡狼从垃圾堆和草原间冒出来，因而数量越来越多。

照理说，胡狼是无害的动物，可是当下我形单影只，谁也料不定会出什么事。为了打发时间，我想到干脆继续吃剩下的晚餐，这才发现皮箱上的食物已经被一扫而空，除了苹果之外，胡狼把所有的食物都吃光了。慢慢地，它们的胆子变得越来越大，正逐步逼近床边，我拿起一颗苹果，使上全身的劲朝胡狼群投掷过去，只听见从狼群中传出一声惨痛的哀叫，显然其中一只夜袭者被打中了。可是这群胡狼瞬间又转回来，它们更加嚣张了，我抄起一根马鞭用力鞭打皮箱，想借此吓退它们。时间缓缓过去，我当然想再躺下睡觉，可是身边有一大群徘徊不去的胡狼，说不定什么时候会踩到我的脸上来，叫我怎么能睡得安稳？

好不容易天已蒙蒙亮，恰尔第村的公鸡开始啼叫，胡狼纷纷越过土墙走了,这次不见再转回来,所以我才能睡回笼觉直到车夫前来叫醒我。当我们到达下一个扎营地,我听到好几个关于胡狼的传说:不久前,有个骑骡子的男子要从他的村子到另一个村子去,在路上遇着十只胡狼紧追在他后面不放,他费了很大的劲儿想赶走这些胡狼,却奈何不了它们。另外也有一些描述饥饿的胡狼如何杀害人类的故事。

土库曼人的肆虐

我们骑马穿越杜松子林,睡在露天的营火边;我们沿路还经过浓密的橡木林、松树林、橄榄园。马路沿着陡峻的断崖向前伸展,往北走,经过的山谷笼罩在白色的岚雾之间。我们穿越一度强盛的土库曼人①所居住的区域,最后终于来到阿斯特拉巴德,进入以梅森德兰省命名的城门。

我在此地停留好几天,成了俄国领事的座上宾。大帝生日那天,我们受邀前往省长官邸,我永远忘不了那场盛宴。夜里,官邸施放五彩缤纷的烟火以资庆祝,骑士坐在纸扎的马上进场,手持泡过沥青的木棍展开比斗;由铜钹、横笛、定音鼓、铜鼓所组成的乐队齐奏,音乐震天价响;装扮成女人的小男孩尽情舞蹈,暂且将《古兰经》的禁令抛诸脑后,每个人都尽兴地喝

---

① 主要人口聚集在土库曼斯坦,而现在的伊朗、阿富汗、土耳其东部、叙利亚北部、伊拉克北部仍有散居的土库曼游牧民族。

干美酒。

我们继续往前推进，穿过茂密的森林，循着惊险万状的峭壁悬崖往东边走，重新回到主要的商队路线上，经过博斯坦和沙赫鲁德两个城镇。我们在博斯坦发现好几栋镶饰靛绿色彩陶的古老建筑，还有一座取名自巴耶塞特苏丹①的清真寺，它有两座著名的尖塔，世称"战栗之塔"。

我们向东走，沿路是起伏不大的荒野与草原，由左方望过去可见绵延的山峦，形成波斯与北方土库曼斯坦的天然界域。不过是五十年前的事，一提起"土库曼人"，这一带的居民仍是余悸犹存。当时土库曼人群聚势力，南下波斯境内大肆掠夺民宅，然后把抢夺来的大批战利品带回北方；战利品包括货物、牛只和奴隶。当时奴隶买卖十分盛行，在一八二〇年俄国大使穆拉维夫派驻希瓦②时，当地就有三万个奴隶，都是波斯人和俄国人。拒绝改信伊斯兰教的基督教徒若非惨遭活埋，就是耳朵被钉在墙上，活活饿死。一八八一年，俄国将军斯科别列夫③占领哥特佩④后，便释放了两万五千名奴隶。

---

① 即巴塞耶特一世（1354—1403），为奥斯曼帝国国王，征服过保加利亚、塞尔维亚、马其顿等地，并占领过君士坦丁堡，最后被帖木儿所败。
② 位于乌兹别克斯坦和土库曼斯坦交界的绿洲城镇。
③ 斯科别列夫（1843—1882），曾征服土耳其斯坦，并在俄土战争时占领多处土地，后来还降服了土库曼人。
④ 为土库曼斯坦南方的城镇。

随着我们行进的道路，路旁称为"布尔兹"的塔楼越来越多，高度约四十到五十英尺。这些塔楼一度有波斯警卫戍守，负责瞭望北方和东方，一旦发现风吹草动，就赶紧警告邻近村落的百姓逃亡或躲藏。人们把这个地区叫作"恐怖之径"，因为土库曼人会不时前来肆虐。

波斯的骆驼

商旅队与朝圣者

位于沙漠中央的"米安达什特"，其规模无疑是整个伊斯兰教世界中数一数二的商旅客栈，往来东西方的商队都选在此处歇脚，朝圣者也多半在这个客栈休息一两天。妇女、哭喊的娃娃、托钵僧、士兵、商人全都挤成一堆，他们鲜艳的服饰构成了一大片跃动的色彩。有些人为了抢占较好的位置而争吵，有些则忙着从院子里的水井打水过来，还有一些人跑到小摊子去买水果。客栈里随时有商队准备出发，也随时有其他商队的骆驼正要卸下货物。我瞧见一位高雅美丽的女士坐在由两匹骡子抬着的轿椅上进入客栈，随后有一些路人和骑士簇拥着她。

从这里往东，出现在眼前的是一片无垠的沙漠，我们骑马经过一峰被主人遗弃、已经奄奄一息的骆驼，还遇到四个托钵僧，他们把鞋子挂在肩上为了不使鞋子磨坏。一群大乌鸦在我们前面盘飞了很久，就像是我们的前导卫队。当晚我们找到一处可遮风避雨的地方过夜，扬舞的灰尘打着漩涡卷了进来。

下一个城市是萨卜泽瓦尔①，又称为"蔬菜之城"，拥有一万五千名人口、两座大型清真寺和几座较小型的清真寺，还有木板搭建屋顶的市集，贩售的商品琳琅满目。萨卜泽瓦尔还有一座碉堡，由于土库曼人的劫掠行径已不再，现在只剩下颓圮遗迹供人凭吊了。这个地方有多处鸦片烟窟，因为人们引以为耻，所以都掩藏在地窖中。我在一位亚美尼亚人的陪伴下，进入一个鸦片地窖，泥土地上铺着地毯，只见两个人四肢交叉躺在地毯上正在吸鸦片烟。鸦片烟管是一条长长的管子，末端有个泥土烧成的球，球上钻了个小孔，把鸦片捻成豌豆大的丸子塞进小孔中，然后把烟管放在火焰上加热，吸食者就着管子吸进烟气；他们塞进一个又

在萨卜泽瓦尔市集兑换钱币的商人

① 位于伊朗东北方，属呼罗珊省，在马什哈德西边。

一个鸦片丸子，慢慢沉入令人欣喜的梦幻世界。此时，洞窟墙边的阴暗处已经横躺着四个迷幻茫然的吸烟客，我吸了几口鸦片，觉得鸦片烟和牛角燃烧时所散发的烟味差不多。

在前往内沙布尔的路上，我们超越了一支由两百三十七峰骆驼组成的贸易商队，接着又超越一群朝圣者；这支朝圣队伍有十名妇女，她们坐在驮篮里旅行，男人则可以坐在骡子上睡觉。他们的领导人是一位教士，正要前往伊玛目里达的陵墓朝拜，并且沿路为他们解说里达神圣的传奇故事。

内沙布尔在东方世界里可说赫赫有名，原因是它出产世界上最美丽的绿松石。位于内沙布尔北方的比纳卢德山蕴藏着银、金、铜、白镴、铅、孔雀石等矿物。此城市在过去几个世纪中

在地窖里吸食鸦片

第十章　阳光大地呼罗珊

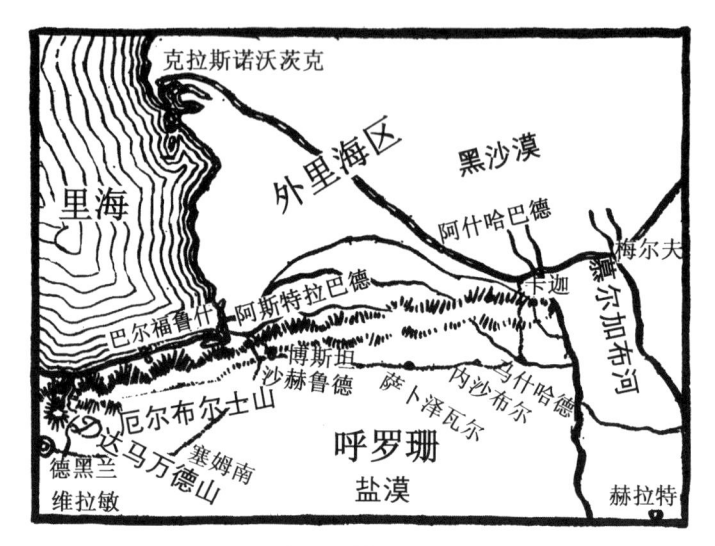

从德黑兰到卡迦的路线

曾经被数度摧毁，又数度重建，其中一位毁城的主导人物就是马其顿的亚历山大大帝。

几天后，我们终于来到"迎宾之丘"，多年以来，难以计数的朝圣者在此地跪拜祈祷，因为他们站在山丘上即可望见圣城，也就是"殉教之地"马什哈德。每一个到此的朝圣者都会放一块石头在一垒石堆上，成千上万个圆锥形和金字塔形的石堆都是朝圣者所堆叠而成，通过这项简单的仪式，他们表达了心中虔诚的意念。

第十一章
殉教之城马什哈德

有三位历史上著名的人物埋葬在马什哈德。公元八〇九年，因《一千零一夜》一书闻名的哈里发哈伦·拉希德即在前往马什哈德的途中逝世，当时他正要前往该地敉平叛乱。

九年之后，伊斯兰教第八任伊玛目里达也埋葬在马什哈德城。波斯的什叶派教徒们推奉先知穆罕默德的女婿阿里与他的十一个继承者为伊玛目；阿里和他的两个儿子侯赛因和哈桑为最早期的宗教领袖，里达是第八任，第十二任则是"神秘的马赫迪"①。传说当审判日降临时，马赫迪将在人世间重建"真主的王国"。

第三座陵墓为纳迪尔大帝长眠之处。他原来是鞑靼族的强盗，在大肆劫掠呼罗珊之后势力迅速增强，并替波斯王大马士二世效力，为他收复所有被土耳其人侵占的省份，波斯领土因而得以向四面八方扩张。后来，纳迪尔干脆推翻大马士二世，

---

① 穆斯林相信马赫迪是他们的救世主。

派人暗杀他；一七三九年，大马士二世在德里被杀，死时浑身是血。纳迪尔还刺瞎了大马士二世的儿子，用罹难者的人头在清真寺屋顶上堆成尖塔。他下令铸造自己的钱币，在钱币上镌刻："噢，钱币啊，向世人昭告纳迪尔已经统治全世界，是征服世界的君王。"一七四七年春天，纳迪尔大帝率领军队兵临马什哈德城下，他对麾下波斯官兵的表现相当不满，于是下令全部格杀勿论，后来这命令并未执行。波斯人无意中发现，军中土耳其、乌兹别克、土库曼、鞑靼籍的士兵已经开始在磨刀擦剑，如此一来，他们除了谋杀纳迪尔之外，别无自保之道。一天夜里，卫兵队少校贝克偷偷溜进纳迪尔大帝的帐篷，把纳迪尔的头砍了下来。他的尸体被埋葬在华丽的陵墓中，然而一七九四年，现代皇宫创始者阿迦·穆罕默德[①]夺权后，即命令掘开纳迪尔大帝的陵墓，让野狗啃食纳迪尔的尸体。传说纳迪尔大帝的遗体如今埋在一个小山丘下，静静地在四株桑树底下安息。

位处马什哈德中心的圣地几乎自成一个小城镇，不过，整个城市最美的景观是陵墓上方八十英尺高、镶缀金箔的洋葱形拱顶，陵墓正面和尖塔贴饰的彩陶，和可容纳三千个朝圣者的中庭凹室，以及中庭里的水池与鸽子。帖木儿最宠爱的妃子在马什哈德建造了一座清真寺，洋葱形的拱顶采用蓝色调，旁边是典型的两座尖塔。这些神圣的建筑保留了价值难以估计的宝

[①] 于一七九四年创建卡扎尔王朝，并统一波斯。

藏。当我拜访马什哈德时，听说每年涌进这座圣城的朝圣者约计有十万人次，而且每年有一万具尸体被送到伊玛目里达的陵墓附近下葬，希望复活日降临时，里达能带领他们进入天堂。墓园附近不时可见胡狼徘徊，四处觅食，到了夜晚甚至进到城里，侵入陵墓里的花园。据估计马什哈德共有八万人口，每五个人当中就有三个是教士、托钵僧或朝圣者。邻近陵墓的地方有人施舍食物给穷人，盲人得以重见光明，瘫痪的人也可以重新站起来。

马什哈德可谓条条街道通圣地，而圣域四周都以铁链圈围起来，凡是在铁链内的区域，所有戴罪之人皆可安全无虞，因此许多的杀人犯和强盗都设法躲进这个庇护所。

每天清晨，从鼓楼传出一阵阵奇怪的管弦乐，为了迎接缓缓升起的太阳；傍晚，当太阳从遥远的西方下沉，告别呼罗珊时，管弦乐队也会为一天的结束奏出道别的旋律。

第十二章
布哈拉与撒马尔罕

我在十月中旬离开马什哈德。秋天的脚步正逐渐逼近，我带着一位商队车夫和三匹马穿越赫萨迈斯吉特山脉窄仄的峡道与隘口，通过坚实的天然堡垒"克拉特伊纳迪尔"，一路朝北，到达目的地外里海铁路[①]的卡迦车站。

在外里海的首府阿什哈巴德，我结识了军方总督库罗帕特金将军[②]。在俄土战争期间，库罗帕特金将军曾率军攻打普列夫纳，对于征服外里海地区战功卓著，而日俄战争时，他还担任俄国陆军总司令。之后，我又分别在撒马尔罕[③]、塔什干[④]和圣彼得堡见过他好几次面。每次一想到他，我内心总是充满感激，因为他在我的旅程中给过很多的帮助。

---

① 今称中亚铁路，是中亚地区的交通大动脉。
② 库罗帕特金（1848—1925），俄国将军，因俄土战争而声名大噪，曾任俄国国防部长，日俄战争中败给日本后被解除陆军指挥权。
③ 位于乌兹别克东南方，为中亚最古老的城市，盛产茶叶、葡萄酒、纺织品等产品。
④ 乌兹别克东方的城市，出产棉花和水果，曾是苏联在中亚地区的主要工业、交通中枢。

我在阿什哈巴德附近闲逛，观察到土库曼人已经从游牧生活逐渐发展到农业生活，这从他们在村落外围屯垦的田地可见一斑。我拜访了安纳乌的清真寺，这座美丽的寺庙之所以闻名，在于它的正面镶贴华丽彩陶，并以几条交叉盘旋的黄色中国龙为设计图案。在这里，我生平头一遭看见"黑沙漠"卡拉库姆，它横亘于里海和阿姆河之间，北起咸海，南止波斯境内的呼罗珊省；黑沙漠里常有如野猪、老虎、胡狼之类的野生动物出没。土耳其斯坦已有部分领土被俄国所征服，像希瓦和整个里海东岸现在都已纳入沙皇的版图；不过卡拉库姆沙漠仍属于化外之境，在沙漠的各个绿洲只有塔克土库曼人放牧的踪影，目前还是在土耳其斯坦的管辖范围。

惨烈的绿丘战役

俄国人在对外征战的初期惨遭挫败。有一次率军出击，麾下原本拥有一万八千峰骆驼，却在战役中损失了一万七千头，这使得土库曼人更加傲慢自大，于是俄军决定再发动攻势，给予土库曼人一次难忘的痛击。斯科别列夫将军受命誓师还击，为亚洲战争史写下极为惨烈的一页；土库曼族在此役中惨败，直到列宁时代仍臣服于俄国的统治之下。

斯科别列夫将军率领兵将七千、配备枪支七十，于一八八〇年十二月挥军直捣沙漠，同时，安楠科夫将军以迅雷不及掩耳的速度，在异动难测的沙丘之间铺设铁轨，作为俄军行动的补给线。土库曼人称安楠科夫将军为"茶壶大官"，而将火车唤作"恶魔之车"。为数众多的土库曼人——多达四万五千人——在绿丘堡垒迎战，其中包括一万名武装骑士，连妇孺也加入备战行列；堡垒四周环绕着泥土砌叠的高墙。土库曼人以马丹库立汗为首，他率领的士兵皆佩戴长枪及腰间刀枪，还有一具发射石弹的大炮。

土库曼男子

一八八一年一月，俄军所挖掘的战壕越来越逼近绿丘堡垒，他们在堡垒的城墙下埋设地雷，准备炸毁城墙；另一方戍守在堡垒之内的土库曼人听到从地底下传来钻动的声响，确信俄军会在墙上挖洞，然后一一爬进堡垒，因此便拔出军刀躲在墙角边守株待兔。结果，他们等待的这天终于来临了，只是万万没想到等来的却是毁灭之日；成吨的火药在墙底下轰然爆炸，造成许多的土库曼士兵死于非命。

俄军排成三列纵队迅速穿过炸破的城墙，其中两列纵队分别由库罗帕特金将军和斯科别列夫将军指挥。斯科别列夫将军骑着一匹白马、身穿白色制服、顶着一头鬈发，浑身散发出香水味，在军乐队演奏的进行曲中，简直像是个新郎官。在这场战役中，有两万名土库曼人丧命，五千名妇女和小孩被俘虏，不过俄军释放了这些妇孺和同时被俘的波斯奴隶；至于俄军则仅折损四名军官和五十五个士兵。此后即使事隔多年，每当土库曼人听见俄国的军乐声就忍不住泪眼婆娑，因为在土库曼国境内，没有一个人不在这场绿丘战役里失去亲人的。

短短几年时间，俄国即征服了距离赫拉特只有一天行程的所有领土；俄国在中亚地区快速扩展的情势，不仅对印度已构成威胁，连带地也引起了英国的恐慌。

绿洲城梅尔夫

一八八八年，通往撒马尔罕长达八百七十英里长的铁路开始通车；十月底，我搭乘这列火车前往梅尔夫绿洲。《阿维斯塔》中记载，当时驻扎在马尔迦省的总督大流士·希斯塔斯帕[1]把这个地方称为"默鲁"。

梅尔夫位于图兰和伊朗的交界处，几千年来的统治者不断更迭，第五世纪时，有位聂斯托利派[2]的主教即居住在此。公元六五一年，萨珊王朝的最后一位君主伊嗣俟三世带着四千名

---

[1] 为波斯国大流士一世之父，在居鲁士大帝二世和冈比西斯二世时代，担任波斯总督，曾随居鲁士出征。
[2] 君士坦丁堡主教聂斯托利所创之教派，流传于叙利亚、美索不达米亚及波斯一带。

第十二章 布哈拉与撒马尔罕

扈从，一路上高举着圣火，从拉杰兹逃亡到这儿，穷追不舍的鞑靼人猛烈袭击梅尔夫，伊嗣俟三世一个人徒步仓皇逃命。后来有个磨坊主人答应收留他，条件是伊嗣俟三世必须为磨坊主人清偿债务，于是国王便解下身上的佩剑和珍贵的剑鞘递给他。就在当天晚上，磨坊主人因对伊嗣俟三世的华丽服饰起了贪婪之心，便将他给谋杀了。后来鞑靼人被驱离梅尔夫，而这位磨坊主人也落得身首异处。

博学的阿拉伯作家贾库特曾经在梅尔夫的图书馆苦读，在他的作品里常出现赞美绿洲泉水清澈、瓜果多汁、棉花柔软的文句。一二二一年，成吉思汗的儿子托雷残暴地蹂躏这个地区，直到一三八〇年，帖木儿终于把梅尔夫绿洲纳入版图。梅尔夫的土库曼人个个心怀恐惧，所以在希瓦和布哈拉①的百姓盛传一句话："如果同时碰上毒蛇和梅尔夫人，先杀了梅尔夫人，再来解决毒蛇！"

我在梅尔夫旅行期间，当地每周日会在绿洲有一次市集，不管是帆布棚或露天摊位，都有人贩售当地土产，特别是美丽的地毯；地毯鲜红的底色如同公牛的血色，上面编织着成排的白色图案。市场上人声鼎沸，构成一幅迷人的景致——头戴高皮帽的男子、双峰骆驼、著名的大头细颈土库曼种马、骑士、商队、货车等等，在喧闹的市场里熙来攘往。此外，梅尔夫旧

---

① 位于乌兹别克斯坦的西方，盛产天然气、棉、丝，为贸易与文化重镇；曾经被阿拉伯人、波斯人、鞑靼人、俄国人统治过。

城（拜拉姆阿里）的遗迹和洋葱形拱顶也同样美不胜收。

从梅尔夫出发，火车在游移不定的沙丘之间蜿蜒前行。当地人在这些沙丘顶上种植柽柳和其他沙漠植物，以防止沙丘移位而掩没了铁轨。火车行经一座横跨浩瀚的阿姆河、长达两俄里的木桥。阿姆河起源于帕米尔高原，最后注入咸海，总长度为一千四百五十英里。

尊贵的布哈拉

下一站，我们来到了西亚另一个文化与历史重镇——"尊贵的布哈拉"，亦即布哈拉，它是世界上最珍贵的城市之一，有"亚洲的罗马"之称。

历史上，希腊、阿拉伯及蒙古军队都曾经像洪流般肆虐过这个地区，希腊人称它为粟特，罗马人则称作"河间地带"。十一世纪，布哈拉是穆斯林学习古典经文的中心，有句谚语说道："在世界其他地方，光从上而下普照大地；但是在布哈拉，光则是由下向上腾升。"波斯诗人哈菲兹对布哈拉与其姐妹市撒马尔罕的印象反映在他的诗句中：

Agger on Turk-i-Shirāzi bedast dared dill i ma ra
Be Khāl-i-hindū bakshem Samarkand va Bokhara ta.
如果设拉子的美女把她的手放在我心窝上，

毛拉：有智慧的穆斯林老者

因为她脸庞上的黑痣，我要把撒马尔罕和布哈拉送给她。

布哈拉有一百零五所宗教训练学校，三百六十五座清真寺，如此，可供虔诚的教徒在一年内每天到一座不同的教堂朝拜。布哈拉也曾经遭受成吉思汗的劫掠与帖木儿的占领。一八四二年，斯托达特上校和康诺利上尉造访此地，当时的首领纳塞乌拉极为残忍粗暴，他下令逮捕这两个英国人，并且施以酷刑，将他们丢进令人闻之丧胆的蛇窟，最后还砍掉他们的头。一八六三年，范贝里装扮成托钵僧进入布哈拉，并对该地奇特的情景有所描述。

布哈拉的人口由各种不同的种族组成，最重要的是拥有伊朗血统的塔吉克人，他们是受教育的阶级，教士都隶属这个民族；此外，是拥有蒙古血统的乌兹别克人和贾克提土耳其人；

而世居此地的众多庶民则属于血统混杂的萨尔特族。其他还有许多东方民族，像是波斯人、阿富汗人、吉尔吉斯人、土耳其人、鞑靼人、高加索人和犹太人。

黎明的曙光总是从市集的拱门后浮现，东方世界的繁忙生活自有它缤纷的风貌，流连市集的游客对布哈拉编织品艺术的巧夺天工惊叹不已；古董店里摆满希腊时代与萨珊王朝的银币、金币

塔吉克老人

和其他稀世珍宝。此地盛产的棉花、羊毛、羔羊皮和生丝大量外销，在和市集毗连的商旅客栈庭院里，打包好的商品堆积如山。城里有相当好的餐厅和咖啡店，大老远就可以闻到洋葱和香料做成的面饼香味，至于咖啡香和茶香就更不用说了。这里一个小酥皮馅饼索价一蒲尔①。

走在这些美丽的狭窄街道上，我永远都不会觉得厌烦。街道两旁排列着有点古怪的两层楼房屋，行经的骆驼商队得在川流不息的货车、马夫和熙攘的行人之间穿梭推挤。我常常停下脚步画画素描，有时画的是清真寺，有时捕捉喧嚣街景。每次

---

① 六十四蒲尔＝二十卡培克＝一坦吉；二十坦吉＝一提拉＝四卢布（俄币单位）。

第十二章 布哈拉与撒马尔罕　117

我身边总会聚拢吵闹的群众，这时跟随我的俄国公使馆仆役慕拉德就会用他结辫的皮鞭替我挡住一些大胆逼近的孩童。有一回，我出门没有带慕拉德，这群顽童居然趁机展开报复，从四面八方突击我，逼得我无法画画。他们把我推来挤去，拿烂苹果、土块和各种垃圾往我身上丢，我抵挡了一阵子徒劳无功，只好赶紧撤退回公使馆，把慕拉德找出来保护我。

一二一九年，成吉思汗攻进大清真寺，下令格杀勿论，直到两百年后，帖木儿才真正重建这座寺庙。大清真寺有一座专门关犯人的尖塔，截至三十五年前，高达一百六十五英尺的尖塔顶上还不时传出囚犯破口大骂的声音，而审判的法官也是从尖塔顶端高声宣判犯人的罪行。如今高耸的尖塔上只有两只鹳鸟在那儿栖息筑巢。由于从塔上可以俯瞰邻近的皇室后宫，现在谁也不准到上面去了。

与大清真寺相对而立的是中亚最负盛名的宗教训练学校米尔-阿拉伯，筑有圆柱形的塔楼，两座洋葱形拱顶外表贴饰明亮的绿色釉陶；主建筑有四扇大门，共一百一十四个房间，可供两百名教士居住。

使吾不死，世人皆战栗！

然而，堪称中亚"城市之珠"的非撒马尔罕莫属了，我在十一月一日抵达此地。在亚历山大大帝征服邻近各国以后，便在此区建立了粟特省，省会为撒马尔罕，当时称为"马拉坎达"，即便到现在，撒马尔罕的马其顿名字"伊斯干德贝克"依然被沿用。虽然撒马尔罕动员了十一万名武装兵力抵抗成吉思汗的入侵，最后仍然不敌而降，整个城市被蒙古军彻底摧毁。

　　与撒马尔罕更紧密连接在一起的是它的第三个统治者，也就是诞生于一三三三年的鞑靼人帖木儿。从希瓦逃难出来的帖木儿在卡拉库姆沙漠闯荡天下，写下一页英雄冒险的传说。本名提慕尔（Timur）的他因为在锡斯坦①受伤而跛了脚，因此被谑称为"跛子提慕尔"（Timur Lenk），久而久之便被发音成"Tamerlane"，而成了今日大家熟知的"帖木儿"。一三六九年，

布哈拉：一群人正围着一个说故事的人

---

① 横跨今天伊朗东部与阿富汗东北部的区域，主要地形为沼泽地。

第十二章　布哈拉与撒马尔罕　　119

帖木儿在撒马尔罕顺利即位称帝，从此展开扩张势力的雄图大业；他首先拿下波斯，在设拉子接见诗人哈菲兹。他利用两次对外征讨的空当，在撒马尔罕大兴土木，建造举世无双的宏伟建筑，为这个城市塑造出独特的风貌。即使到了今天，帖木儿所兴建的建筑物依旧屹立不摇，闪耀着绿色光芒的洋葱形拱顶从花园苍翠蓊郁的草木间拔地而起；尖塔及深蓝色圆顶仿佛绿松石，在浅蓝色的天空映衬下，更是美丽壮观。

帖木儿于一三九八年越过兴都库什山脉，击溃印度北方的马哈茂德国王，将德里洗劫一空，当他返回撒马尔罕时，也是抢来的大象背上载满掠夺而来的无数财宝。接着，帖木儿陆续攻下阿勒颇[①]、巴格达和大马士革。一四〇二年，帖木儿又在安哥拉[②]打败巴耶塞特苏丹。根据不太可靠的传说，这位跛足的征服者俘虏了独眼巴耶塞特苏丹之后，便将他关在铁笼里，以便日后可在亚洲各城市展示他的"战利品"。在帖木儿从德黑兰取道马什哈德回撒马尔罕的行程中，由西班牙卡斯提尔-莱昂[③]亨利三世所派任的大使克拉维约，一路上都紧随着帖木儿，以便记录帖木儿征战之旅的详细过程。

一四〇五年十一月，帖木儿从撒马尔罕出发，这是他有生

[①] 今叙利亚西北部省份，为交通与工商业中心，位于大马士革以北三百五十公里。
[②] 土耳其首都安卡拉旧称。
[③] 中世纪时位于西班牙西北部的王国。

华丽的陵寝为帖木儿安息所在

之年最后一次出征；这次他攻打的对象是中国明朝最强盛的明成祖永乐皇帝。没想到出师未捷身先死！才渡过锡尔河 ①，帖木儿就死在东岸的讹答剌，享年七十二岁。帖木儿的部属把他的遗体运回撒马尔罕，并依照他生前自己的设计，为他建造了一座世界上数一数二的华丽陵墓。帖木儿的遗体上涂满麝香和玫瑰香水，然后用亚麻布包裹起来，安放在象牙棺木里。陵墓的洋葱形拱顶下即是埋葬帖木儿的墓穴，外面覆盖一块六英尺长、一英尺半宽、半英尺厚的坚硬玉石，是至今世上所知最巨大的玉石。陵寝内有一面用雪花石膏砌成的墙上，浮刻着一行阿拉

---

① 或作 Syr Darya，位于今吉尔吉斯乌兹别克和哈萨克境内。

伯文句子:"使吾不死,世人皆战栗!"

永生国王的传说

在伊斯兰教创立初期,先知穆罕默德有一位后人阿拔斯(Kasim Ibn Abbas)来到撒马尔罕宣扬教义,岂料被当地不知感激的人们抓住并砍下头颅,但见阿拔斯把自己被砍下的头夹在胁下,然后消失在一个地底洞穴中。后来,帖木儿就是在这个洞穴上方建造他美轮美奂的夏宫,七个蓝绿色的洋葱形拱顶所勾勒成的优美线条,至今依旧辉映着这片黄色的大地。帖木儿常在夏宫举行酒宴,宴席中最擅长饮酒的人便可得到"伯哈德"(bahadur,即武士)的封号。传说透过夏宫的一个罅隙,可以看到阿拔斯腋下夹着自己的头颅在那个地底洞穴中走来走去,因此人们称他为"沙易信德"(Shah-i-sindeh,意思为"永生国王"),即便到今日,人们还是习惯用这个名字来称呼这座夏宫。当俄国势力逐渐蚕食亚洲之际,有人预言在俄军抵达撒马尔罕时,即是"永生国王"从洞穴中复活之日,他将高举被砍下的头颅收复帖木儿的城市。后来俄国将军考夫曼[①]占领了撒马尔罕,可是阿拔斯却一直没出现,从此这位永生国王在穆斯林心目中的地位跌落不少。

[①] 康斯坦丁·彼得洛维奇·考夫曼(1818—1882),一八六八年攻克撒马尔罕,将俄国版图扩张至阿富汗边境。

撒马尔罕有三所神学院，分别是兀鲁伯神学院、季里雅-卡利神学院和希尔-多尔神学院，创建于帖木儿时代以后；它们环绕着世界上最美丽的旷野雷吉斯坦①。这些神学院拥有最华丽的彩陶设计，俄国画家韦列夏金②便曾将这些洋葱形拱顶与尖塔富丽多彩的身影捕捉入画。

　　我拜访了撒马尔罕城外一座清真寺，帖木儿最宠爱的妻子，也是中国的公主比比·哈努姆③即埋葬在此。此座清真寺于一三八五年建造完成，如今虽已残破失修，但雄伟的气势依然不减当年。

　　有天晚上，我在一位法国人的陪伴下走到北卡帕克（Pai-Kabak）去参观格调不是很高的舞娘表演。我们被引进溢满香水味的房间，地板铺着地毯，长沙发沿着墙边摆置；房间里有美丽的女子弹奏齐特琴④和吉他，只见她们纤柔的细指轻巧地拨动琴弦。其他的女子犹是技艺精巧、体态优美，叮叮咚咚拍响铃鼓。为了让鼓面保持紧绷，她们得不时把皮鼓举在一个烧红的火钵上。

　　夜里乐声悠扬，身着飘逸衣衫的舞娘在灯光下舞动，举

---

① 位于今之阿富汗南方的广袤沙漠地带。
② 瓦西里·韦列夏金（1842—1904），曾经参与高加索战争和俄土战争，画作多数以印度历史和俄军在土耳其斯坦、俄土战争的战事为题材。死于日俄战争中。
③ 土耳其语，原意为后宫第一夫人。
④ 扁形古琴，有三十至四十条琴弦。

手投足无不优雅柔媚。她们当中有些是波斯人或阿富汗人，有的则具有鞑靼人的血统；和着弦乐的节奏，舞娘波浪般摇摆身体尽情舞蹈，仿佛梦境里的仙子，为人们带来天堂才有的欢愉。

第十三章
深入亚洲心脏地带

在拱形洞上铿锵作响的钟声中，我驱车离开撒马尔罕；随着马车的渐行渐远，蓝色洋葱形拱顶逐渐隐没于天际，初升的朝阳为阿夫拉夏卜山丘平添不少盎然的生机与色彩。

我驾驶的是一辆三匹马拉的马车，沿途尽是浸浴在红、黄秋色中的园林。我渡过灌溉撒马尔罕和邻近绿洲的泽拉夫尚河，穿越人称"帖木儿通道"的狭窄石径以及"饥饿草原"。饥饿大草原位于克孜勒库姆沙漠（又称红沙地）的一角，而克孜勒库姆沙漠则处于俄属土耳其斯坦两条大河——阿姆河与锡尔河之间。

我们搭乘一艘巨大的渡轮越过锡尔河，渡轮上同时运载了十峰骆驼和十二辆安上马匹的马车。在换了几次马匹之后，我们终于抵达俄属中亚的首都塔什干。

过去有段时间，塔什干曾经是成吉思汗的儿子察合台统治下的领土；一八六五年，俄国的切尔尼亚耶夫将军[①]收服塔什

[①] 米哈伊尔·切尔尼亚耶夫（1828—1898），曾经参加克里米亚战争。

干，使这个城市纳入俄国的辖治范围。当时塔什干有十二万人口，但是切尔尼亚耶夫将军却只带了两千名士兵，便轻易攻下此城。在接受投降的那天晚上，切尔尼亚耶夫将军到萨尔特族专用的澡堂洗澡，并在露天市集里吃晚饭，如此胆识在当地居民心中留下十分深刻的印象。

当我旅行到塔什干，正逢驻扎此地的总督是瑞夫斯基男爵，因此在停留当地期间，我便暂宿男爵的官邸。瑞夫斯基男爵给了我一些地图、一本护照和推荐信，他的仁慈与好客的热忱令我极为感动；男爵曾在一八七三年造访斯德哥尔摩，是当时参加瑞典国王加冕仪式的俄国外交官之一。

我们接着换搭新车继续旅程，再次横渡锡尔河来到苦盏，准备前往位于丰饶的费尔干纳盆地①的浩罕，参观末代可汗廓狄尔汗的皇宫，以及吟唱托钵僧所居住的茅舍。从那儿再转往一个可以让人好生吹嘘的城市马尔吉兰②，因为亚历山大大帝的陵墓就在那里。

决定远征极西之城

在皎洁的月光下，叮叮冬冬的铃铛声伴随着我们直抵奥

---

① 中亚西部的谷地，位于天山西麓，塔什干东南方。
② 位于乌兹别克斯坦东部，为中亚重要的丝品交易中心。

什①，这里的地方官是多伊布纳上校。我决定远征中国最西边的城市喀什②；衔接天山与帕米尔高原的巍峨山峦峰峰相连，而喀什又远在群峰的边陲境地。其中海拔最高的隘口素有"白杨隘道"之称，来往穿梭的商队可经由这条隘道，从俄属土耳其斯坦的奥什向东行抵中国新疆的喀什。高度有一万三千英尺。

多伊布纳上校告诉我，最后一支商旅队伍已经离开，因为暴风雪的季节即将来到；况且向来只有生性强韧的吉尔吉斯人识得路径，胆敢冒险通过隘道。但他这番话并不足以阻挠我的决心，于是上校只得动用他所有权势竭力帮我，希望让我的旅程顺利一点。我买了粮食、一件皮裘和几件毛毯、租了四匹马，一匹马每天的租金是六十卡培克；另外我还雇用三个仆人，分别是马车长克里姆，马夫阿塔和伙夫阿舒尔。

十二月一日，我们穿着厚重的衣物和软毡靴子启程。雪下得又密又大，山脉与平野覆满雪花，洁白有如白垩；放眼眺望，雪白的大地映衬着点点黑影，正是吉尔吉斯人所住的拱形毛毡大帐篷。骑得最久的一天是前往苏非库尔干（Sufi-kurgan）的路上，我们破纪录一共走了四十二英里；在这儿，我们借宿吉尔吉斯人的帐篷。和我们住在别的帐篷时没两样，大伙儿均围绕着令人雀跃的营火吃喝、休息和睡觉。苏非库尔干有个由五十顶帐篷形成的小村子，老族长科特·比很友善地招待我们。阿

---

① 吉尔吉斯斯坦东部的城市，为中亚农业重镇，盛产棉与丝。
② 喀什，旧名喀什噶尔，为新疆西部的主要商业城市。

舒尔就着他的营火煮了一锅"五指汤",因为汤浓稠到可以让人用手舀来喝;材料包括羊肉、包心菜、红萝卜、马铃薯、米饭、洋葱、胡椒、盐,把所有材料全放进水里熬煮就可以了。

十二月五日,我们告别苏非库尔干,顶着相当寒冷的天气(零下十四点五摄氏度)前进白杨隧道。我雇用的仆人们个个穿上宽大的皮裤,足以把所有的衣服都往里头塞,连皮裘也不成问题,事实上,这种裤子可以往上拉到腋下。

遇到结冰的小溪,必须仰赖脆弱、狭窄的木桥渡过;就在我们经过的河谷两旁的斜坡上,遍地是桦树和杜松。我们来到一条不到二十英尺宽的山路,两侧是峻峭的山壁,也就是著名的"达瓦赛"大道。陡峭的山道呈之字形在雪地蜿蜒伸展,当我们费尽力气骑到山路顶端时,一天几乎就快过完了。而掩埋在这片皑皑白雪下的人类和马的尸骨,无疑是对致命的暴风雪一种缄默的印痕。

向东方与南方望过去,壮阔的景致绵延开展,荒野的山峦层层叠叠形成了迷宫似的地貌。在温暖的季节里,有些溪水向东流入罗布泊,有些则往西注入咸海。

当我们走下山坡时,不小心惊吓到一群野山羊,它们以极为优雅的动作逃开,迅即消失在斜坡后面。我们继续

伊尔克什坦的吉尔吉斯人

128　我的探险生涯 I

往前走，经过一个又一个帐篷，顺着山谷走下山，途经俄国边界的堡垒伊尔克什坦和喷赤河①，来到茂密的林区纳加拉察地；这里住了一百位吉尔吉斯人，他们分住在二十顶帐篷里，族长邀请我们共进晚餐，吃的是酸牛奶、油腻的羊肉、牛肉清汤和热茶。

我们的下一站是中国边界要塞乌鲁格柴特，由一支军队戍守，共有八十个吉尔吉斯人和二十五个中国军人，全归柯安统领指挥。夜里柯安统领来拜访我，陪同前来的还有三位长老和十二名男子，并带来一只肥尾绵羊作为礼物相赠。

种族多样的喀什

随着一天又一天的行程，映入眼帘的山川风光也跟着渐形广阔，朝东方望去，无止尽的旷野直伸入远方的沙漠里。十二月十四日，我们骑马经过喀什绿洲周边的第一簇村落；此地也设置俄国领事馆，就在喀什的城墙外。当我们到达俄国领事馆，一位蓄胡子、戴着金框眼镜和绿色圆锥帽、身穿长斗篷的高个子老人走了出来，在领事馆前庭殷勤地迎接我们；他是俄国的枢密大臣，也是东土耳其斯坦皇家总领事的尼古拉·彼得罗夫斯基，我在他家住了十天。后来我旧地重游仍以喀什为中心，

---

① 位于阿富汗与塔吉克斯坦间的界河，长度约六百四十五公里，是阿姆河的上游。

第十三章 深入亚洲心脏地带　　129

而且和彼得罗夫斯基成为真正的好朋友。

喀什历经多位征服者的统治，因而居民的血统掺杂了多种不同的种族，如雅利安人和蒙古人；而置身在这个城市中，也会使人回想起成吉思汗与帖木儿的时代。中国人曾在不同的朝代治理这个区域；在一八六五年到一八七七年间，来自俄属土耳其斯坦的侵略者阿古柏[①]兼并了西藏到天山之间的广大领土，实施残暴的统治，自他去世之后，中国便接着控制这片疆土，直到现在。

喀什是一个非常独特的城市，因为它与海洋的距离比世上任何城市都远。喀什的道台是一位中国人，然而最有权势的却是彼得罗夫斯基，当地土生土长的萨尔特人给他取了一个绰号叫"新察合台可汗"。而俄国领事馆则夸耀他们驻扎当地的军队中，有四十五位哥萨克士兵与两名军官。

在喀什朋友当中，对于另外四位我同样十分怀念，而且心存感激与同情，其中有两位已经病逝，其他两位也因为世界大战失去音讯。后面提到的两位分别是荣赫鹏上尉[②]和马继业先生[③]。荣赫鹏上尉最近刚完成他个人首度横越亚洲的长途旅行，顺利通过慕士塔格隘口，目前住在喀什城墙外；他没有房子，

[①] 阿古柏（1820—1877），生于浩罕的军人，利用回民叛变在喀什自立为王，曾与英俄签订商约，一八七七年左宗棠平定新疆，阿古柏自杀身亡。
[②] 后来被封为法兰西斯爵士。
[③] 原英国驻喀什总领事，后来受封为乔治爵士。

住的是一顶巨大的拱顶毛毡帐篷，木头地板上铺着地毯，墙上悬挂昂贵的克什米尔披风与毛毡。马继业为荣赫鹏作中文翻译，随员中还有阿富汗人、廓尔喀人①和印度土著。在喀什的那段时间，我和这两位亲切的英国人度过了许多值得怀念的夜晚。

有一天，我们在领事馆的图书室里聊天，一位蓄着胡子、戴眼镜、穿着褐色长僧袍的教士走了进来，用几句瑞典话跟我打招呼，原来这位亨德里克斯神父是荷兰人，一八八五年，他从托木斯克②取道伊宁来到喀什，随行的还有一位波兰人伊格纳季耶夫。自从来到了喀什，亨德里克斯神父从来没有收过任何信件，他的过去似乎充满神秘，没有人知道他的来历，而他本人更是三缄其口。至于伊格纳季耶夫，他的个子很高，脸上总是刮得干干净净的，雪白的头发修剪得一丝不苟，脖子上挂着十字架项链；这里的每个人几乎都知道，他因为在波兰革命时期曾协助吊死一位俄国教士，所以才被流放到西伯利亚。伊格纳季耶夫住在

喀什的印度商人

---

① 廓尔喀为一七六八年在尼泊尔建立的一个王朝；廓尔喀民族骁勇善战，擅长使用弯刀。
② 西伯利亚西部城市，为重要的产品集散中心。

第十三章 深入亚洲心脏地带

靠近领事馆一间简陋的草棚里，不过每天三餐都是到领事馆解决。

亨德里克斯神父住在一家印度人开的商旅客栈里，他的房间一样简陋，泥土地板、纸糊的窗子，房间里只有一张椅子、一张桌子、一张床，还有几桶葡萄酒——他是个酿酒专家；房里的一面墙上悬挂着十字架，平常这里也充当教堂。亨德里克斯神父从来不会忘记举行弥撒，他唯一的会众就是伊格纳季耶夫，亨德里克斯神父对着伊格纳季耶夫讲道持续了好几年，后来因为两个人吵架，神父不准伊格纳季耶夫再到教堂来，于是神父再也没有会众，只好对着光秃秃的墙壁和满满的酒桶望弥撒，而可怜的伊格纳季耶夫只能站在外面，把耳朵紧贴在钥匙孔上聆听讲道。

"圣人"之墓的趣闻

喀什有几座城门由中国士兵守卫，不过大部分卫兵都驻扎在七英里外的英吉沙。喀什以种族混杂的露天市集最具特色、最吸引人，在市集可以看到有些脸上没有蒙上面纱的妇女。黄灰色的土屋间偶尔会出现一座清真寺，为单调呆板的景色增添点变化。哈兹瑞特·阿帕克清真寺外种植一些桑树和梧桐，阿古柏便长眠在这些树木底下；据说中国人收复喀什时，曾经焚毁阿古柏的尸体。事实上，喀什附近有许多圣徒的墓地，数量多到连当地人都觉得荒谬。

最近才发生一桩令人莞尔的趣闻：有一位族长向来在喀什外围一个圣徒的墓园向信徒讲授《古兰经》，有一天一个信徒跑去见族长，他说："长老，请给我钱和面包，我要去外面的世界闯荡一番，试试看我的运气。"族长回答："除了一头驴子以外，我没有别的东西可以给你，把驴子牵走吧，愿真主保佑你一路平安！"年轻人于是骑着驴子日以继夜地流浪，最后终于越过了大沙漠，但就在此时，驴子却愈来愈羸弱，终究不支倒毙。年轻人感到悲伤又寂寞，他在沙地上挖了一个坟埋葬好驴子，自己便坐在坟墓旁哭了起来。刚好有一些富商赶着商队路过此地，他们问年轻人为何哭泣，年轻人说："我失去了唯一的朋友，我最忠实的旅伴。"商人被他的忠诚所感动，决定在山坡上竖起一块巨大的纪念碑，接着由大批商队运来砖块和彩陶，开始搭建神圣的建筑；从此，熠熠闪烁的洋葱形拱顶和尖塔矗立于沙漠中，高耸入云。很快地，新圣人墓地的故事马上传遍各地，闻名前来的朝圣客从四面八方涌至。多年之后，喀什的那位老族长也来到此地，他惊诧地发现，自己以前的信徒如今已经成为圣人墓地备受景仰的族长了。他对眼前的信徒说："告诉我，我保证绝不泄露出去，在这拱顶底下安息的是哪一位圣人？"信徒压低嗓门回答："只是你给我的那头驴子罢了。现在换你告诉我了，以前你教我们《古兰经》的那个墓园，又是哪一位圣人的安息地？"老族长回答："是你那头驴子的父亲！"

第十四章
结识布哈拉酋长

圣诞节前夕，我展开了一段愉快的旅程，利用马匹、雪橇、马车玩遍整个西亚，那是一次狂放不羁而飞快的逍遥游。三个在领事馆服役退伍的哥萨克人，正准备返回邻近俄国、位处"七河之乡"塞米尔耶金斯克的纳林斯克；我要和他们一同出发，开始这趟新鲜的探险旅程。

在冰天雪地中前进

我们乘坐驮马拉的小型马车往北走，沿途穿越狭隘的山谷，天寒地冻，温度降到零下二十摄氏度。我们渡过的河流只有部分结了冰，此时正足以证明哥萨克人的重要性，他们骑马沿着岸边的冰块行走，直到冰块裂开才策使马匹跳下水去，像海豚一样在大冰块之间浮沉。我总是担心马的肚子会被尖锐的冰缘划开，河水深及马鞍的一半高，为了使毛毡靴子保持干燥，我们得跷起脚坐在马背上力求平衡。

继续往上游走，河水完全冻结了，马儿在水晶一样的冰河上溜来溜去，像是在疯狂地舞蹈。我们穿越中国边界，通过吐尔尕特隘口（高度一万二千七百四十英尺）、冰雪封冻的察提尔库勒湖，并且走过塔什拉巴特隘口（高度一万二千九百英尺）。我们仿若置身于迷宫般的重重山谷，四周全被巍峨的荒山所包围，显然我们已经来到天山山脉了。

山路从塔什拉巴特隘口开始急转直下，在边缘锐利的石岬和分水岭之间，随着难以数计的转弯，地势逐渐往下降；在这种季节里，多半地方都覆盖着雪或冰。我们有一匹驮马在这里滑倒，跌下悬崖摔断了颈子，最后还是死在掉落的地方。

这里经常下雪。一八九一年的元旦，绵密的雪花仿佛一张编织细密的白纱，哗啦啦地从天上罩了下来。我们的队伍在纳林斯克解散，接着我独自骑马走了一千英里路回到撒马尔罕。乘雪橇滑行实在棒透了！通常雪橇用两匹马拉曳，若雪积得太深又过于松软时就得用三匹马来拉。驾驶雪橇的车夫坐在右边的位子上，两只脚悬在雪橇外面，一边甜言蜜语地哄着马

我们骑马跃进结冰的河流中

第十四章　结识布哈拉酋长　135

匹："好啦,小鸽子,就是这样,我的好孩子,再试试,多用点劲儿,小大人。"雪橇上的铃铛轻快地叮叮当当响,雪花密密实实地飘下,把我们全笼罩在白纱中,道路两旁的积雪也被风堆成好几英尺高。我们行进的速度快得吓人,雪橇像船一样在颠簸的马路上东摇西晃,但是因为橇上装了两支持平的安全滑刀,每当雪橇快要翻覆时便充当缓冲器,所以并不容易倾覆。只有一次,我们是脚底朝天整个翻覆过去;那次发生在晚上,整个雪橇翻倒在被雪覆盖的沟渠里,不过我们很快就把雪橇扶正,选了一条比较平坦的坡道,继续摸黑摇摇摆摆地前进。

我们抵达了伊塞克湖[①],它的原意是"温暖的湖",由于流入这个湖的河水相当温暖,再加上深度的关系,冬天不会结冰。我决定前去朝拜伟大的俄国旅行家普热瓦利斯基的安息之处,就在一百二十六英里外的城镇上,而这个城镇现在也改名为普热瓦利斯基镇了;他的坟上立着一个黑色的木头十字架,上面有耶稣像和月桂花环。普热瓦利斯基逝世快两年了,他辞世的这片蛮荒地带正是探索亚洲心脏区域的另一段发现之旅的门户。

我们沿着亚历山大山脉[②]北边的山麓向西行,来到小镇奥利埃-阿塔[③]。从浅滩横渡阿萨河时,旅人和易碎的行李都安置在

[①] 位于天山山麓吉尔吉斯境内东北方的内陆湖,面积六千两百平方公里,深七百零二米,终年不结冰。
[②] 旧名吉尔吉斯山脉,位于吉尔吉斯斯坦北方,延伸至哈萨克斯坦南方,最高峰四千八百七十五米。
[③] 今名塔拉兹,位于塔什干东北方,土耳其斯坦到西伯利亚铁路线上。

附有两个高轮的拉车上，才能渡过深达三英尺半的河水，至于空的雪橇则让马拉着，像船一样漂浮到对岸。

  雪越下越大，温度下降到将近零下二十三摄氏度，只是积雪没有结冰，因此雪路上还是松松软软的，三匹拉车的马必须在几英尺高的雪堆间跳跃，雪橇飞溅起的雪花看起来就像泡沫一般。不过越靠近奇姆肯特①和塔什干，路旁的积雪越来越稀薄，到了塔什干以西，地上甚至连一点积雪都没有，我只好放弃雪橇，改乘四轮马车继续旅程。

  我抵达锡尔河畔的齐纳斯，由于河面上遍布浮冰，渡轮无法行驶，只能仰赖一艘弱不禁风的小船。我和一个来自库尔兰②的年轻上尉上了船，船上有三个结实的汉子手持铁头篙为我们划船，在浮冰和冰块的裂缝间穿梭。

  渡河之后，我们各自乘一辆三匹马拉的马车离开。我的下个目的地是米尔撒拉巴特驿站，可是才走了一半路程，马车的后车轴竟然断裂，有一只车轮应声松脱，使得车身拖坠在地上；受到惊吓的马儿往大草原方向疯狂奔驰而去，马车蹦跳着在山丘间撞来撞去，我拼命抓紧马车，生怕小命就此休矣。幸亏马儿跑到筋疲力尽后终于停了下来，车夫和我赶快把散开的行李抢救回来；我们把所有东西捆绑在其中一匹马的背上，丢弃已

---

① 哈萨克斯坦南方城市，因盛产铅、锌而兴起提炼工业，也是纺织、药品产地，曾是商队往来中亚和中国的中枢，一八六四年被俄国所占据。
② 位于拉脱维亚境内波罗的海沿岸。

第十四章　结识布哈拉酋长　　137

经摔坏的车厢，然后两人骑着没有鞍件的马匹继续前进，当我们到达米尔撒拉巴特时，那位库尔兰的年轻上尉已经等候在那儿了。

屋漏偏逢连夜雨

当天晚上，我们又在吉赛克河遇上另一桩灾难。天空云层密布，强风狠狠刮着，凛冽的寒意直叫人吃不消。午夜来临前我们抵达河岸边，水位高涨，到处都是浮冰，我们的两辆马车停在浅滩上，眼下不见任何生物迹象。

上尉带头涉入浮冰四散的河水里，他的马车才前进几个车身距离，就被破裂的冰块卡住了，许多冰块积压在马车上，马匹丝毫动弹不得；上尉挣扎几次仍是徒劳无功，最后只得把马儿的缰辔解开，他和车夫取回行李，骑马安全回到岸边，至于车厢就不得不舍弃了。看来在春天来临、河水解冻前，这个车厢很可能会继续卡在那儿，不然，碎裂的冰块也会把它挤扁。

其中两位车夫晓得可以渡河的另一处浅滩，也就是吉赛克河分叉成两条支流的地方。上尉的两匹马加入我的马车队伍，他的行李也和我的放在一起，他自己坐在马车夫的位置，背对着马儿，在车篷的前缘部分努力让自己坐得平稳。

等一切就绪，我们出发跋涉第一条支流，当沉重的马车嘎啦嘎啦前进时，河上结冻的冰层发挥完美的支撑作用，马蹄嘀哒嘀哒扬起粉状的碎冰。有一匹马突然打滑,所幸及时恢复平衡。一切都进行得很顺利,可是到了第二条支流问题就出现了,这条支流的河岸非常陡峭,河边的坡道急降,然后又蓦地向右弯转。

车夫慌乱粗野地吼叫,马鞭舞得嘶嘶响,使劲催促马儿前进。只见马儿口溅白沫,前脚提起、后腿直立地嘶鸣着,它们身上每一条肌肉都在抽搐,接着奋力往下坡直冲,直到一半身体浸在水中才停下来。我们来到河道转弯的地方,这时马车右边的两个轮子仍然在结冰的坡道上,而左侧的两轮却已滑入水里了。这一切都在瞬间发生,眼看马车横冲直撞,我死命把身体紧靠着车篷右侧,这当口马匹全速向右转,马车在三英尺深的河里颠簸,由于冲力太猛,车篷顿时摔裂成片;前导的两匹

当晚在吉赛克河又发生意外

第十四章 结识布哈拉酋长

马跌倒，缰绳杂乱地缠绕在它们身上，差点惨遭溺毙。就在千钧一发之际，车夫纵身跳进河中帮跌倒的马解开缰绳，河水深达他的腰部；突然，上尉从座位上被甩了下来，和一块冰块撞了个正着而血流如注。我的行李箱在水里载浮载沉，只有箱子角露出水面，箱子里的毯子、毛皮外套和毛毡差点被河流给冲走。我们有很多行李都被损坏，每样东西都湿淋淋的，包括我们自己在内；好不容易才从河里一点一点把行李捞上来，放在马背上过河，我们自己则跟着马匹，从这块浮冰跳到下一块浮冰，终于安然渡过这条支流。上岸的地方离下个驿站并不远，我们在那儿晾干随身物件；我在河边竭尽所能抢救行李，可怜的上尉就没这么幸运了，他可是差点连命都捡不回来。当我们送他到撒马尔罕医院时，他还一直发着高烧。

酋长的盛情隆谊

布哈拉的酋长赛义德·阿卜杜勒·阿哈德邀请我前去拜访；每年这个时节，阿哈德酋长都会住在撒马尔罕五十英里外的夏里撒巴（Shar-i-sabs）城堡。夏里撒巴的名气主要是来自帖木儿，这位伟大的征服者于一三三三年诞生在这座城堡里，如今我要去觐见的正是帖木儿的后代，只不过他永远也比不上他的祖先帖木儿——事实上，阿哈德向俄国沙皇称臣，而且曾到莫斯科参加亚历山大三世的加冕典礼。有人问他对什么最感兴趣，他回答:"冰镇柠檬水。"

有一支骑兵队已在边界等着迎接我,他们陪我骑过一个又一个村落,沿途因护卫队伍的加入,声势变得越来越浩大。夜里停下来歇脚时,我们发现房间铺着地毯,温暖又舒适,而且每到一处都有人奉上接风餐点招待我们,包括成堆的糕饼、葡萄干、杏仁、水果、甜点,肉类食品就更不用说了。宫里一位大臣锡果尔偕同一群身穿红、蓝丝绒长斗篷的绅士前来迎接,他们的坐骑都披着金线刺绣的鞍挂。他们表明是代替酋长前来向我致欢迎之意。我们的马队一路上浩浩荡荡,所到之处,当地百姓万头攒动,夹道围观。

到了奇塔布,地方官员为我举办了一席盛宴,席间人们频频问起我的国家,也很想知道瑞典和俄国的关系。稍后我与酋长会面,发现酋长对瑞典知之甚详,原来都是先前的宾客提供了详尽的讯息给他。

西班牙大使克拉维约于帖木儿时代出使撒马尔罕时,曾撰文描写他在途中被招待的细节;根据他的文章,事隔将近五百年后的今天,这项仪式并没有多大改变。在印度斯坦①蒙兀儿帝国第一位苏丹巴布尔的回忆录中提到,以前的

---

① 指印度北方,有时也指全印度。

土耳其斯坦的托钵僧

夏里撒巴和奇塔布被同一道城墙所环绕，每当春天来临，城墙上爬满葱郁茂密的植物，因而有"翠绿之都"的称号。

酋长拨出一栋堂皇富丽的宫殿供我使用，在为我接风的餐宴上摆上足足三十一个硕大的盘子，里面装满了丰盛的食物。我的卧床铺着红色丝缎，地板上铺的则是大张美丽的布哈拉地毯。真希望他们能让我带一两张这样的地毯回家！

酋长阿哈德

盛装赴宴

觐见仪式定在隔天早上九点钟，我穿上最体面的衣服，骑马穿过艾克宫（Ak Seraï）大门，这里曾经也是帖木儿的宫殿。穿着蓝色制服的军官伴随在我身边，五十位军人举枪致敬，同时有三十名乐师组成的乐团随队演奏助兴。我们的队伍由两列卫队在前面引导，他们穿着绣金线的长斗篷，手里擎着金棍棒。

我们穿过旧城堡的三座中庭，才来到新城堡，这时宫里的官员已经在此等候。我被引进一个宽敞的接见厅，大厅的中央放置两张扶手椅，只见阿哈德酋长已经端坐在其中的一张椅子上；他站起身来，以波斯话向我表达欢迎之意。酋长个子高大、英俊，留着黑胡子，从他的容貌特征不难看出他是很典型的雅利安人。他头上缠着纯白的缎面头巾，身上披一袭蓝色丝绒长袍，而且佩戴肩章、皮带和一把短弯刀，镶缀在衣服上的钻石闪闪发亮。

我们花了二十分钟聊我的旅程、聊瑞典，也聊俄国和布哈拉。随后市长为我举办了一场令人咋舌的盛宴，共有四十道精美的佳肴。席间市长转交酋长送给我的一件金饰纪念礼物，并且当众发表演说，开场白非常地冠冕堂皇：

"赫定大人此刻从斯德哥尔摩来到土耳其斯坦，目的是要看看这片土地。基于我们与俄国沙皇大帝坚固友好的情谊，赫定大人获准进入神圣的布哈拉领土，而且对于他能来到我们面前，与我们结交为好友深感荣幸……"

我没有什么可

波斯

第十四章 结识布哈拉酋长　143

以回报酋长和他的官员,因为我的旅行经费负担不起奢侈的开销,我唯一能做的只是尽量谨言慎行,努力让主人深信,瑞典人确实欣赏帖木儿的后人这种仁善却无能的统治。

接下来,我在俄国驻布哈拉大使莱萨尔的官邸叨扰了一周;在俄国出使亚洲地区的官员之中,莱萨尔是极为博学而高尚的代表人物。

我最后的行程是再度穿越卡拉库姆沙漠、里海,再经过高加索地区、新罗西斯克①、莫斯科、圣彼得堡、芬兰,然后回到故乡斯德哥尔摩。

---

① 欧俄南方濒临黑海的港口城市,为俄国海军基地。

第十五章
两千英里马车之旅

一八九一年春天当我回到家乡时，觉得自己就像个扩张版图的征服者，因为我走过了高加索地区、美索不达米亚、波斯、俄属土耳其斯坦、布哈拉，甚至进入中属土耳其斯坦。因此，我自觉信心满满可以再度出击，从西到东征服整个亚洲。亚洲探险的实习岁月诚然已成为过去，而横阻在眼前的则是艰难且严重的地理问题，然而我的内心再一次燃起浓烈的渴望，迫不及待想出发从事荒野探险。经由更深入世界上最大陆地的核心区域之后，我的野心越来越大，现在能满足我的只有一个目标，那就是亲自踏勘欧洲人从未涉足过的路径。

终于我的愿望实现了。这趟旅程历时三年六个月又二十五天，我所规划的路线全长一万零五百公里，比北极到南极的距离还长，相当于地球圆周的四分之一。我准备了五百五十二张地图和表格，全部加起来的长度是三百六十四英尺，在规划的整个旅途中，将近有三分之一（即三千二百五十公里）的土地完全不为人所知。全程的旅行经费还不到两千英镑。

不过，在我的老师李希霍芬男爵将亚洲地理完整传授给我之前，我不希望冒然行动，因此直到一八九三年十月十六日这一天我才告别家人，往东方的圣彼得堡出发。

告别家人重新出发

从沙皇首都圣彼得堡到奥伦堡①二千二百五十公里的路上，我们快速穿过莫斯科和塔波夫森林地带，渡过横跨伏尔加河长达四千八百六十七英尺的桥梁。奥伦堡是奥伦堡哥萨克人的首府，管辖当地的总督也是哥萨克人的首领。此地种族混杂，有巴什基尔人②、吉尔吉斯人、鞑靼人，充分说明了这里正是亚洲的入口。

我的第一个目的地是塔什干，由于我已熟悉里海以南的路线，这次想尝试穿越吉尔吉斯大草原里海北边的路线，路程为二千零八十公里，分成九十六段；为了避免每走一段就上下搬运一次行李，所以我选择全程搭乘四匹马所拉的马车。一般而言，旅行者大都会携带自己的车厢和备用零件，也必须携带润滑油和粮食等补给品。所有驿站的站长都是俄罗斯人，至于车夫则多数为鞑靼人或吉尔吉斯人，他们一年的薪水是六十五卢布，每个月外加一点五俄磅的面包和半只羊。驿站供休息的房

---

① 俄国西南方城市，位于乌拉尔河畔，为工业与交通中枢，炼油工业和机械、皮革工业十分发达。
② 欧俄东方、乌拉尔山南部的巴什基尔自治共和国人民。

间通常有桌椅、躺椅，旅客可以在这里过夜。我的房间有个角落挂着一幅圣像，桌上还摆着一本《圣经》，是普热瓦利斯基留下来的礼物。

当年安楠科夫将军所建造通往撒马尔罕的铁路，很快地就延伸到塔什干，这条铁路一通车对于贯穿吉尔吉斯大草原的马车道造成重大的打击，不过由于战略关系，马车道至今依然在使用，也许有一天将会完全被铁路所取代。

正因为如此，我在奥伦堡以七十五卢布买了一辆马车，到达马其兰后再以五十卢布的价格将它卖掉。我的行李有三百公斤重，行李箱外缝上草垫绑在车厢后面，也有一些绑在车夫的座位上。其中两口沉甸甸的箱子里装的是弹药，若非守护天使的眷顾，我一定早就被炸死了，因为马车激烈的颠簸把弹药匣里的火药震了出来，在这种情况下，弹药箱居然没有被引爆，可真是奇迹。

十一月十四日，我离开奥伦堡时气温是零下十摄氏度，冬天的第一道冷锋正在发威。我坐在一小束铺着毯子的干草上，全身裹紧毛皮和毛毯；被风卷起的雪花纷纷飞进撑起的车篷底下，聚拢成云雾令人窒息。那天晚上，一个胡子灰白的老信差赶上我，他在这条路上来来回回已经跑了二十年了，每年要在奥伦堡和奥尔斯克①之间跑上三十五趟，总长度相当于地球到

---

① 欧俄东部的城市，位于奥伦堡以东，为工业重镇。

第十五章 两千英里马车之旅　　147

月亮的距离再加上六千英里。老信差身上沾满细白的雪花，胡子上也结了白霜，他坐在煮茶的茶壶边，在短短的休息时间内，一口气连喝了十一杯滚烫的热茶。

奥尔斯克是乌拉尔河①在亚洲这岸的小城镇，当马车驶离镇上最后一条街时，我心里想着："再会吧，欧洲！"我们接下来要穿越广漠的吉尔吉斯大草原，它的范围在里海、咸海、乌拉尔河和额尔齐斯河②之间，草原上孕育着许多野狼、狐狸、羚羊和野兔。吉尔吉斯的游牧民族赶着牲口在大草原上逐水草而居，他们搭建黑色如蜂巢状的毛毡帐篷，也在流入盐湖的众多小溪的溪畔搭建芦苇帐篷。一个称得上富裕的吉尔吉斯人通常拥有三千头绵羊和五百匹马，一八四五年俄国人征服这部分大草原时曾兴建过一些碉堡，至今仍有少数军队戍守。

车轮碾过结了冰的雪地发出轧轧声，马儿或狂奔或慢跑，使得马车经过的道路积雪消融，一路上不曾减缓的颠簸把我震得七荤八素的。我们走了又走，可是马车仍然绕着一望无际的平原中心打转，偶尔车夫会停下来休息一下，让汗如雨下的马儿喘口气，有时候他会用马鞭指着我们前进的方向说："过一会儿，我们会碰到南方来的一辆马车。"

---

① 为欧亚大陆的分界河，起源于乌拉尔山脉南麓，向南注入里海，长约二千五百三十五公里。
② 起源于中国境内的阿尔泰山，向西北流进哈萨克斯坦，在亚俄西部与鄂毕河汇合，总长度五千四百一十公里，是亚洲最长的河系。

我用望远镜仔细观看地平线那端，除了一个微小的黑点以外，什么也看不出来，可是车夫竟然连来车的马匹是什么颜色都知道，看来吉尔吉斯人长年生活在大草原上，他们的感官功能已被磨得十分敏锐，简直到了令人叹为观止的地步；即使漆黑无光、浓云蔽天的半夜，他们照样可以找对路。除了暴风雪，什么也扰乱不了他们的方向感。当然，马车路旁的电报杆具有一定程度的指标作用，然而一旦遇到狂烈的暴风雪，旅人可能在找到下一根电报杆前就迷路了，碰到这种情况，唯一的办法只有在原地等候天亮。况且在这样的夜晚，旅人更应该特别留意野狼的行踪。

　　我们在檀迪驿站休息了几个小时，站长把晒干的草原植物放进火炉里燃烧，野狼趁机溜进来偷走了三只鹅。

　　十一月二十一日，气温下降到零下二十摄氏度，这是我前往塔什干的路上所碰到最冷的一个晚上。下个停靠站是康斯坦丁诺夫斯卡亚，这里比较简陋，只有两顶毛毡帐篷。从这儿开始马路沿着咸海海岸伸展；咸海大小和维多利亚湖[①]相当，湖中鱼类丰富。我们穿过的大小沙丘整整有七十二英里路，于是我们改由三峰双峰骆驼拉车，车夫骑在中间那峰骆驼背上，看它们跑步时驼峰从一边歪向另一边的模样，实在很有趣。

　　不久，我们开始接近比较温暖的地区，那儿下着雨，骆驼

[①] 位于东非乌干达、肯亚、坦桑尼亚境内，面积六万九千四百八十二平方公里，为世界第二大淡水湖，也是尼罗河的发源地。

的厚蹄啪哒啪哒敲着湿润的泥沙，我们就这样来到锡尔河畔的小镇卡札林斯克，这里是乌拉尔山区哥萨克人捕捉鲟鱼的地方，特产的鱼子酱为他们带来许多财富。马路顺着锡尔河岸往下走，在这片浓密到几乎无法穿越的莽林栖息着数量众多的老虎、野猪和雉鸡；有个猎人用行动证明他高超的狩猎技术——他送给我的雉鸡足够我吃到塔什干了。

距离土耳其斯坦还有一百零八英里路时，我们马车的前车轴却出了故障，经过短暂的修复，我们小心而缓慢地驶抵这个古老的城市。此地有一座建有洋葱形拱顶和尖塔的美丽清真寺，是帖木儿下令兴建的，为了纪念吉尔吉斯的守护圣者哈兹瑞[①]。

旅程漫漫路迢遥

接下来的旅程仍是路迢迢，漫长得没有止境。我们一天比一天更深入大草原；有一次马车深陷泥淖之中，三匹拉车的马丝毫动弹不得，那真是个毫无指望的晚上。车夫只好骑上一匹马，回到前一个驿站搬救兵；我独自在夜风呼啸的荒野里等候，时间一小时又一小时地过去，我等了又等，不知道野狼是否会趁机扑上来。最后，车夫终于带了另一个人和两匹马回来，经过一番努力，我们才得以脱困继续上路。

---

① Hazret Sultan Khoja，原意为苏丹的导师哈兹瑞。

我们搭乘渡轮越过阿里斯河。这里的地势略有起伏，我们改搭一辆普通的马车，由五匹马拉着，还有一名男子骑在带头的马上。沉重的马车往山坡下疾驶，速度快得让人头晕。全速奔驰的马儿令我胆战心惊，万一领头的马儿跌倒，马夫岂非要命丧车轮下？幸好没有任何意外发生。我们终于抵达奇姆肯特，由于是旧地重游，我像识途老马般再度游历了几个好地方。十二月四日，随着叮叮当当的铃声，我们朝塔什干奔驰而去。

到了第十九天，我已经旅行了经度十一点五度，经过三万根电报杆，雇用了一百一十一个车夫，用过三百十七匹马和二十一峰骆驼，从西伯利亚的寒冬旅游到日温十二摄氏度的地方。

到了塔什干，我再次到瑞夫斯基总督府上叨扰，在马其兰则暂住在费尔干纳省总督帕伐洛许维科夫斯基将军（General Pavalo-Shweikowsky）的府邸。我利用这段时间采购比较重的行李，如：帐篷、毛毯、皮裘、毛毡靴子、马鞍、粮食、烹煮器具、新弹药、亚俄地图等等；另外还买了一些准备送给土著的礼物，像衣服、洋装、左轮手枪、手工具、小刀、匕首、银杯、手表、放大镜和其他新奇的玩意儿。由于行李多而且重，我又买了外覆皮革的木头箱子，这种当地人用的木箱可以安放在马鞍袋上。

我决定取道帕米尔前往喀什。帕米尔高原可说是亚洲内陆最崇峻的山脉之一，全境有许多白雪覆顶的山岭，以此为中心，向四面八方延展形成地球上最巍峨、雄浑的山脉：天山耸立于东北方，东南方则雄峙着昆仑山、慕士塔格山、喀喇昆仑山和喜马拉雅山，西南方有兴都库什山迤逦绵延；帕米尔高原因而有"世界屋脊"之称，的确名副其实。

俄属土耳其斯坦、布哈拉、阿富汗、英属克什米尔、中国新疆等地的政治利益都集中在帕米尔，在我动笔撰写此书之际，该地区正是俄罗斯和英国之间政治关系高度紧张的关键。英国和阿富汗在帕米尔的西方和南方各自拥有相当强势的掌控力，中国的势力则盘踞在帕米尔东边。一八九一年，俄国人以展现军备武力来宣称他们拥有帕米尔的北部；两年之后，他们在阿姆河上游的支流摩尔加布河边兴建帕米尔斯基哨站的碉堡，此地紧张的情势可说一触即发，任何可能被解读为挑衅的怠慢举动都会迅速挑起战端。

从马其兰到帕米尔斯基哨站的路有二百九十四英里长，虽然不算远，可是到了冬天路况很差，由于天气严寒、大雪纷飞，一到晚上，连温度计里的水银都冻结了。每个人都警告我，认为我绝对无法活着走出阿莱河谷①的深雪，只有往来于马其兰和碉堡的吉尔吉斯信差才可能通过，即使是这些识途老马也经常遭遇到可怕的意外和伤害。

尽管如此，我还是坚持原意；和"世界屋脊"的冬雪一争

---

① 阿姆河流域的一处河谷，位于阿莱山脉南方。

胜负，对我而言是个无可抗拒的诱惑。帕伐洛许维科夫斯基将军派遣一位信差策马到沿途吉尔吉斯人的帐篷村落先行打点，关照他们必须好好招待我，并且尽可能协助我；碉堡指挥官赛茨夫上尉也接到了我即将造访的通知。

马儿跌落山谷

我并没有需要精心料理或沉重累赘的物品，只带了三个人随行：贴身仆役拉希姆和两位车夫，其中一位叫伊斯兰，在我日后漫长艰辛的旅程岁月中，成了我最忠实的仆人。我雇了一匹供骑乘的马和七匹驮运货物的马，每匹马每天要价一卢布，省了我照顾马儿和喂马的责任。而车夫又多带来三匹马，专门用来驮运粮秣和干草，是车夫自己花钱准备的。

一八九四年二月二十三日，正式启程。我们穿越伊思法仁河河谷，这条河贯穿阿莱山脉北麓，越往高处爬路况越差。我们离开了最后一处有人居住的聚落，以及最后几座脆弱的木板桥；河谷越来越窄，到后来只剩下一条走廊似的山峡，依傍着山坡往上爬升，时而在河谷右侧，时而转至左侧。当走到一处险峻的坡道上，队伍里的一匹驮马不慎跌倒，它朝山谷连翻了两个斤斗，脊椎撞击突出的山岩，登时在河床上气绝毙命。

有一群土著从上个村庄一直尾随着我们——而我们确实也需要他们的帮忙！山路恶劣得令人打冷颤，就像是沿着悬崖搭建的飞檐，有些路段埋在积雪下，有些地方甚至披覆着冰雪；一路上，我们是冰凿和冰斧不离手，最滑溜的地方还得洒上砂子以防滑倒。暮色悄悄笼罩下来，夜晚已经降临，可是离扎营的地点还有三个小时路程；我们手脚并用，在深不见底的渊谷边缘攀爬和滑行，每一匹马都由一个人牵着，再由另一个人抓住马尾，如此，万一马儿滑倒就可立即支援。野兽的咆哮声在山谷中回荡着，我们往前行进却是步步维艰，譬如马儿在悬崖边滑倒，我们就得有人紧紧抓住它，等到援手来到才能解下马背上驮运的行李。此外，这时候也是雪崩季节，随时都有被松弛的积雪活埋的危险，因此山径四周躺着许多马匹的骸骨，事实上，整支商队连人带马被崩雪活埋的例子时有所闻。

好不容易走到河谷开阔些的地方，当大伙儿看到远方烟雾升腾的营火时，心里真有说不出的舒坦，个个都松了一口气。经过十二个小时艰困的"行军"之后，我们抵达兰加尔，已是疲惫不堪。还好吉尔吉斯人为我搭了一顶舒服的毛毯帐篷。

我先调派八名吉尔吉斯人前往阿莱山脉的坦吉斯白隘口，让他们携带铲子、冰凿和冰斧，为马匹挖出一条通道。第二天，我们骑马到"拉巴特"，那是个标高九千五百五十五英尺的避风小屋，爬到这个高度，我和几个手下对头痛、心悸、耳鸣、反胃这些高山症状已经很熟悉了，一看到晚餐我就想吐，晚上睡得也很不安稳。后来去西藏，我已经习惯了这种稀薄的空气，即使到达海拔一万六千英尺的高度，也不会觉得有任何不适。

翌日清晨，我们沿着吉尔吉斯人挖掘的小径前进，眼前阿莱山的山脊凌空拔起，高耸地矗立在我们的上方。我们走入一条陡峭的上坡通道，山岩白得像粉笔；吉尔吉斯人在六英尺深的积雪中踏出了一条狭窄步道，路基脆弱得有如沼泽上的浮板，不小心踩个空就会深陷积雪中。我们绕着之字形的步道千回百转之后，才来到标高一万二千五百英尺的坦吉斯白隘口，从这里向下俯瞰，雪白的广袤山脊尽入眼帘，景观美极了。南边的阿莱河谷地夹在阿莱山脉和外阿莱山脉之间，分向东、西两方绵延伸展开来。

侥幸逃过暴风雪

顺着通往阿莱河谷的一弯峡谷继续行进，我们利用小桥和积成拱形的雪径来回渡过一条小溪；行进中马匹经常脱队跑散，我们必须全体动员才能拉住它们，重新把行李绑好。就在前天，这里发生过巨大的雪崩，雪堆满峡谷，把道路完全遮蔽；吉尔吉斯人连连恭喜我们躲过了这场雪崩。现在大伙儿可以走在崩落的雪面上，踩在脚底下的积雪可能有二三十码深。

我们从达劳库尔干进入阿莱河谷，这里有个搭建二十顶毛毯帐篷形成的小村子。往远处望去，可以看到一场暴风雪正在坦吉斯白隘口顶上肆虐，吉尔吉斯人再次向大伙儿道贺，因为我们又幸运地逃过了一劫。如果我们早到一天，恐怕现在早已葬身雪崩之中；要是晚来一天，现在也必然被暴风雪困住，准被冻死无疑。

三月一日的前一天晚上，有一场暴风雪袭卷达劳库尔干，差点把全村的帐篷夷为平地，所幸帐篷用绳索和石头牢牢固定住，才得以安然无恙。当我从睡梦中醒过来时，赫然发现枕头上堆出一小堵的雪墙，原来整个帐篷已经被埋进一码深的雪堆里了。

休息了一天，我们和吉尔吉斯的向导继续往下走。向导用长木棍敲击雪面以探测虚实。眺望远方，在无尽头的银色大地上露出一个小黑点，我心满意足地望着它，那儿正是我们今晚要过夜的毛毯帐篷；帐篷里正燃烧着营火，烟雾袅袅从帐顶开口处飘了出来。那天晚上，一位吉尔吉斯人弹奏弦乐器来娱乐大家。夜里，暴风雪又再度袭击大地。

我们的路线继续向东沿着阿莱河谷走，阿姆河上游的支流喷赤河也是顺着河谷向东奔流。在这里我们必须先派出四峰骆驼为马匹开路，有时遇到骆驼完全陷入雪堆里，就得重新探出一条积雪较浅的路径。

距离隔天晚上扎营的地点只不过一百五十步的路程，可是这么短的路却走得千辛万苦；横阻在我们和帐篷之间的是一条深谷，谷地上积满九英尺深的雪，走在最前面驮负物件的马一脚陷进去，彻底被雪给淹没，我们先卸下它背上的箱子，然后用绳子硬把它拉了出来。用铲子在雪地里铲出一条路来根本行不通，吉尔吉斯人于是想出了一个变通的办法，他们拆下帐篷上的毛毯，一块块铺在雪地上，然后循序领着马儿一步一步走过去，等到所有的马儿都走完，那时间感觉好像过了一辈子那么久。

晚上温度降到零下二十点五摄氏度，毛毯帐篷完全被雪墙所包围。第二天早上，我望见外阿莱山脉最高峰、海拔二万三千英尺的考夫曼峰，气势雄浑、仪态万千地矗立在前方。

我从营地派遣一名吉尔吉斯人出去求援，可是他的马儿一跨出步子就陷进厚厚的雪堆里，深度到达马上骑士的膝盖；这么深厚的雪太危险了，不久这位吉尔吉斯人只好放弃。看来我们真的被雪困住了，除了等待别无他法。

雪原斗士——吉尔吉斯人

后来终于来了几位带着骆驼和马匹的吉尔吉斯人，而且帮了我们好一会儿，还告诉我们碰到更深的积雪也是常有的事，他们用牦牛来开路，在雪地里钻出一条隧道，然后人和马再跟着走。

他们告诉我们，在上次的暴风雪中，他们有一个朋友的四十只绵羊都被一头野狼咬死了，另一个人最近也才刚损失一百八十只绵羊。野狼是吉尔吉斯人最凶狠的敌人,一头野狼可以在暴风雪中偷袭羊群而把整群羊咬死。野狼的嗜血残暴是难以克制的天性,不过一旦被吉尔吉斯人活捉,野狼的下场就很凄惨了。吉尔吉斯人会先用绳子把野狼的颈子绑在粗桩上,然后在它嘴里塞进一块木头,再拿绳子缠绕野狼的嘴巴,接着松开绑住野狼脖子的绳子,猛抽它鞭子、用火烫的煤块弄瞎它的眼睛、拿干鼻烟灰塞它嘴巴。有一次吉尔吉斯人折磨一只野狼时,我正好在场,因此有机会早些杀死野狼,以便减少它的痛苦。

许多野生的绵羊(当地人叫它们波罗羊,取自马可·波罗的名字)常被野狼撕裂成碎片。野狼熟谙系统化的狩猎,它们建立前哨站,先把羊赶到陡峻的峡坡;吉尔吉斯人说,被逼上绝路的羊只看到背后吐着气、红了眼的杀手,通常情愿冒险纵身越过峡谷,而它们利用强韧且形状优美的羊角根部软垫着地,确实常可让它们安然逃过摔死的命运,尽管如此,绵羊并未因此能够逃过狼吻,因为其他的狼群早已等候在峡坡底下,等绵羊一落地就上前扑杀。

陪我旅行的一位吉尔吉斯人去年冬天也曾穿越阿莱河谷,他被十二只野狼攻击,所幸他和同行的伙伴都携带枪支,在开枪射伤两只野狼之后,剩下的狼群立刻把受伤的同类啃食得精光。

不久前,有位吉尔吉斯人要从一处营帐到另一处营帐,从此他再也没有回来，人们四处搜索，结果在雪地里发现他的头颅和残骸，旁边还有他的皮裘，从尸体旁的血迹可以看出他曾经无助且绝望地挣扎过。我的脑海中一直挥不去那位独行者的影子，整个晚上辗转反侧，不断想着当这位吉尔吉斯人发现自己被狼群包围时，那种孤立无援的心情是何等苦涩啊！他一定努力试图跑到帐篷村落，但无疑狼群是从四面八方发动攻击的，他可能拔出匕首想刺杀左右两边的野狼，孰料却更加激起攻击者愤怒和嗜血的天性。截至最后他的力气必定逐渐消竭，脚步踉跄，眼前漆黑一片，当最靠近他的野狼把惨森森的白牙扎进他喉咙的那一刻起，无休无止的黑夜便永远地笼罩着他。

银色世界

喷赤河沿岸有一条巨大的冰带，再往河心走，河流又湍急又深邃，我们选择从冰带上过河，马儿必须从滑溜的冰块上跳进湍急的河水里，然后使尽全身力气跃上彼岸的冰块。

我们在离过河地点不远的地方扎营，雪还是很深厚，必须铲除一大片积雪才能腾出搭帐篷的空地。夜里天气极为清朗、平静，星光闪烁，白雪映照生辉，夜色美丽宜人；此时帐篷外面温度是零下三十四摄氏度，我对马儿感到十分抱歉，因为它们得站在外头受冻。

我们骑马向东边前进，我发现我右半边的身体被太阳照得暖融融的，而落在阴影里的左半侧身体居然冻伤了。脸上的皮肤冻裂脱落，终至变得僵硬，和羊皮纸一样坚韧。

"博多巴"是往来此地的信差所搭盖的一间小泥屋，我和一位吉尔吉斯人率先赶到那里。我们在三英尺深的积雪中开路前行，直到深夜才抵达，还在附近雪地上发现七头野狼的足迹。

地势从这儿往上爬升到外阿莱山脉海拔一万四千英尺的喀吉尔隘口，山顶上竖着一块石标和一些飘着旗帜的旗杆，同行的吉尔吉斯人都跪下来感谢真主安拉保佑，使他们能平安穿过这条神圣但令人丧胆的隘口。后来我在西藏也经常见到相同的习俗——同样的石标，同样的旗杆旗帜，以及对山神同样的尊崇。

隘口以南的积雪少多了，在整个行程中，我们遇到的最低温度是零下三十八摄氏度，那时我们就在阔克赛泥屋里。

第二天早上我们渡过一座门槛似的小桥，伫立桥拱上，整个喀拉库勒湖——意为"黑色之湖"——尽收眼底。太阳正缓缓沉落，西边山脉的影子很快就盖满了这片荒凉清冷的土地。

三月十一日，我带领四个人、五匹马和两天的粮食，踏上喀拉库勒湖浩渺的冰冻湖面，然后前往湖的东南岸和其他同伴会合。喀拉库勒湖面积有一百三十平方英里，长十三英里，宽九英里半；我想量量它的深度，便在湖的东端用测锤经由冰上的洞口测量水深。那天晚上，我们在一个岩石小岛上过夜，冰块发出奇怪的声音，听起来好像有人正在搬动大鼓和低音六弦琴，也像是有人把汽车的门用力甩上，我的随员则相信那是大鱼用头敲打水面上的冰层所发出来的声响。

待测量完湖西一大片内湾的深度之后，确定最深的地方是七百五十六英尺。我们紧紧跟随其他伙伴留下的足迹前进，他们已经远远走在前头了。暮色开始与黑暗的夜色融合为一，这里光秃秃的地表再也看不出前面伙伴的足迹，等走到雪地上时，已经完全失去他们的去向；我们骑了四个小时的马，不断扯高嗓门吼叫，但是没有一点回应。后来我们只好在干燥的草原植物生长的地方停下来，升起营火，不只为了取暖，也当作其他人马辨识的指标。我们坐着聊天直到凌晨一点，期间没有吃一块面包，也没有喝一滴茶水，只是轮流讲着有关野狼的故事吓吓彼此；聊完天我们各自裹在皮裘里，在营火前慢慢沉入梦乡。

第二天早上我们发现商旅队伍。我们马不停蹄地朝穆斯可山谷迈进，这条山路通往阿卡白妥隘口，高度为一万五千三百英尺。山谷中有"冰火山"，也就是水上升结成冰，一层一层堆积起来形成火山似的圆锥体，其中最大的有二十六英尺高，底部圆周达一百五十英尺。

隘道上的雪花被风卷起，像漩涡一样漫天飞舞，宛如新娘的白纱；我们在这里被迫舍弃一匹马。帕米尔斯基哨站的翻译员马梅提耶夫在隘口的另一端和我们会合，他是个活泼、友善的吉尔吉斯人，在俄国接受教育。等我们骑了一段路之后，他手指南方慕尔加布河一处宽阔的河谷说："你看见那边飘着的旗子吗？那里是帕米尔斯基哨站，全俄国最高的碉堡！"

第十五章　两千英里马车之旅

第十六章
吉尔吉斯人

帕米尔斯基碉堡是用泥块和沙包堆砌而成的,碉堡四个角落的炮台上均架着枪械,当我们靠近碉堡北边的正面时,戍守卫队的所有一百六十名士兵与哥萨克人都站在护墙上欢呼。碉堡指挥官是赛茨夫上尉,他曾经担任过斯科别列夫将军的副官,现正与六位军官在碉堡的大门迎接我们。

戍守卫兵在这儿的生活非常单调,因此对于我的到来相当欢迎。在漫长的冬天里,我是他们看到的第一个白种人,对他们来说,我仿佛是上帝从外面世界送来的礼物,他们表现出无比热情的欢迎和招待,而我也乐意做个"囚徒",在这里待上二十天。

那真是一段令人心旷神怡的休息!我们聊天,骑马郊游,到邻近的吉尔吉斯部落拜访长老;我也写生、拍照。星期天大家聚集起来玩游戏,卫兵和着手风琴的乐音翩然起舞;每到星期二,我们用望远镜观望北方的地平线,希望发现信差的身影。驻扎在这里的每个人莫不盼望信差带着信件和报纸前来。

不知不觉当中，这段愉快的悠闲时日已接近尾声。四月七日，我向大伙儿道过珍重后再度上马出发。我们一小群人往东北方的朗库尔湖前进，当晚就在湖畔扎营过夜，帐篷上方没有排烟口，形状呈圆锥形。朗湖虽然只有六英尺深，湖面上却覆着三英尺厚的冰层，不过泉水注入的地方，湖面并未结冰，经常有大群的野雁和野鸭在此地栖息。

进入中国的领土

再往东，我们从瞿喀台隘道翻越色勒库尔山；在山更远的那一面，我们借宿在第一个吉尔吉斯人的帐篷村落。这里已经是中国的领土，从附近布伦库勒湖堡垒来的三位长老前来与我们见面，他们清点完我们的人数，而且仔细盘查之后，便返回布伦库勒湖堡垒。当时俄军正调派军队准备攻打中属帕米尔的谣言甚嚣尘上，甚至有人相信我们是俄军所乔装，箱子里还藏着武器。不过，这些人因亲眼看到我只是一个带着少数几位土著的欧洲人，终于确定我不是间谍。

到了离布伦库勒湖不远的地方，中国军队的指挥官乔大林亲自带了十名扈从来拜访我，他对我继续前往慕士塔格峰西麓的计划并未表示反对，不过他要求我留下一个人和半数的行李作为担保。我只能经由一条路到达喀什，那就是穿过盖兹河谷，而这条路的起点正是布伦库勒湖。

这里的中国人疑心相当重，他们派遣守卫和间谍整晚监视着我们的帐篷，不过倒是不太打扰我们。四月十四日，我带了四名随从和四匹驮马往南走，穿过色勒库尔河谷，行经属于喀拉库勒湖的美丽玲珑的小山湖，然后抵达吉尔吉斯人的帐篷村。村里的长老塔格达辛（Togdasin Bek）非常好客，而吉尔吉斯人听说有个欧洲人来了，都纷纷跑到附近来扎营，他们到我的帐篷来要我替他们治病，我只好用奎宁和其他无害的口服药品尽力为他们医治，结果证明效果的确非凡。

慕士塔格峰矗立在我们上方，山名的原意是"冰山之父"，最高峰海拔二万五千五百英尺，峰顶罩着一层闪亮永不消融的白雪，仿佛一顶皇冠；从东方的沙漠中远眺，慕士塔格峰的峰顶就像一座灿亮的灯塔，巍然耸立在南方知名的喀什山脉之上。喀什山脉位于帕米尔高原的边缘，山势雄伟。

"冰山之父"

吉尔吉斯人流传许多关于慕士塔格峰的传说，他们相信它是巨大的圣人之墓，摩西和阿里都在此安息。好几百年前，一位老智者攀登这座山，他在山顶上发现一座湖和一条河，并且见到一峰白色的骆驼在河边吃草。一些身穿白衣、神态庄严的老人在李子园里悠闲地漫步，智者摘了一颗果子吃，这时有个老翁走过来向他道贺，因为智者并没有漠视这些果子的存在；

假如他没有吃这果子，就必须和其他老人一样永远留在果园里。然后一位骑白马的人将智者拉上马鞍，快马加鞭往山坡下疾驰而去。

吉尔吉斯人甚至相信，"冰山之父"的峰顶其实是

我曾两度试图攀登慕士塔格峰

一座城市，名叫贾奈达，城里的居民过着极为快活的日子，既不知寒冷，也不会老死。

不论我走到哪里，也不论是在哪一个吉尔吉斯人的帐篷村歇脚，都会听到关于这座圣山的新故事，连带地激发出我内心无法抗拒的欲望，想要更加亲近这座山，亲自去踩踩它那陡峻的山坡——不一定要攀上巅峰，但是至少要走上一程。

于是在山谷中我暂时抛下马匹和两个随从，另外挑选六个矫健的吉尔吉斯人，雇用九头壮硕的牦牛，把我的帐篷往高处移动两千英尺，这里没有积雪，地基为岩石和石砾堆，冰河流动发出低沉的声音。第一个晚上，我们就在露天的干柴营火旁度过。

不过我首次想亲近这座巨山的企图并没有圆满收场。我们在牦牛的帮助下，艰辛地涉雪爬上陡峭的山壁边缘，山壁下就是北方巨大的羊布拉克冰河的深堑；从这里我们可以饱览西边

第十六章 吉尔吉斯人

色勒库尔河谷的壮丽景色，以及源自山顶盆地的宏伟冰河，这条冰河白色中泛着微微的蓝光，顺着峭峡往下滑动，从我们的脚下淌过，然后像帝王一般骄傲地从石河床上流泻出来。

可惜我们没时间流连欣赏眼前的美景。风吹起，暴风雪开始在较高的山坡上发威，浓密的雪云在我们头顶上高速旋转，而且越来越黑；我们必须赶快回到扎营的地点。

在我们离开营地期间，塔格达辛长老带了一顶毛毯大帐篷来拜访我们的营地，他到的时机极为凑巧，因为就在他到达不久，整个山区全被暴风雪所笼罩，伸手不见五指，而他带来的帐篷刚好可以帮我们抵挡强风。

我知道天气也许要很久才能好转，在此之前根本不可能再一次向上攀登，因此我派了几个吉尔吉斯人下山谷去带粮食回来。

偏偏倒霉事儿接二连三坏了我所有的计划，先是我的眼睛急性发炎，迫使我不得不找个温暖的地方，而且一刻也不能拖延。于是我们的登山之旅半途夭折，我蒙着眼罩和一小支队伍往回走，经过喀拉库勒湖和布伦库勒湖，走到更远处顺着盖兹河荒野峡谷走下去；此地可说是恶名昭彰，因为有许多强盗和逃逸的小偷都藏匿在这里。

我们有时得穿过滔滔的盖兹河，河流湍急、白浪滚滚，在大石头之间汹涌奔流。吉尔吉斯人下水帮助马儿过河，否则马儿可能会溺死。桥梁只在几个地方看得见，其中有座桥用一块巨大的石头当栈桥，当马匹走上那危颤颤的桥面时，构成一幅有趣的画面。

现在温度开始急剧升高，我们下了山，也走进了夏天的氛围，温度计显示十九摄氏度；当我们终于在五月一日抵达喀什时，我的眼疾几乎已痊愈了。

在此我仅描述几项对喀什之行的回忆，这段时间，我多半与老朋友彼得罗夫斯基总领事在一起，也和好客的马继业先生、诙谐的亨德里克斯神父往来密切。

我的第一项任务是拜访张道台，他是喀什和这个省份的总督，我第一次来喀什时就认识他，他是个十分精彩的人物。这次他仍然和气、友善地接待我，慷慨答应我所有的请求，包括护照和自由旅行的许可。

第二天，张道台登门拜访算是礼尚往来，我就像在戏院里看戏一样，看着他五颜六色的出巡队伍走进领事馆前庭：先是一支前导的骑兵队，每走五步就敲一声响亮的铜锣，接着是一群步兵，手里拿着鞭子和匕首为大人开路；张道台坐在一辆骡子拖的小车上，布帘遮住他的身影。车子两边有仆人跟随，他们打着遮阳伞和黄色官旗，旗杆很长，旗子上绣着黑字。在队伍后面压轴的是另一支骑兵队，他们骑着白马，身上的制服相当华丽。

有一天，伊格纳季耶夫领事和我受邀到张道台府上参加一场官方的晚宴，和中国官员的出巡队伍比起来，我们的俄国队伍平凡多了；骑在队伍最前面的是西土耳其斯坦商人的长老，其后是手擎俄罗斯帝国旗帜的骑士，随后就是我们所乘坐的马车。我们的马车后面有两位俄国军官担任护卫，另外有十二名穿着白色制服的哥萨克人。我们就这样穿过整个市区、市集和雷吉斯坦市场，也行经"跳蚤市集"，你可以在这里买到旧衣服，还会免费获赠跳蚤、虱子之类的害虫。

我们到达总督官邸时，主人以两响礼炮表示欢迎；进到内院，道台和其他官员正在等候我们。用餐的大厅中央摆一张大圆桌，主人摇摇椅子，借以证明这些椅子足以承受我们的重量，他又把手掌滑过桌面和椅子上，表示每样东西都掸过灰尘，质地光滑。他接着拿起象牙筷子碰碰额头，然后又把筷子放回原位。

我们坐下来，慢慢地吃完四十六道菜。吃饭时，不时有人

喀什的一支乐队

为我们斟上温热的烈酒。伊格纳季耶夫的食量惊人，他那不醉不归的豪迈态度更令在座宾客大为倾倒，只见他连喝了十七杯烈酒仍然若无其事。墙上贴了一行字："把酒论事"，我们只好恭敬不如从命，畅快地饮酒作乐。我担心我们的行径犯了中国人讲究礼数的大忌，若非主人等人自幼就是风干桃子般的黄皮肤，这会儿大概连脸都翻白了。筵席间有一支由各民族组合成的乐队一直在一旁伴奏助兴，等最后一道菜用完，我们便告辞离去了。

热情的吉尔吉斯人

现在已经是盛夏时节，温度上升到三十五摄氏度。我始终忘不了"冰山之父"山顶上终年披覆的白雪，还有那泛着幽微蓝光的冰河，于是我偕同仆人伊斯兰带着小型旅行队，在六月离开喀什。我骑马到达英吉沙小镇，当地的办事大臣警告我狭窄的河流在夏季里水位暴涨，为了让我的行程更顺利，他派了几个吉尔吉斯人协助我，负责的人名叫尼亚斯。

我们深入山区，受到钦察人吉尔吉斯村落居民的热烈欢迎，有些聚落是泥土和石头搭建的小屋，也有些是锥形无排烟口的帐篷村。当我们行走山中时，经常可见慕士塔格峰令人目眩的白色峰顶昂然冒出，落在较低的山头后面。这里的山谷相当宽阔，风景如诗如画；河流都很深邃，河面上尽是滚滚泡沫。

所幸这趟旅程十分顺利，没有发生任何意外。在宽敞的河谷中，有些村落建在丰美的绿草地上，野生的玫瑰尽情绽放，野山楂和桦树一样欣欣向荣。正当大伙儿停留在帕斯拉巴特（Pasrabat）村时，暴雨突然来袭；大雨过后，河流水位即刻暴涨，汹涌的河水霎时变成了灰褐色，怒吼着穿越河谷。

穿越檀吉塔（Tengi-tar）峡谷一段是这条山路艰难的部分，狭窄的走廊紧挨着陡峻的山壁蜿蜒而行，而两侧山壁只隔着几码的距离，河水溢满整个谷地，使得想前往帕米尔的旅人只有被迫走水路。高涨的河水在滚动的石头之间流泻，震耳欲聋的激流回音充塞于局促的峡谷。马儿不太确定应该在何处落脚，只能靠触觉小心翼翼地在大圆石之间行进，它们不时跳上一块岩石，然后鼓起全身肌肉为跳到下一块岩石作准备，而且它们背上

高耸的石壁形成的艰难路途

的行李箱总能维持平衡。在特别难走的地方，必须有两个人在水面上放置一些石块，然后跳上这些石块，各自护着马匹的一边，引导并协助马儿过河。

原本从灰色花岗岩山壁顶上才能窥探到一线的蓝天，慢慢地，随着峡谷的渐形开展、山势变得较平滑，映入眼帘的蓝天也越来越宽广了，这让我们大大松了一口气。离开高达一万五千五百四十英尺的寇克莫依纳克隘口之后，我们发现自己又来到了"世界屋脊"，在塔嘉尔玛河谷宽敞的谷地上，一些吉尔吉斯长老很亲切地招待了我们。

浸淫在清朗、纯净的空气中，高山的轮廓和生物都展露出最美丽的面貌。慕士塔格峰的冰河像舌头般，从深窄的裂缝间吐了出来；冰河清澈如水晶，缓缓淌下山坡，流过青翠的牧场。牧场上可见牦牛和绵羊成群结队地在吃草，还有大约八十顶已经搭建好的圆锥形帐篷。

入境随俗

接下来的目的地是北方的苏巴什平原，我们还在那儿巧遇老朋友塔格达辛长老，他把自己很好的一顶帐篷借给我们使用。接着将近三个月的时间，我和吉尔吉斯人一起生活，起居作息和他们没两样；我骑他们的马匹和牦牛，吃他们的食物（羊肉和酸奶），变成了他们真正的朋友。经过这些日子，他们异口同声地说:"现在你变成地道的吉尔吉斯人了。"

塔格达辛长老为了表达他的欢迎之意,在六月十一日于苏巴什平原上举办了一场比斗,参加者穿着色彩艳丽、镶缀金边的华丽长斗篷,区内所有的长老都齐聚在我们的营地。在四十二位衣着光鲜的骑士扈从的伴随下,我骑马来到即将有一场狂野骚乱的地点;当我们抵达时早已有大批群众在那里等候,一百一十一岁的人瑞廓特和他那五个也已发鬓斑白的儿子一起混杂在人群中。

骑着马的英勇好汉在平原上齐聚一堂,他们急切地等待开始的信号。信号一发出,一位骑士全速向我们冲过来,在我们面前兜绕圈子,用膝盖引导坐骑;他的左手拎着一只活山羊,右手抓着一柄犀利的弯刀,忽然凌空一记精准的劈刺,迅即削断了山羊的头,羊身子垂在骑士的腰间,扭曲且滴着鲜血。

这位骑士跑完一圈场地,再度向我们狂奔而来,这回后面跟着八十位骑士;在马蹄杂沓的哒哒声中,大地开始震动起来,他们越来越接近,偶尔消失在扬起的尘雾里,一直到离我们只有一分钟的距离,速度仍未曾稍减,眼看我们就要被乱马践踏而死,好比崩落的雪堆落在我们身上一般。就在几步之遥他们倏地转开,此时马蹄扬起的沙土已经快扑到我们的脸上,领头的骑士把羊尸体扔在我的脚边,随即策马回队遁入尘土蔽天的平原上。

才不过几秒钟的光景他们又转了回来,骑士们争夺羊尸体的比斗正式揭开序幕。我们这些观众全都迅速往后退，骑士必须从马鞍上抢夺羊身并策马离去，这是我见过最精彩的打斗，所有参加的八十位骑士全挤成一堆，有的马匹连同骑士直立起来，有的马则摔倒在地上，被抛出马背的骑士得赶快挣脱重围，以免被马踩死。这时，其他在旁观看的吉尔吉斯骑士开始从圈子边缘往前逼近，骑着马慢慢钻进圈子里，使得已经拥挤不堪的马群变得更挤了，不知情的人也许会把他们当作烧杀掳掠的匈奴呢。

终于由一个强壮的吉尔吉斯人抢到了羊，他拎着羊在平原上狂野地兜着圈子，其他人则像饥饿的狼群般紧追不放；这样的景象一再上演。

塔格达辛长老越看越兴奋，蓦地跳起来加入战局，可是才跑到一半，他和坐骑就摔了个四脚朝天，人们在他额头上贴了一张中文红字符，表示他已被判出局了。

比斗结束后，我们享用了一顿精致的招待大餐，有羊肉、米饭、酸奶和热茶，然后由我颁发奖品给所有获胜者，给的是一些银币。优胜者当中有两位魁梧的吉尔吉斯人名叫耶兴和莫拉，都被我招揽来为我做事。

暮色低垂，骑士们回到他们的帐篷，又一个新的夜晚降临，漆黑的夜色落在慕士塔格峰山脚的平原上。

第十七章
与"冰山之父"搏斗

我给了自己一项任务,那就是规划前往"冰山之父"慕士塔格峰附近地区的路线。在仆人和几位吉尔吉斯朋友的陪同下,我到了喀拉库勒湖畔;在扎营地点,我独自使用一顶锥形毛毯帐篷,也在此处扎营的邻居则提供酸奶、鲜奶、发酵马奶、绵羊给我们。吉尔吉斯人白天忙着下田,晚上就跑到我们的帐篷来,我竭尽所能让他们讲述对自己国家的认识,只要是刮大风、下大雨的日子,我一定留在帐篷里作笔记,不然就是为吉尔吉斯人画像。

有一天,我们从费尔干纳带来的看门狗失踪了,过了不久,当我们在喀拉库勒湖附近游玩时,有只黄中带白、形貌憔悴的吉尔吉斯狗向我们走来,伊斯兰和其他人对它扔石子想把它赶走,可是没一会儿又见它跑回来,所以我让它留下来。这只狗很快就学会捡拾我们扔给它的肉块或骨头,慢慢地竟变成营地里每个人的宠物。我们管它叫"尤达西"——"旅伴"的意思,它很忠实地为我看守帐篷,整整十个月没有离开过我一步,是这段时间我最亲密的朋友；然而尤达西的离去却很具有悲剧性，这个故事稍后再说。

吉尔吉斯人在慕士塔格峰附近放牧绵羊、牦牛和马，每一户人家都有固定的夏季和冬季草场。虽然他们笃信伊斯兰教，妇女却不用蒙面纱，脸上也无需遮掩，只除了头上缠绕白色头巾。吉尔吉斯人的生活几乎全以照顾牲口的健康为重心，每到日落，他们就把绵羊赶回羊棚，半带野性的家犬则保护羊群不受野狼伤害；即使妇女所做的粗活都和绵羊、羔羊有关，而牲口的饲料也是由妇女负责照料。至于男人的时间多半花在马鞍上，到处拜访别人，骑马到喀什赶集，或是监督妇女照料马匹和牦牛。孩子们在帐篷四周玩耍，他们大多很讨人喜欢，长得也漂亮。有一次，我们看到有个八岁大的男孩一丝不挂地走来走去，全身上下只有一顶羊皮帽和他父亲的靴子。

两位吉尔吉斯男孩

走过冰河，翻越雪山

我们穿过迷蒙的雾气往慕士塔格峰北边的山坡行进，坡上有的冰河状似舌头往下垂挂，又像是许多的手指，伸向下方的色勒库尔谷地。这样的山径只有牦牛可用来骑乘和驮运东西，学骑牦牛要有相当的耐心，虽然它们的鼻子的软骨上穿了一个铁环，上头又套了缰绳，可牦牛的脾气顽固得很，使起性子来就只能由它的心情了。

看过了北边的冰河，我们拔营转往西侧山脉，徒步在巨大的冰河间游走。溪流里满是融化后的冰块，它们漫过蓝绿色的冰层，清澈得像是水晶；冰河之中经常可见深邃的罅隙张开大口，有些地方巨大的岩石变成了美丽的冰桌。

八月六日，我随着太阳升起的脚步，开始攀登羊布拉克冰河北侧一处陡峻的悬崖，同行的有五个吉尔吉斯人和七头牦牛。天气好极了，才八点钟我们就已经登上比白朗峰[①]更高的位置——一万六千英尺的地方，我们碰到了雪线，越过雪线，积雪深度迅速增加，表面已经结了一层冰。我们缓缓前进，牦牛不断停下脚步调整气息，其中两头因为过于疲累，我们只好舍弃它们，任由它们自生自灭。

我们又来到一处悬崖的边缘，一万二千英尺高的羊布拉克冰河就在我们的脚底下。再往上一千英尺，莫拉和其他两位吉尔吉斯人躺卧在雪地上睡着了，我只好先撇下他们，继续和两位吉尔吉斯人带着两头牦牛往下走；牦牛显然相当不满我们这

---

① 位于法国、意大利、瑞士边境的阿尔卑斯山脉，最高峰为一万五千七百七十一英尺。

种在无垠雪地上漫无目标地攀爬的愚蠢行为。

　　已经到了标高两万零一百六十英尺的地方了，我们必须暂停，休息一段比较长的时间。站着休息的牦牛把舌头垂挂在嘴巴外面，它们的呼吸声听起来就像锯木头的声音。我和吉尔吉斯人坐在地上吃雪，大家都感到头痛欲裂。现在我了解，如果我们还要往上攻坚一两千英尺，务必得补充粮食和帐篷，在标高两万英尺的地方过一夜再继续走。我下定决心要卷土重来，此刻唯有暂且先返回营地。

二度攻坚失败

　　再度于冰河间走了几天后，我们终于在八月十一日二度攻坚慕士塔格峰。这次我们改走另一条路，沿着察尔图马克冰河南边腾空突起的峭坡往上爬。我们携带一顶小型毛毯帐篷，还有食物与燃料；牦牛和吉尔吉斯人奋力攀爬，直到抵达标高一万七千英尺处才歇脚作较长时间的休息。

　　突然间，一声震耳欲聋的巨响充塞整座深谷，回音持续好久。巨响源自与冰河走廊北边相连的飞檐式悬崖，看来应是高处山壁突出的部分冻结成冰，重量越积越重，终至无法支撑而断落在冰河河面上。巨大的冰块掉下来击中突出的岩石，瞬间的冲力把岩石撞击成粉末，洁白如同起泡沫的河水，而且动荡激烈。

第十七章　与"冰山之父"搏斗　　177

拯救一头陷入罅隙的牦牛

更往上，我们发现四头野山羊，它们似乎受到惊吓而慌张失措，以迅捷的速度横越积雪，逃逸无踪；在此之前我们才刚看到两匹野狼，它们有很大的淡灰色眼珠子，显然是在终年不融的雪地上追逐山羊，但因为体力不济才没有追上我们所见到的山羊。

地面冰层上的积雪又增厚了两英尺，使得我们的攀登路程比先前更加艰难。莫拉带着一头牦牛在前面领路，牦牛背上驮了两大捆草原植物，吉尔吉斯人称之为"泰瑞丝坎"（tereseken），坚硬可比木头。忽然，牦牛凭空消失了，就像它脚底下有个陷阱，机关门突然打开似的；我们赶紧抢上前去，发现牦牛靠右后脚、牛角和背上驮载的泰瑞丝坎卡在一条罅隙上。原来这里有条宽一码的裂缝，底下是黝黑的万丈深渊，由于积雪渐宽覆盖在上方而形成了危险的雪桥，不知情的牦牛踩了个正着，所幸它纵然吓坏了，还能不动地停在原地，否则早就摔死了。吉尔吉斯人用一条绳子套在它的肚子上，然后把绳子拴在其他的牦牛身上，使劲想把陷住的牦牛拉上来。

每个人无不小心翼翼地迈着前进的脚步，另有一头牦牛还差点跌入深渊，还有一位吉尔吉斯人也差点遭到相同的命运，幸好他及时抓住罅隙边缘撑住身体，才幸运逃过一劫。我们来到另一处冰河罅隙，宽三四码，深约七码，两边是海蓝色冰块凝成的陡峭山壁，这次大伙儿步步为营地挪动脚步；我们发现罅隙的两端延伸到视线所不能及的远方，这样一来所有前进计划都必须被迫取消。这时的高度是一万九千一百英尺。

奇绝美景竟在眼前

在折返营地的路上，我决定再试一次，而这次决定从以前攀登过两次的羊布拉克冰河北坡往上攻顶。

我们花了一天时间爬到标高两万零一百六十英尺的地方，也就是上次到达的深渊边缘，现在我们必须决定是否要继续往上走；由于我们带来的十头牦牛已经累得不成样儿了，所以大家决定先在原地过一夜，第二天早上再继续攻顶。

我们把牦牛拴在雪地上突起的少数几块板岩上，然后在下倾的山坡扎了一顶小帐篷，并用绳索把帐篷固定在一些石头上。

第十七章　与"冰山之父"搏斗

帐篷里升起的营火把我们的眼睛都熏痛了,原因是这种帐篷没有通风口,里面的空气闷得令人窒息。营火四周的雪融化了,在地上积成一摊水,不过晚上营火熄灭后,那摊水马上结成了一块扁平的冰块。有两位吉尔吉斯人觉得不舒服,我让他们移到山下空气较不稀薄的地方,而其他所有的人也都出现高山症的症状,包括耳鸣、脉搏加速、体温低于正常温度,还会恶心、反胃。

太阳下山了,最后一丝紫色光芒隐没在慕士塔格峰西边的山坡后。当冰河南面的半圆弧石壁上方升起一轮满月时,我步出帐篷走进黝黑的夜色里,陶醉在眼前这片我在亚洲所见过最壮观的景色之中。

此时,慕士塔格山峰顶终年封冻的雪原、冰河发源的山麓,以及它的最高点全都沐浴在月亮的银色光辉里,然而漆黑的冰流却静卧在深邃的峡谷中,被浓重的阴影隔绝于月光之外。薄薄的白云飘过起伏的雪原,仿佛有许多山中精灵正翩然起舞,也许他们是去世的吉尔吉斯人羽化的灵魂,在天使的守护下,正要从艰辛的人世飘升到喜乐的天堂,到那吉尔吉斯人所赞颂的化外之境贾奈达之都;这些精灵在雪光映衬下,围绕着"冰山之父"踢踏轻灵的舞步。

我们的高度已经快接近钦博拉索山[①]的顶峰,比乞力马扎

[①] 厄瓜多尔中西部山脉,最高峰为两万零五百六十一英尺。

罗山①、白朗峰，或世界上至少四大洲的任何山峰都高了，换言之，高过我们目前所站位置的只有亚洲和南美安第斯山的最高峰；而世界最高峰的珠穆朗玛峰还比这里高出八千九百八十英尺。虽然如此，我还是相信眼前这片绵延的旷野奇景，绝对超越地球上其他任何地方；我觉得自己站在无垠太空的边缘，神秘的宇宙就在这里永恒地运转，天上的星辰月亮是那么接近，似乎伸手就能触摸得到；我能感受到脚下的地球，这个被不可逆的重力法则所约束的球体在夜晚的宇宙中顺着轨道旋转、旋转、旋转……

帐篷和牦牛的影子清晰地斜映在雪地上。被拴在石头上的牦牛静静地站着，只有当它们偶尔用下颚的牙齿磨蹭上颚的软骨时，才会发出轧轧的声响；有的时候它们改变姿势，蹄子踩破脚下的冰雪，也会传来喀喀的声音。它们的呼吸虽然静默无声，但从鼻子呼出的白色烟雾可以看出它们的气息沉重。

吉尔吉斯人在两块大石头间升起的营火已经熄灭，这些饱经风霜、坚韧耐劳的山地居民都已经沉入梦乡；他们的身体蜷缩成一团，脸部朝下，前额碰到地上的雪，嘴里还偶尔发出喃喃细语。

我在小帐篷里试图睡个觉，但久久无法入眠，这时气温虽然不是很低（大约零下十二摄氏度），我的皮裘却重得像铅块一

---

① 东非坦桑尼亚东北部的山脉，靠近肯尼亚边境，最高峰一万九千三百四十一英尺，为非洲第一高山。

样，而且因为空气很稀薄，我不时得起来用力吸气。

放弃攀登"冰山之父"

天亮之前我们听到一声巨响，音量越来越大，到了早晨，一场风暴已经挟着浓密云雪的漩涡封锁住营地，我们等了一个小时又一个小时，没有人想吃东西，更糟的是每个人都头痛起来。我希望暴风雪赶快减小，这样我们才能继续往山顶上攻坚，但是风暴的威力不减反增，快接近中午时，我明白我们的处境已然堪虞；怀着对吉尔吉斯人坚忍耐力的一丝丝希望，我命令他们把东西绑在牦牛背上，持续在风雪中攀爬，他们也都无异议地服从，不过当我说到打算返回位于低处的营地时，他们不禁既喜悦又感激。

我带了两个人开始下山。我骑在黑色的大牦牛上，它壮得像头大象，我任由它自己往前行，反正要指挥它根本是妄想。雪下得十分绵密，在风势的助长下急速飞转，我把手伸在脸前，居然伸手不见五指。牦牛举步维艰，有时陷入雪地里，有时又跳起身子，像海豚沉浮于波浪般顺着地势往下滑；我必须努力把膝盖压下去，否则当牦牛突然痉挛似的横冲直撞时，会把我从鞍上甩下来。有时候我把身体向后仰，背部紧贴着牦牛的背，不消多久就觉得牦牛的犄角尖顶到了我的胃。终于我们还是把雪云远远抛在后面，安然抵达营地，这里标高一万四千九百英尺，和内华达山脉的最高峰惠特尼峰一般高。

就这样，我们结束了与"冰山之父"的搏斗；我受够了这座山，决定到帕米尔斯基哨站作短暂的拜访，不过我必须避免引起中国人的猜疑，方能跨过俄国边界，因为中国守军有可能提高警觉，拒绝让我再进入中国境内。我把所有的行李寄放在偏远地带的一个吉尔吉斯锥形帐篷里，趁着半夜带了两个同伴离开，取道荒僻的秘密小径前往俄国边界。远处吉尔吉斯人的帐篷村在月光下清晰可见，村子里的狗倒是很安静，我们靠着一场风雪的掩护安全横越穆斯库劳隘口进入俄国领土。

暴风雪中往山坡下撤退

这趟旅程漫长又艰辛，随行的狗尤达西后脚掌跑得肿疼，我们只好为它做了一双袜子给它穿上。尤达西对这种打扮觉得十分难堪，试图把后脚举在半空中蹬着前脚走路，等它发现自己遥遥落后了，便选择用三只脚跑步，让穿着袜子的后脚轮流举在半空中。

第十七章　与"冰山之父"搏斗

在赛茨夫上尉与另外两位军官的陪同下，我横越了大半的帕米尔。大伙儿在怡人的山中湖泊耶希湖畔搭起帐篷，然后我再悄悄从那里返回中国境内，而未引起任何注意。据说在我离开之后，中国人发现我不见了便立刻发动搜索，为我藏行李的那位吉尔吉斯人明白，万一被发现一定会有麻烦，为了避免他人起疑，他就找了一处石头堆，将我的行李箱移藏在两块岩石中间。因此，当我九月三十日在喀拉库勒湖东岸再度搭起锥形帐篷时，所有的人做梦也想不到我已经在俄国境内待过十二天了。

临时造船厂

在返回喀什营地之前，我想先完成一项任务，那就是到风景优美的小湖喀拉库勒湖去，实地测量湖水的深度，可是这里连一艘船也没有。吉尔吉斯人从来没有看到过船，也不知道船是什么样子，所以我用木头和纸张做了一个小模型，然后开始"造船"工程；我把这个"造船厂"交由伊斯兰负责。

我们把一张马皮和一张羊皮缝在一起，然后绷在帐篷支柱所做成的骨架上，船桨和帆柱也是用帐篷支柱做材料，至于船舵则拿一把铲子充当。这艘船美妙极了！船身凹凹凸凸、线条曲曲折折，好像一个被人丢弃的沙丁鱼罐头；我们再把充了气的整只山羊皮分别绑在船的左舷、右舷和船尾上，借此稳定船

身。这项奇怪的作品看起来简直像是某种史前动物在孵蛋；一个吉尔吉斯人说他从来没想到船竟然是这番模样，至于塔格达辛长老的评语则是："如果你坐这玩意儿下水铁定会淹死，不如等湖水结冰吧。"

航行在喀拉库勒湖上

不过这艘船却顺利将我送上湖面，名叫图尔度的吉尔吉斯人很快就学会了怎样划船。当小船下水时，这些游牧民族携老扶幼聚集在湖边，不发一语地凝神观看，可能他们以为我疯了，正等着看我消失在清澈晶莹的深水中。

我从几个方位测量水深，有一天，我们注定要从南到北走一趟最长的路线。我们从南岸扬帆出发，才划了没多远，突然刮起一阵强烈的南风，我们赶紧把帆卷起来，可是掀涌的浪头越来越高，激起的泡沫在浪尖嘶嘶作响，小船宛若使性子的牦牛，乱蹦乱跳。我坐下来用铲子掌舵，顷刻间，船尾开始往下沉，一波浪潮漫过我的身子淹进船里，一下子淹没了半艘船。船边绑着的充气羊皮已经松脱了一只，它仿若一只野鸭顺着波

第十七章 与"冰山之父"搏斗

浪漂流远去，图尔度为了保命，赶紧把船里的水舀出去，我则拼命用铲子抵挡攻击我们的波浪。然而小船越沉越深，船尾系着的羊皮在冲击下开始泄气，发出嘶嘶、啾啾的声响，不明深度的湖水在我们脚下龇牙咧嘴，此刻的处境实在惊险万分。我们能这样飘到岸边吗？塔格达辛长老的预言会成真吗？在这同时，吉尔吉斯人成群结队，或骑马，或徒步，全涌聚在岸边观看我们溺水的惨状，所幸最后我们还是飘浮到浅水处，全身湿淋淋地靠岸。还有一次是黄昏时分，我们离喀拉库勒湖北岸只剩下几百英尺远，突然刮起的猛烈北风把我们吹到湖中心；黑夜逐渐降临，幸亏那天晚上月光明亮，风势一会儿就平息了。伊斯兰在岸边燃起一堆火为我们引路。测量的结果，湖水最深的地方只有七十九英尺。

体悟生命哲理

暴风雪和冰雹经常迫使我留在室内，吉尔吉斯人会利用这种时候来串门子，所以我从来不觉得无聊。他们娓娓道来自己的探险经历，有时还会对我诉说他们的烦恼。例如有个年轻人爱上了漂亮的娜弗拉，却付不起聘金给对方的父亲，他来我的帐篷希望我可以借他这笔钱，可是我自己也一样阮囊羞涩，负担不起这样的金额。

在整个帕米尔地区一直流传一个传说，那就是欧洲人已经来到此地,像羚羊一般跃上慕士塔格山,又像野雁一样飞过湖泊。这个传说在经过添油加醋之后,至今仍广泛地在当地口耳相传着。

我从吉尔吉斯人身上找到了新生命。当我向他们挥手告别时,他们道珍重的声音里蕴含浓厚的情感,和他们生活了一段时间后,我已经成为他们的朋友!吉尔吉斯人的生活自由自在,却不能过享乐的日子,他们必须和酷寒与严苛的大自然奋战搏斗;当一个人生命的大限即将来临,亲友便把他带到山谷里的墓地去,那里有座简朴的白色洋葱顶寺庙,有位圣人即埋葬在此。

我改走一条新路线回到喀什,同时把这趟旅程的所有发现作了整理,也花了一番工夫撰写笔记。

十一月六日我们围着一把沸腾的茶壶坐在餐桌边,就在彼得罗夫斯基领事馆的餐厅,一个风尘仆仆的哥萨克信差上气不接下气地走了进来,他将一封信递交领事,那只是一封简短的诏告,原来俄国沙皇亚历山大三世驾崩了。房里所有的人都肃然起立,俄国人在胸前画十字,表现出深深的哀悼。

圣诞节又来了,我和马继业先生、亨德里克斯神父以及一位瑞典籍的胡谷伦(Höglund)牧师一起过节,这位牧师不久前才和家人一起来到喀什。亨德里克斯神父在午夜时先行离去,因为他要在那个陈放酒桶和十字架的小房间里主持圣诞弥撒。望着他走进夜色里,我为他感到难过,他永远是孤单一人,忍受恒久不变的孤独。

第十八章
接近沙漠

我于一八九五年二月十七日离开喀什,并且开始新的旅程;而这趟旅程可说是我所有亚洲行中最艰难的一次。

我们搭乘两辆由四匹马拉的高轮马车,其中一匹马系在两根车轴之间,另外三匹马跑在前头,由每辆车的车夫用缰绳操纵;马车厢呈拱形的篷顶是用灯芯草编织成的草垫构成。我坐的是第一辆车,车上还载了部分行李,而伊斯兰和比较厚重的行李箱则坐另一辆车。随队而行的还有两只狗,一只是来自帕米尔的尤达西,还有一只来自喀什,叫哈姆拉,它们都拴在伊斯兰的马车上。

马车跑起来嘎吱作响,车轮卷起一大片黄尘;我们穿过喀什的"沙门"直抵中国军队驻扎的英吉沙,还在那里出了一点小状况。有一位中国士兵将我们拦阻下来,他声称哈姆拉是他的狗,等他发现我们无意解开哈姆拉时,竟然躺在车轮前方的地上嚎叫,举止像个疯汉,顿时吸引了一群人围拢过来。最后我对他说:"这样好了,我们把狗松开,要是它跟着你,就算是你的狗，如果它跟的是我们，就得算我们的。"

结果马车车轮才往前转了几圈，哈姆拉就像支飞箭直冲向我们，老远我还听得见背后围观群众大声嘲笑那个士兵。

朝东方走，我们愈来愈靠近喀什河；沿途到处是结冻的沼泽，我们必须常常驾车穿过这些沼泽区。有一次我坐的马车压破沼泽上的冰层，水往上漫升到车轴高度，害得马车夫跌下车；这时已经是晚上，我们升起一大堆营火，把行李箱从马车上卸除下来，然后把马拴在车尾，使劲将车子拖出水面。之后，只好另辟道路渡过这片水泽。

当我们停留在村庄过夜时，车夫通常都睡在马车里，借以保护行李不被偷走。

穿过极地森林和长满柽柳的草原，我们来到马拉尔巴喜小镇。

沙漠古城的传说

每到一处歇脚地点，我们总能听到许多关于塔克拉玛干沙漠[①]的故事，而那里正是我们此刻要前往的目的地。传说中，塔克拉玛干这个远古城镇被深埋在沙漠中央的无垠砂砾下，却有许多的古城遗迹暴露在外，如：塔楼、墙垣、屋舍、金锭、银

[①] 新疆塔里木盆地里的戈壁沙漠，北倚天山，南屏昆仑山，面积三十二万三千七百五十平方公里。

第十八章　接近沙漠　　189

块等，当商队行经那里时，假使把金子打包捆在骆驼背上，那么商队里就会有人中邪，不断在沙漠里兜圈子，一直走到人兽累死为止。这些人以为自己是直线前进，其实从头到尾都在绕圈子，唯一能破解迷咒的方法是赶快把金子丢掉，如此才可能得救。

据说有名男子独自来到塔克拉玛干古城，他尽其所能地想带走城里的金子，突然出现一群难以数计的野猫攻击他，这名男子于是赶紧扔掉金子，你猜怎么着？那些野猫霎时凭空消失了，连一点痕迹都没有留下。

我还听到一个老人讲了另一则故事：有个旅人在沙漠里迷路了，他隐约听到有声音在呼唤他的名字，旅人被声音所迷惑，不禁跟随声音传来的方向前进，被迷惑的他越走越往沙漠的深处，最后渴死在沙漠里。

这则故事与六百五十年前马可·波罗[①]沿着罗布沙漠[②]边缘旅行时所讲述的故事雷同。罗布沙漠位于此地以东相当遥远的地方。马可·波罗在他著名的游记里这么写着：

有件不可思议的事和这片沙漠有关，那就是当旅队在夜里赶路时，总可能有人因为赶不上或睡着了而脱队落单，等到他

---

① 马可·波罗（1254—1324），意大利旅行家兼商人，一二七一年随同父亲、叔父前往中国，曾担任忽必烈的特使，回国后撰写《马可·波罗游记》，传世甚广。
② 即新疆罗布泊湖所在的沙漠。

发现落后同伴太多试图赶上队伍时,就会听到有人对谈的声音,旅人猜想那可能是他的同伴。有时候这声音呼唤着旅人的名字,被误导的旅人因此离自己的队伍越来越远,最后再也找不到自己的同伴。许多人因为这样命丧沙漠。即使白天也会有人听到这种灵幻之音,有时还会听到不同乐器的声音,最常听到的是鼓声。

随着越来越接近塔克拉玛干沙漠,想要深入这片戈壁的欲望也与日俱增,我完全无力抵抗它的神秘诱惑。每到一个打尖的村落,我一定想尽办法向当地居民挖掘任何有关塔克拉玛干沙漠的事迹,一丁点也不愿错过;我聚精会神地聆听这些憨厚、迷信的乡下人讲故事,痴迷的程度远胜过孩童聆听童话故事。黄色沙丘的棱线酷似海里的波浪,即使置身树林也见得到它们的行踪,这里一处,那里一处;我下定决心,不管代价是什么,我一定要横越这片沙漠。

在村长家做客

离开喀什河以后,我们转向西南方,沿着主要河流叶尔羌河[①]河岸走,这条路时而穿过森林,时而横过原野与浓密的芦苇

[①] 新疆西部河流,源自喀喇昆仑山,分别由北方与西方注入塔里木盆地,与塔里木河交汇,全长九百六十五公里。

丛，芦苇丛中还有许多野猪生长其间。三月十九日，我们在叶尔羌河右岸的麦盖提村扎营，有一段时间，这个村庄成为了我们的总部。

当我在这个地区进行短程旅行时，伊斯兰就负责为即将来临的远征采购必需品，最困难的是寻找合适的骆驼。我的领队一直不见回来，日子一星期一星期过去，我等得心烦气躁。此时沙漠的边缘地带已经开始嗅得到春天的气息，可是天气越温暖，沙漠旅行就越危险。

除了等候的焦虑，别的倒是没什么好抱怨的。我住在村长塔格霍嘉长老充满欢愉的家中。长老主宰村里的司法权，我每天都可目睹在他家院子里实施的行政裁决。

逼问罪犯招供

有一天村民抓来了一个与人通奸的妇人，妇人被长老判决有罪，惩罚方式是把她的脸涂黑，将她双手反绑在身后，再让她倒着骑在一头公驴上游街示众。

还有一次，长老盘问一个被毒打的女人，这个女人指控他先生拿刀片攻击她，做丈夫的却矢口否认，长老便命人反绑他的双手，并用绳子缠紧他的脚踝，再把他吊在一棵树上，男人没办法只好招供了，结果是他受到一顿鞭打。事后虽然这名男子辩称他的妻子也打了他，可是这项说法不被采信，因此他又遭到一顿鞭打。

伊斯兰教显然在此地备受尊崇。在斋戒月期间，如果有人在日落前破戒吃东西，就会遭受涂黑脸、游街示众的惩罚，受罚的人像野兽一样被绳子拴着穿过市集，围观的群众则报以嘲讽与讪笑。

我的喉咙痛了两天，塔格霍嘉长老跑来要为我治疗，同时说明需要村里的法师援助，我回答："求之不得！"我心想，看看他们怎样驱除附在我身上的恶魔，应该是一件很有趣的事。于是三个留胡子的高个儿男子走进我的房间，他们坐在地板上，开始用手指、拳头、手掌敲打放在他们身前的鼓，这种鼓是用小牛皮紧绷成鼓面，由于绷得很紧，感觉上就像金属片一样。他们打鼓的劲道和节奏协调得惊人，因此听起来只像打在一面鼓上。透过震耳欲聋的撼动和节奏，以及持续增强的音量，这三个法师变得越来越激动，只见他们站起身来手舞足蹈，不约而同地把鼓抛向空中，再一致接回来，在这同时，他们的手指仍然节奏一致地敲击鼓面。如此进行了一个小时，当驱魔仪式结束后，我真的觉得好多了，可是第二天一整天，我的耳朵一直呈半聋状态！

为远征沙漠做准备

四月八日，伊斯兰终于回来了。他购买了四只铁槽和六个充气羊皮用来装饮用水，另外买了芝麻油以便在沙漠里为骆驼补充营养。还有面粉、蜂蜜、菜干、通心面等各种粮食，至于铲子、烹饪工具和其他行旅途中不可或缺的东西也都准备妥当了。最重要的是，伊斯兰买回来八峰很好的骆驼，每只代价三十五美元，它们都是公的，除了其中一头，其余都是双峰骆驼，我们以此地通用的杰格塔突厥语为它们命名，依序是"白雪"、"种马"、"单峰"、"老头"、"大黑"、"小黑"、"大黄"、"小黄"。

我们在三峰骆驼的颈上悬挂大铜铃，当它们被领进塔格霍嘉长老的院子时，铜铃铿锵作响；小狗尤达西从来没有见过骆驼，眼看它们浩浩荡荡闯进来，气愤地高声狂吠，连喉咙都吠哑了。

除了伊斯兰之外，我又雇用三个新手随我前往沙漠内部，留白胡子的是穆罕默德，他的妻子和小孩住在叶尔羌①；留黑胡子的是卡辛，是个剽悍而有责任感的汉子，应付骆驼很有一套；另一个人住在麦盖提，他也叫作卡辛，不过我们叫他优奇，意

---

① 中国新疆西南的绿洲城，临叶尔羌河，位于塔克拉玛干沙漠边缘，倚临昆仑山北麓，自古便是贸易中心。

思是"向导",因为他向我们保证对沙漠了若指掌,不管在哪里都能找到正确的路。我们在出发前又添购了一些粮食,包括两袋新鲜面包、三只羊、十只母鸡和一只公鸡,希望我们在沙漠里扎营时,能为沉寂的营地带来些许活力。铁槽和羊皮里一共装了四百五十五公升的清水,预计能撑上二十五天。

塔克拉玛干大沙漠呈三角地形,西有叶尔羌河为界,东到叶尔羌河的支流和田河,南边则有昆仑山为屏。我们的路线大致从西向东走,由于和田河是由南向北流,所以只要我们没有在中途渴死,就迟早会碰到这条河流。十年前,也就是一八八五年,英国人凯里、达格利什和俄国人普热瓦利斯基曾穿越过和田河谷,因此和田河的位置才为世人所知晓。这些旅行家发现和田河以西有座小山脉,叫作马撒尔塔格山,又称为"圣人之墓山"。另外还有一座小山也唤作马撒尔塔格山,位于喀什河和叶尔羌河的夹角处,我曾在前往麦盖提的路上游历过;按此情况,我的推测是,这两座山其实同为一条山脉的极左和极右两翼,从西北向东南贯穿整个沙漠。如果这项假设是事实,那么我们应该可以在山脚下发现不带砂子的土壤,也许还能追查到消失数千年的古文明。从麦盖提到和田河的距离是一百七十五英里,但是这条河有无数弯道,因此实际走起来遥远多了。我希望能在一个月内横越沙漠,然后朝气候凉爽的藏北高原前进,如此就能躲过酷热的夏季,所以此行我们同时携带皮裘、毛毯和冬季衣物。我们行囊中的武器包括三挺步枪,六把左轮手枪和两箱沉甸甸的弹药。我带了三台照相机和一千张拍照用的玻璃夹赛璐珞板，常用的天文与地理测量仪器，除此之外，我还带了几本科学性书籍和一本《圣经》。

带着村民的祝福启程

四月十日早晨，八峰雄壮的骆驼在驭手的带领下离开麦盖提，骆驼背上驮载沉重的物品，加上铜铃发出庄严的响声，简直像是一支送葬队伍。村民此时都聚集在屋顶上和街道上，他们的面容看起来很肃穆，我们听见一个老人说道："他们这一去怕是回不来了。"另有一个老人也说："他们的骆驼负担太重了。"两位印度的"换钱人"[①]掷了一把铜板在我头上，吼叫道："祝旅途愉快！"大约有一百名村民骑马陪我们走了一小段路。

我们把骆驼分成两队，一队由卡辛带领，另一队由穆罕默德领导。我骑的是第二队的带头骆驼"种马"；坐在高高的驼背上，平野的壮丽景致尽入眼底。

刚出发的骆驼因脂肪肥厚，又有充分休息，因此显得精神奕奕。一开始有两峰年轻的骆驼挣脱缰绳，接着另外一对也脱缰而去，它们在草原上摇摇晃晃地恣意快跑，使得背上的物品掉落一地；有一只弹药箱便悬吊在骆驼的腰间。等到驭手们把

[①] 指放高利贷的人。

那些桀骜不驯的家伙集拢之后，便将所有骆驼分开带领，每一头由一个麦盖提人控制。

我们选在一座峡谷搭建第一个营地，四周都是沙丘和草原。我们首先松开所有牲口，让它们自由活动，然后升起营火，着手准备晚餐；这天晚上吃的是羊肉和白米布丁，我和大伙儿吃一样的食物。我的帐篷里铺着一张地毯，架着一顶行军床，还有两箱仪器和常用的东西。至于从麦盖提来的人都已先行打道回府了。

第二天我们攀爬的沙丘非常高，两峰骆驼不慎打滑后，我们竟须重新打理它们背上的行李，不过骆驼很快就适应了柔软、起伏的沙地，稳健而安全地迈着步伐。看来比较明智的做法是尽量避开深软的沙地，于是我们转向到东北方的沙漠边缘。每到一个新营地，我们就掘一口井，通常挖三到五英尺深便能找到水，这种水虽然带有咸味，骆驼还是喝得下去，因此我们把铁槽里大部分的水倒掉，计划等到真正要进入沙漠前再装满。四月十四日，我们的狗失踪了好一会儿，后来它们回来了，从脚到肚子都是湿的，就这样我们找到狗儿喝水的甘美水塘，当晚就在水边扎营。

意外发现活水湖

沙地上四处可见胡杨树，芦苇丛在广阔的沙漠里蔓生；通常我们每天走十五六英里路,当骆驼踩过芦苇前进时,浓密的芦苇丛传出像吹哨子或沙沙的声响。四月十七日,我们瞥见东北方偶尔出现山丘的形状,它们是北边的马撒尔塔格山,之前我们并不知道这座山脉延伸到这么远,已经相当深入沙漠了,想来没有人曾经到过那里。

第二天,我们相当意外地碰到一个活水湖,我们沿着湖岸向东走,穿过一座真正的原始林,林木繁茂到我们经常被迫退回原路,重新绕路前进,有时候不用斧头开路根本寸步难行。我跃下骆驼,以免头上的树枝把我从"种马"的背上扫落。

四月十九日,我们在另一座湖边的茂盛胡杨树下扎营,并且停留了不止一天;几天之后,我们走在寸草不生的沙漠里,回想起当天扎营的这处地点,对照之下宛然人间仙境。此时山脉透着紫罗兰的色泽,深蓝色的湖水静谧无波,胡杨树顶着春天初萌的翠绿新叶,衬着黄色的芦苇和沙地。我们已经宰杀一只绵羊,现在又牺牲了第二只,不过最后一只要好好留着。

四月二十一日,我们的路线落在两座孤山中间,沿着一座长形湖的西岸往下走;我们绕到湖的南端,在东边的湖岸扎营,从这里望去,东南方已经没有山脉的影子,扎营的地点位于一条山脊的最南端,感觉上好像海岸边最突出的岬角。四月二十二日是大家尽情休息的一天,我走上这座山头,往东边、南边、西南边远眺,除了一望无际的贫瘠的黄色沙丘外,别无他物;而汪洋的大漠正在我们眼前招手。

直到这天晚上，整个湖泊就在我们营帐外面，人、兽都可以尽情享用；湖岸上生长着许多芦苇，因此骆驼和硕果仅存的绵羊能够任意饱餐，不必顾虑配给额度，在往后的夜晚，也许这些动物也像我们一样，做梦都梦到这处幸福快乐的营地。向导优奇和其他人处不来，大部分时间都自己独处，只有在其他人都入睡后才会爬到营火边拨弄余烬，现在他宣布还有四天就会抵达和田河，到时候我们甚至不用走到河边就能摸到水。不过我还是要手下灌足十天的水，因为路程也许比向导所说的还远，如果将铁槽装上一半水，那么在沙漠内部就可以喂骆驼两次水。铁槽放在木框里，并在外面铺放一束束芦苇，以避免太阳直接照射；就在手下为铁槽灌水时，我一边听着水花飞溅的声音，一边在这座最后的湖畔恬然入睡。

第十九章
沙海

四月二十三日大清早，我们重新把行李捆到骆驼背上，朝东南方出发，我想满足个人的心愿，证明最后碰到的那座山并未延展深入沙漠。

走了两个小时的路，经过零零星星的芦苇丛，寸草不生的沙丘地势越来越高耸。又走了一个小时，沙丘高度已经达到六十英尺；截至目前，八九十英尺高的沙丘随处可见。宽广而干裂的泥土平原散布在沙丘之间，骆驼走在最靠近的沙丘棱线上，从这片坚硬的土地望过去，它们的身影显得非常渺小。为了避开难走的沙丘峰顶，并尽可能保持同一高度，我们的行进呈之字形路线，而且没有固定的方向。

过了一会儿，我们见到最后一些柽柳，经过最后一片平坦的泥土地，过了这儿，大地剩下的仅是细小的黄沙粒了。骋目四望，映入眼帘的尽是高耸的沙丘，地表植物非常稀少。奇怪的是，我竟然不觉得这样的景象有何惊异之处，也没有因此打退堂鼓。我早该明白在这个季节横越沙漠太早了，危险性也高，万一运气不佳，恐怕连命都保不住。我片刻也没有迟疑，已经下定决心要征服这片沙漠，不论到和田河有多么艰苦，我的原定路线都不会偏移分毫。在我内心深处有股难以抗拒的潜在欲望驱策着我，一切障碍都阻挡不了我，更无法叫我承认这是不可能实现的目标。

话虽如此，我察觉到我的仆人都已经疲惫不堪，他们为了使骆驼走得更顺利，不断用铲子铲平特别崎岖的地方。

走了十六英里路之后已是黄昏时分，我们扎营在一处平坦的泥土地上，四周完全被高耸的沙丘所环绕；这里长着两棵柽柳，骆驼一口便撕下一块树皮。为了防止骆驼趁黑夜逃回先前扎营的湖畔，天色稍暗就得把它们拴起来。我们在地上掘井，可是这片含沙的泥地已完全干涸，最后只好放弃。

小狗哈姆拉失踪了，我们爬到沙丘上吹口哨呼唤它，可是再也没见它回来。不过它显然比我们聪明，因为它已经自行返回商队往来的路线上，然而忠心耿耿的尤达西却因此牺牲了生命。

午夜过后，一阵强劲的西风呼啸吹过沙漠，正当我们于东方现出鱼肚白的那一刻开始装载行李时，发现每一座沙丘从上而下呈现一圈圈的波纹，蓦地一阵黄红色的飓风扫过地平线。后来我们对由东方吹来的飓风都很熟悉了，只要一刮起这种飓风，扑面而来的细粒尘云立刻会把白天变成黑夜。

第十九章　沙海　　201

干旱的沙海

我们继续朝东南方走，但是在证实马撒尔塔格山并未向东南延伸之后，我决定改变路线，转往东方前进，因为东行前往和田河是最短的距离。整个队伍由伊斯兰所带领，他手里拿着罗盘，在金字塔似的高耸沙丘上爬来爬去，我们猜测他是想寻找一条适合骆驼走的路径。有一峰骆驼在沙丘顶跌倒，它跌倒的姿势非常怪异，以致无法用四只脚再站起来，我们只好推它滚下六十英尺高的沙丘，只有到比较坚硬的沙地上，我们才能帮它站起来。中午我们停下来休息，大伙儿都喝了些水，包括尤达西和最后一只绵羊在内；水温高达三十摄氏度。

骆驼把围在铁槽外面隔热的芦苇吃掉了。由于晚上扎营的地点找不到任何植物或动物痕迹，也没有被风夹带吹来的叶子，甚至见不到一只飞蛾的踪影，所以每天早晚我们只能拿一些植物油喂食骆驼。

四月二十五日，我们被一阵东北风和飞沙吹醒，身边所有东西的颜色都随之变得黯淡，距离和角度也因而扭曲，于是一座近在咫尺的沙丘突然看起来像远方的高山。

队员把水槽装上骆驼背上时所发出的水花声听起来很奇怪，所以我特地检查饮水的存量，令我感到惊讶的是，这些水只够两天饮用。我质问他，先前我已经命令他们要灌满足够十天的

落日时分走下沙丘的骆驼

水量,如何没有按照指令行事?向导优奇回答说,因为两天之内就可以抵达和田河了。我不好意思斥责他们,因为我自己也有责任,我应该亲自检查他们灌了多少湖水。当时我们离开那个湖泊只有两天时间,最明智的办法是循着来的足迹回到湖边,如此整支队伍还可安然无事,也不至于有人牺牲性命。但是我很不愿回头,于是只好姑且信任这位向导了。我当下命令伊斯兰负责管制供水,而且只有人能喝带来的水,骆驼必须不靠一滴水走下去。

从那时候开始,我和手下改为徒步行进;身旁的山脉、高原、沙地,向四面八方无穷无尽地延伸下去。

叫"老头"的那峰骆驼已经走得筋疲力尽了,只好卸下它的装载,由人领着它前进,并利用休息时间喂它一口水和一

第十九章 沙海　203

簇鞍袋里的干草。这里的沙丘依然有六十英尺高，队伍里弥漫一股沉重、不祥的气氛，队员之间的谈话也戛然停止，除了风声和骆驼的呼吸声之外，就只听得见铜铃那仿佛葬仪队的肃穆铃声。

"乌鸦！"伊斯兰叫道，这种象征死亡的大黑鸟在我们头上盘旋了几次，然后飞到一座沙丘的棱线上，最后消失在氤氲的雾气里。每个人的精神陡地振奋起来，心想乌鸦一定是来自东边的树林和水源所在。

这时骆驼"大黑"也显露出一脸的疲惫，我们不得不停下脚步来扎营。"老头"鞍袋里的干草也都分食出去了；我只喝了些茶，吃了一点面包和罐头食物。队员们除了茶和面包以外，还吃了一种炒焙过的大麦（talkan）。由于已经没有燃料，我们只好牺牲一只木头箱子来煮茶；四周唯一的一点生命迹象只有两只蚊蚋，不过它们也有可能是跟随我们一同来的。

四月二十六日黎明时分，我独自离开营地，手上拿着罗盘计算步伐，每一百步代表一点收获，每走一千步就增加获救的希望。天气变热了，沙漠比坟墓更寂静，只缺少墓碑罢了。沙丘棱线的高度现在已经升到一百五十英尺，筋疲力尽的骆驼必须攀上所有的沙丘，我们的处境已然绝望至极；中午的太阳像是燃烧的火炉，我快累死了，必须休息一下，不行！再走一千步才能休息！我在内心鞭策自己。

绝不向干旱低头

由于行走在柔软沙地上的劳顿，加上连日来的疲倦，我终于被击垮了；我颓然跌卧在一片沙丘顶端，把白色的帽子拉上盖住朝天的脸庞。休息真好！我打了个盹，梦到自己在一座湖边露营，风穿过树林的低吟声宛然在耳，浪花扑打湖岸的噼啪声犹似歌唱；然而残酷的铜铃声将我吵醒，把我带回可怕的现实。我坐了起来，好似送葬的队伍来了，骆驼的眼里浮现垂死的表情，它们的眼神慵懒而认命，呼吸沉重且整齐，吐出的气息还带有一股恶臭。

现在骆驼只剩下六峰了，伊斯兰和卡辛领着它们；"老头"与"大黑"被留在后面，穆罕默德必须跟向导留下来陪它们。

我们在一小块坚硬的泥土地上扎营，那地方比帆船的甲板大不了多少；我放弃搭帐篷，所有的人都睡在露天的星空下，夜里依旧寒冷。晚上大伙儿安顿下来，精神比白天好，因为这时候大家可以休息，分水喝，而且经过白天的酷热煎熬，晚上的凉意便格外舒服。

当天晚上两峰落后的骆驼被领进营地，约六点钟时，我对手下说："我们来掘水吧。"每个人一听精神均为之一振，卡辛随即拿出一把铲子立刻动手挖掘，只有向导优奇只顾讥嘲其他人，他说恐怕要挖三十浔（一浔为一点八三米）才能找到水，其他人则不甘示弱，立刻诘问他那条他说四天前就该遇到的河流又在哪里？当我们挖掘到三英尺深处时，沙地开始变得湿润起来，这下子优奇更糗大了。

大家的紧张情绪顿时升高，每一位都像拼了命似的用力挖掘，井边翻出的沙墙越堆越高，我们得用水桶装沙才能运出井口。目前深度已有四英尺半，沙子的温度只有十二点七度，气温则将近二十九度，铁槽里的水因为受到太阳的照射，更是高达二十九度半。我们把一只装满水的铁罐放在凉凉的沙里，然后尽情畅饮，因为我们很快就能再把罐子装满水。

越往深处掘，沙子的湿气就越明显，现在甚至可以把沙子捏成一个球团不会散开。我们轮流挖掘，一个人累了就换下一个，大家把上衣脱掉，让汗水浸透身体；偶尔我们会躺在湿凉的沙堆上，让高热的血液降温。在井边的骆驼、尤达西和绵羊显然已经等得不耐烦，它们知道终于可以解渴了。

天色一片漆黑，我们把两块残留的蜡烛放在井边的小洞里供照明用。

到底要挖多深才找得到水？即使得挖上整个晚上再加上明天一整天，大家仍心意坚定非找到水不可。我们怀着因绝望而产生的决心奋力工作，我坐在井边看着卡辛专心挖井，在烛光的映照下，站在十英尺深井里的卡辛看起来酷呆了！我等待着看第一道泉水涌出时所迸发出的光彩。

突然间卡辛猛地停下手里的工作，铲子从他双手中滑落，他半哽咽着啜泣出声，颓然坐在井底。我担心他是不是中风了，急忙向在井底的他喊道："怎么啦？"

"沙子是干的。"他回答我，声音听起来就像从坟墓底传来似的，为我们不幸的旅队敲响了丧钟。

井底的沙干得像火种，我们花了那么大的力气，流了那么多汗水，结果还是徒劳无功。更糟的是，差点把仅剩的水给用完了。大伙儿不发一语，全部瘫卧在地上，希望能靠睡眠遗忘这一天的沮丧失望。我和伊斯兰商量了一会儿，对当下处境的危险并没有避而不谈，但是和田河离我们不会很远啊，我们必须坚持到底。饮水足够一天的分量，现在必须勉强当作三天份饮用，这表示每个人一天只能喝两杯水，尤达西和绵羊各喝一碗；骆驼虽然已经三天没有喝水了，接下来仍然一滴水也不能喝。我们仅存的水量还不够一峰骆驼喝足一次的十分之一。

一直到我用毯子把自己裹得紧紧地躺在地毯上，骆驼仍然趴伏在井边，巴望着井水冒出来；它们还是像平常一样认命而且耐劳。

我们丢掉一些不必要的行李，像是帐篷地毯、帐篷折叠床、炉子等东西，然后在四月二十七日一大早启程。我徒步先行，所在的沙丘高度只有三十英尺，我的心中因此燃起一线希望，然而随着沙丘的剧增，我的希望也跟着落空。看来，我们的情况是无助而渺茫了。

天空布满稀疏的云朵，因此多少减缓了太阳炎热的威力。

走了四个小时的路程，我停下来等待旅队迎头赶上。骆驼仍然坚毅不屈；我们瞧见两只野雁往西北飞去，沮丧的心情再度激起了希望，但是话又说回来，飞行一两百英里对野雁来说又算得了什么？

疲倦不堪加上缺少水分，我忍不住攀上"种马"的背，可是我发现骆驼的腿已虚弱得颤抖，只好又跳下来，继续迈着蹒跚的步伐前进。

尤达西一路上紧跟着我们仅剩的装水铁槽走，途中有多次短暂的歇息。有一次，忠心耿耿的尤达西向我走过来，它摇摇尾巴，呜呜地睁大眼睛看着我，仿佛在询问是否所有的希望全落空了？我指向东方喊着："水，水！"尤达西急忙朝我手指的方向冲了过去，跑没几步便颓丧着脸转回来了。

命运未卜

目前沙丘的高度是一百八十英尺，我站在最高的丘顶上用望远镜搜寻地平线的尽头，可是除了变幻莫测的高耸沙丘之外，什么也望不见；眼前是一片如汪洋的黄褐沙海，无边无际。无数沙浪往东方的地平线卷去，而漫漫黄沙最后也消失在雾气蒸腾的地平线尽头。我们必须克服这一切，走过那条地平线！但是不可能啊！我们根本没有力气了！随着一天又一天的消逝，人和牲口都变得越来越虚弱。

那天晚上,"老头"和"大黑"无法赶上已经抵达营地的我们,所以一直带领它们的穆罕默德和优奇径自徒步到达营地。穆罕默德告诉我们,"老头"已经倒了下来,张开的四只脚和头软趴趴地瘫在沙地上;"大黑"则站得直挺挺的,四只脚不断颤抖,一步也走不了,当其他六峰骆驼同伴消失在沙丘之间时,"大黑"在它们身后投下幽长而诡异的一瞥。于是两位驭手舍弃了两峰垂死的骆驼,同时也丢掉两只空水槽。

　　晚上我全无睡意,内心满怀恐惧地直想着那两峰骆驼:一开始,它们大概无法享受休息的快乐,然后当凉快的夜晚悄然降临时,它们会满心期待驭手回去带领它们;而后血管里流动的血液越来越浓厚,"老头"可能先断气,"大黑"更加形单影只,跟着"大黑"也在沙漠令人窒息的死寂中黯然死去;过一阵子,四处移位的沙丘将会掩埋这两峰殉难的骆驼遗体。

　　天黑之前,西方的天空出现了铁蓝色的雨云,我们的希望重新燃起。雨云向外扩张,向我们移动过来,我们准备好剩下来的两只空铁槽,把所有的碗、罐都放在沙地上,并且把帐篷护套摊在沙丘的地表。天色已罩上一层黑幕!我们抓起帐篷护套的角落,站稳身子准备收集"生命",对我们而言,它们无疑是从天而降的救兵。谁知当雨云飘到我们附近时,居然变稀薄了,大家一个接一个放掉手中的布角,垂头丧气地走开。就这样云朵凭空消失无踪,仿佛温暖的沙漠空气彻底消灭了水蒸气一般,我们连一滴水都没有接到。

第十九章　沙海

大伙儿撑开帐篷收集雨水

那天晚上我听见手下的对话，伊斯兰说："骆驼会先倒下，一头接着一头，然后就会轮到我们。"向导优奇则认为我们被下了巫咒，他说："我们想当然地自觉朝直线方向前进，事实上是一直在兜圈子，这样只是毫无意义地累死自己，还不如随便找个地方倒下等死。"

我问他："难道你没有注意到太阳正常起落吗？如果我们是在兜圈子，为什么每天中午太阳都在我们右手边？"

优奇还是坚持他的看法："这只是我们的看法罢了，是巫咒，要不然就是太阳自己发疯了。"

喝完每天配给的两杯少得可怜的水之后，大家还是在口渴难耐下静静地歇息。

第二十章
大难临头

四月二十八日清晨，一场前所未见的沙暴袭击我们的营地，狂风将沙子裹卷而起，霎时帐篷、行李、骆驼全被盖上一层如雨般的沙粒。而当大伙儿起床的那一刻，迎接大家的竟是另一个悲惨的一天，因为我们几乎被沙堆所深埋；所有的东西都覆满了沙子，我的靴子、帽子、皮制仪器袋和其他东西都不见了，我们必须用双手把东西从沙堆里挖掘出来。

这一天可说是漆黑不见天日，即使到中午，天色都远较黄昏时黯淡。我们就像在黑夜里行军，空气中浮满飘沙形成的混沌尘云，只勉强看得见离我们最近的骆驼，模糊的身形如同一抹影子。即使颈间悬挂铜铃的骆驼走得相当近，我们仍然听不见铜铃声，连同伴间彼此的叫喊也一样听不到，此时此刻充塞于耳际的唯有沙暴的怒吼声。

处在如此恶劣的天气下，最保险的做法是把所有的人统统聚集起来，因为一旦落在队伍后面，或是稍微离开大伙儿的视线，可能就永无聚首之日了。在沙暴的肆虐下，不论是骆驼或人的足迹几乎是立即消失。

狂风瞬即增强转为飓风,风速每小时五十五英里,在最暴烈的阵风中,每个人几乎都要窒息了。有时候骆驼不肯再走,反而趴在沙地上伸展脖子,这时我们也干脆躺下来,把脸贴在骆驼的腰上。

在这天的路途中,一峰年轻的骆驼开始摇晃不定,优奇领着它走在队伍后面。我一边走,一边把手放在行李箱上,以免稍不留神就脱队迷路。优奇赶上前来在我耳边吼叫,说那峰骆驼走到一处陡峭的沙峰便不支倒地了,不管优奇如何诱导都拉不起来。我立刻下令队伍暂停,派遣穆罕默德和卡辛去营救那峰骆驼,几分钟后他们折返回来,报告说先前的足迹已经消失,他们无法在浓密的尘云和漩涡似的飘沙中找到骆驼。由于顾虑到其他人的性命安危,我们不得已只好抛下骆驼和它所驮运的行李,包括两箱粮食、弹药和毛皮。被遗弃在这片令人窒息的杀人沙漠,骆驼必定渴死无疑。

我们在晚上扎营时顺便扔掉其他的箱子,至于像粮食、皮毛、毛毯、地毯、枕头、书籍、烹饪用具、煤油、锅盆、餐具等,不是绝对需要的东西,全都打包在箱子里,再藏到两座沙丘之间。然后在一处比较高的沙丘顶上竖起一根竿子,并在竿上绑一张报纸作为辨识的指标。我们随身只带分量够用几天的食物,而所有含水分的食物罐头都平均分配给每个人。他们先检查罐子里有没有猪肉,确定没有才放心吃将起来,连沙丁鱼罐头里残留的油汁，也一滴都没浪费地喝光了。我们拆下一个驮鞍里填充用的干草给骆驼食用，但是它们却吃得无精打采，原因是它们的喉咙实在太干燥了。当晚我喝掉最后一杯茶，如今全队仅剩下两个小铁罐的饮用水了。

往死亡之路逼近

夜里风势减弱，到了隔天早上太阳升起时，伊斯兰报告有一只水罐在夜里被人偷走了；每个人都怀疑是优奇干的，尤其他直到第二天早上才现身。

踩着沉重的步伐在沙暴中跋涉前进

我们带着仅剩的五峰骆驼再度上路，首先登上高耸的沙丘观望，然而极目所望尽是无边无际的沙海，连针头大小的有机生物都杳然无踪。出乎意料的是，我们发现一片灰色且多气孔的胡杨树皮，枯萎的树皮也许历经了数百年的风霜，甚至是数千年。自从它的树根因吸收不到地底的湿气而逐渐枯死以来，到底有多少沙丘曾经压在这片树皮上？

空气中溢满的飘动的细沙是沙暴遗留下来的痕迹，这对于缓和太阳的威力倒是小有作用。不过骆驼还是走得很缓慢，它们的步伐既疲倦又沉重，最后的两口铜铃发出低缓肃穆的响声；我们走了十二个半小时，途中停顿过无数次，截至晚上扎营时，依旧没有任何迹象显示这片沙海已经到了尽头。

第二天早上，也就是四月三十日，我们把最后剩下的牛油全拿去喂骆驼，而铁罐里还有几杯水，正当大伙儿为骆驼装载行李之际，优奇拿起铁罐喝水终于被逮个正着。伊斯兰和卡辛怒不可遏，猛地扑向优奇，殴打他的脸、把他扔到地上，更用脚踹他，要不是我出面干涉，他们真会当场杀了优奇。

现在铁罐里的水不到一杯，我告诉手下，到中午我会把手帕的一角沾湿，滋润他们和我的嘴唇，最后剩下的水相信够每人喝一小口。中午我用手帕润湿他们的嘴唇，但是到了晚上，铁罐已经空无一滴水。我不知道这是谁的错，即使现在要审判也于事无补；沙漠茫茫无边际，我们每个人都在往死亡之路逼近。

大家走了一阵子，沙丘的高度变矮，平均只有二十五英尺，突见有只鹡鸰鸟停在一座小沙丘顶上蹦蹦跳跳。伊斯兰看见了大受鼓舞，央求我准许他带着空铁罐先赶到东边去，一找到水就填满罐子回来找我们，可是我不肯答应，现在我们需要他的程度更胜以往。

优奇又失踪了，其他的人无不怀恨在心，都认为优奇那晚偷走水罐之后故意虚报距离，用意是希望我们都渴死，他就可以偷走我们藏起来的中国银子，然后藏身在和田河畔的树林里。不过我认为手下的疑虑并无任何根据。

当天夜里我在日记上写下自认是绝笔的一段话："我们停在一座高起的山丘上，骆驼纷纷不支倒地，我们透过望远镜遥望东方，然而四方只有连绵不断的沙山，见不到一株草、一丝生命迹象。我们所有的人、所有的骆驼都已虚弱无比。请上帝帮助我们！"

五月一日，在瑞典老家是欢庆春天的美好日子，充满喜乐与光辉；相对于横渡沙漠走上悲伤之路的我们而言，那却是最沉重的一天。

最后的意志力

沙漠里的夜晚十分寂静，天气清朗却略带凉意（二点二摄氏度），但是不用等太阳升上地平线，气温已经开始转暖和了。有一位队员从一块山羊皮上挤出最后几滴腐败的油脂喂食骆驼。前一天我滴水未进,再往前一天也只喝了两小杯水,现在只觉得口渴难耐。我无意间发现我们为汽油炉所准备的一小瓶中国酒,我实在抗拒不了诱惑,便仰头喝了一些;明知这么做实在愚不可及,我还是喝了半瓶多。尤达西听到喝水的咕噜声,便摇着尾巴跑过来,我让它嗅嗅瓶口,它哼哼鼻子,难过地走开了。我扔掉手中的瓶子,剩下的液体全都流进了沙地里。

那几口酒简直要了我的命,我试着站起来,可是双脚却不听使唤。此时队伍已经拔营出发,伊斯兰手持罗盘率领队伍往东行进;我仍然留在原地。太阳的威力越来越强,手下们大概认为我会死在那儿。他们像蜗牛一样慢慢走着,骆驼颈上的铜铃声越来越模糊,最后完全消逝无声。我望着旅队,每到一处沙丘顶,他们的身影就像个小黑点再度出现,只是越变越小;而当旅队过了沙丘顶端往下走向凹处时,他们的身影就会短暂消失,最后我终于再也看不见旅队了。太阳还没有升得很高,旅队所留下的足迹因此拉出很深的影子,提醒我目前的处境有多么危险。我提不起力气追赶他们,显然他们已抛下我不顾;恐怖的沙漠向四面八方无尽延伸,太阳正在燃烧,刺眼的光线令我视茫茫。空气里没有一丝风。

突然一个可怕的念头浮现脑海:难道这是风暴前的宁静?假如是这样,那么我随时都可能看见东方的地平线上窜起一条黑线，那是沙暴的前奏，万一沙暴来临，旅队的足印在短短几分钟内就会消失无迹，那么我就永远找不到我的手下和骆驼了。此刻，他们对我而言就像沙海里的浮木，是最后的一线生机。

我鼓起最后的一点意志力，摇摇欲坠地站起身来，随后又倒了下去。我在地上沿着脚印爬行了一阵子，再度撑起身子，拖着自己往前走，不行了再爬。就这样过了一个小时又一个小时，我从一座沙丘顶上看见旅队，队伍站立不动，铜铃也不再晃动出声。凭着超乎寻常的毅力，我终于半走半爬地来到队伍旁。

伊斯兰站在沙丘棱线上，用手遮住刺眼的阳光搜寻东方的地平线，再次征求我的同意，让他带着水罐先行赶向东方，然而当他看到我的狼狈样子，马上就放弃了这个念头。

穆罕默德趴在地上，啜泣着向安拉祷告；卡辛坐在骆驼投下的影子处双手蒙着脸，他说穆罕默德一路上不停叨念着水；优奇倒像死人一样躺在沙地上。

伊斯兰建议大家继续走，找寻一块坚硬的泥土地，也许可以掘到水。每一峰骆驼都卧倒在地，我爬上一峰白色骆驼的背部，它像其他骆驼一样拒绝站起来。我们的苦难真叫人绝望，也许我们即将命丧此地；一旁的穆罕默德躺在地上喃喃自语，手指玩弄着沙粒，喋喋不休地嚷着要喝水。我心知肚明我们的沙漠剧已演到最后一幕，不过，我还是没准备要彻底放弃。

第二十章　大难临头

奇迹出现了！

太阳酷热得像火炉，我对伊斯兰说："等太阳一下山，我们就拔营出发，连夜赶路。现在扎营吧！"骆驼背上的行李全被卸下来，它们在灼热的阳光下趴了一整天，伊斯兰和卡辛把帐篷搭起来，我爬进帐篷，把衣服全部脱光，躺在一条毯子上，再拿一个包裹当枕头。伊斯兰、卡辛、尤达西和绵羊全都躲到阴影处，穆罕默德和优奇还是待在他们躺着的地方，唯独那些母鸡仍然精神抖擞。

在所有经历过的亚洲冒险之旅中，这处死亡营地是我住过的最令人难过的地方。

现在才早上九点半，我们还没走到三英里路。我全身累坏了，连动动手指头都使不出力气。心想我大概快死了，脑海里想象着自己已经躺在办丧事的教堂里，教堂悦耳的钟声因丧礼而停止；我的一生像一场梦似的飞过眼前，再过短短几个小时我的生命即将结束。然而最折磨我的是，想到我将会带给父母、兄姐极大的焦虑和不安定感。我失踪之后，彼得罗夫斯基领事势必进行调查，他会发现我于四月十日离开麦盖提，从此我们的音讯全然消失，因为沙漠从那时起已经刮过好几次沙暴。我的家人将会不断地等待，年复一年，却是一直没有进一步的消息，最后不得不放弃希望。

大约是中午时分，帐篷的襟带开始鼓胀起来，一阵微弱的南风吹过沙漠，风势越来越强，两个小时之后，我从呼啸的阵风嗅到生机，不禁从毯子上翻身坐起来。

奇迹真的发生了！身体的虚弱乍然消失，全身的精力又回来了，假如我曾经渴望过日落，那必定是现在这一刻。我不要死！我绝对不要死在这片悲情的沙漠上！我还能跑、能走，能用四肢爬行；我的队员也许活不了，可是我一定要找到水！

日头像颗火红的炮弹落在西方的沙丘上。我现在正处于最佳状况，穿上衣服后，我命令伊斯兰和卡辛准备拔营。夕阳把紫色的余晖洒遍整个山丘顶上，穆罕默德与优奇两人的姿势仍然和早上一样：穆罕默德正面临死亡的威胁，不幸的是他再也没有恢复意识；不过优奇倒是在夜晚的凉意中苏醒，终于捡回了一条命。他靠握紧两只手爬到我面前，凄惨地叫道："水！给我水，先生！只要一滴水就好！"他随即又爬开。

我说："这里有没有流质的东西？任何东西都可以。"

"对啊，那只公鸡！"一位手下马上砍断公鸡的头，喝了它的血。但那不过是杯水车薪，大家的目光不约而同地落在绵羊身上，可是这只绵羊从头到尾都像只狗一样忠实地跟着我们，这时所有的人都迟疑了；为了苟活一天而牺牲这头羊无异于谋杀。但是伊斯兰最后还是将它带开，把羊头转向麦加的方向，然后割断了它颈部的动脉；红褐色的羊血腥臭难闻，流动缓慢而且黏稠，很快就凝结成血块，手下们大口吞下肚去，我也试了一下，但腥味令我作呕，而且我喉咙的黏膜太过干燥，血块卡在喉咙里，我只好赶紧吐了出来。

挣扎着离开死亡营地

口渴使得伊斯兰和优奇就像发了疯一般，两人用容器搜集骆驼的尿液，再和着糖、醋捏着鼻子喝下去，卡辛和我不敢效法他们的行为。伊斯兰和优奇喝了这种毒水后全身无法动弹，他们的身体产生剧烈的痉挛和呕吐，只见两人躺在沙地上扭曲、呻吟。

后来伊斯兰慢慢康复了。趁天色未黑前我们开始打包行李，我把绝不能缺少的东西放在一堆，包括笔记本、旅行日志、地图、仪器、铅笔和纸、武器与弹药、中国银子（约两百六十英镑）、灯笼、蜡烛、一只桶子、一把铲子、三天的粮食、一些烟草和其他几件东西；书籍只留一本袖珍版《圣经》。被我丢弃的东西有照相机和一千张玻璃板，其中约有一百张已经曝光；还有医药箱、鞍件、衣服，以及预备送给土著的礼物等多种物品。我从舍弃的那堆东西里拿出一套干净的衣服，然后换掉身上脏乱的衣物；万一真的死在这片无垠沙漠的沙暴下，我至少要死得体面，身上穿着的是干净的寿衣。

我们把决定带走的东西装在柔软的鞍袋中，然后固定在骆驼背上；所有的驮鞍都被丢弃了，因为它们只会增加不必要的重量。

优奇爬进帐篷卧倒在我的毯子上，身上沾满绵羊肺脏的鲜血，看起来恶心极了。我试图为他打气，建议他趁晚上跟随我们的足迹赶上来，可是他并没有任何回应；另外穆罕默德正陷入高烧的呓语，他在胡言乱语中喃喃念着安拉的名字。我想让他的头舒服一点，便用手来回轻抚他热烫的额头，叮咛他尽力沿着我们的脚印爬行，并告诉他我们一找到水就回来救他。

这两个人终究还是一个命丧死亡营地，一个死在接近营地之处。因为后来再也没有人听到他们的消息；事隔一年，他们依旧下落不明，我于是送了一笔钱给他们的遗孀和孩子。

我们鞭策五峰骆驼都站起身来，把它们一头接连着一头串起来，由伊斯兰带头领队，卡辛押后，我们没有带走垂死的两个人，因为骆驼太虚弱了，背不动他们，而且他们就像风中残烛一样，根本无法在驼峰之间坐稳。此外，我们仍然不放弃找到水的希望，到时候我们将装满两只填充羊皮，然后赶紧回去营救不幸的同伴。

母鸡吃了羊血后止住了饥渴，开始休息起来。比坟墓更彻底的死寂弥漫整座帐篷，黄昏即将融入黑暗的夜色之际，驼铃最后一次响起，我们和往常一样往东走，避开沙丘的棱线。走了几分钟之后，我回转身来，对这座死亡营地投以道别的一瞥。帐篷显眼地伫立于仍盘桓在西边但逐渐消逝的日光里，离开这处鬼魅之地实在让人松了口气，夜色很快就会吞没它的影子。

第二十章　大难临头　　221

所有的人和骆驼都因口渴而濒临死亡

天色变得漆黑一片，我在灯笼里点了根蜡烛，然后走在队伍前面找寻最好走的路。一峰骆驼在行进间跌倒，立刻就趴倒在地，把脖子和脚伸直，等待死亡的到来；我们把它驮负的背包放在四峰幸存的骆驼中最强壮的"白雪"身上，至于铜铃就跟着濒死的骆驼。现在铜铃声已变成绝响。

生离死别的一幕

我们的进展慢得令人绝望，骆驼每迈出一步都很吃力，这一刻这个停下脚步，下一刻那个又走不动了，逼得大家只好跟着休息。伊斯兰又开始呕吐起来，他躺在沙地上，像只虫子般蜷曲着身体；我就着灯笼的晦暗光线把脚步拉大，继续往前走，如此走了两个小时，铃声逐渐消失在我身后，除了沙粒滑过脚跟的沙沙声，天地间竟然连一丝声音都无法听闻。

晚上十一点钟，我挣扎着爬上一条平坦的沙丘棱线倾听、侦察，和田河不可能太远了；我审视东方，希望看见牧人野营的火光，可是每样东西都是漆黑一团，只有星斗闪耀着光芒，没有任何声音打破这片寂静。我找了个地方把灯笼放下来，好让伊斯兰和卡辛循着光线找来，然后自己躺下来思索和倾听；尽管走到这个地步，我依旧十分沉着，意志没有丝毫的动摇。

远处又开始传来铃声，时响时止，但是声音越来越接近，我好像等了一辈子才看到四峰骆驼如鬼魂般的身影，它们爬上沙丘，走到我的身边，然后立刻趴了下去；它们也许是错把灯笼当作营火了。伊斯兰蹒跚地走上前来，仆跌在沙地上，嘴里艰难地吐出微弱的声音说他再也走不动了，当我试图鼓励他坚持下去时，他完全没有出声。

我知道一切都结束了，决定抛弃生命以外的任何东西，甚至连日记和观察纪录都丢弃了，只带走口袋里原本就有的东西，也就是罗盘、手表、两支温度计、一盒火柴、手帕、折叠刀、铅笔、一张折起来的纸，还有纯粹因为偶然才带在身上的十支香烟。

仍然坚持不倒下的卡辛听到我要他和我一起走，开心地赶快拿起铲子和水桶，但却忘了戴他的帽子，后来他用我的手帕遮阴才没有中暑。我向伊斯兰告别，交代他放弃所有的东西，试着跟踪我们的足迹，救自己一命，他看着我的模样好像就快

第二十章　大难临头

不久于人世，一句话也没有说。

我看了耐心奇佳的骆驼最后一眼，便赶紧离开这一幕令人痛苦的景象：这里有个人正在与死亡奋战，而一度自信满满的旅队成员也在这里永远结束了他们的沙漠之旅。我抚摸尤达西，起身离去让它自行决定去留，结果它选择留下来，此后我再也没有见过这条忠实的好狗。午夜了，我们在汪洋大海中出了船难，现在准备离开沉船了。

灯笼仍然在伊斯兰身边燃放光亮，但是很快就在我们背后熄灭了。

第二十一章
生死关头

我们就这样走过黑夜与沙漠。走了两个小时，劳累加上缺乏睡眠使得大伙儿感到十分疲惫，卡辛和我于是一头栽倒在沙地上睡了起来；我身上穿的是单薄的白色棉布衣服，很快就被夜里冷冽的寒气冻醒。我们继续往前走，走到体力再也支撑不下去，然后再卧倒在一座沙丘上沉沉入睡。我脚上及膝的长筒靴有一圈硬边，使得我走起路来倍加困难，好几次，我几乎忍不住要把它们脱下来扔掉，所幸最后都打消了念头。

经过又一次短暂的休息，我们再度跋涉了五个小时，从清晨四点走到九点；这天已经是五月二日了。休息一个小时之后，再慢慢行进一个半小时。炽烈的太阳烤着大地，当我们仆倒在沙地上时，眼前所有的东西顿时都变成了黑色。卡辛在北方的一块坡地上挖了个洞，那儿仍然保持前一晚的沁凉；我脱掉衣服躺在卡辛挖掘的洞里，他继续把沙子铲在我身上，凉凉的沙子一直覆盖到我的颈子。卡辛自己也如法炮制。两人露在沙地外的头靠得很近；我们把铲子插进沙地里，然后挂起脱掉的衣服遮出荫凉。

一整天我们就这么躺着，一句话都没有说，但也没有睡着。头上的天空漾着绿松石般的青蓝色，四周无垠的黄色沙海延伸到地平线彼端。

火球似的太阳再度落在西方沙丘的棱线上，我们爬起身来抖掉沙粒，穿上衣服，然后拖着沉甸甸的步伐往东方前进，一路上走走停停，直到凌晨一点才歇脚。

在酷热的白天里进行沙浴固然凉快舒服，却还是使人虚弱不堪。我们的体力慢慢流失，无法像前一个晚上走那么远，不过这天晚上的行军倒没有那么折磨人，因为我们已经口干舌燥，口渴让我们变得非常迟钝，可是身体的虚弱感却越来越强。所有分泌腺的功能都大为降低，比以前黏稠的血液流过微血管时的速度更形缓慢，这种干燥的程度将会到达极限，到那时候，也就是我们的生命终结的时刻。

五月三日，我们从凌晨一点走到四点半，走到每个人气力尽失、不支倒地；这天晚上连冷冽的空气也吵不醒我们，直到晨曦时分，我们才又拖着疲惫的身躯继续行程。我们走两步就休息一下，下坡路走起来很顺利，但遇到上坡却走得万分艰辛。

植物带来一现生机

日出时，卡辛抓住我的肩膀，凝视着东方，同时手也指着那个方向,却沉默不发一语。

我低语道:"怎么了?"

他气喘吁吁地说:"一丛柽柳。"

感谢老天!终于有植物的踪影了!正当一切接近幻灭时,我们再一次燃起了希望。我们几乎是拖曳着步伐在走,举步维艰地走了三个小时才遇到第一堆树丛,这些植物意味着广袤的沙海即将到达尽头。我们将柽柳苦涩的绿色针叶放进嘴里咀嚼,由衷地感谢上天送给我们这么宝贵的礼物。树丛宛若莲花一般孤立在沙浪之上,浸浴在璀璨的阳光里,可是滋润它们根部的水究竟在多深的地底呢?

大约十点钟我们找到另一丛柽柳,更远的东方还有好几丛,可是我们的体力已几近虚脱。我们急忙脱下衣服,把自己埋在沙子里,再将衣服垂挂在柽柳上以制造些阴影。

整整九个小时,我们静默地躺在那儿;沙漠的炽热空气把我们的脸皮烘干如同羊皮纸一样坚硬。晚上七点钟,我们穿上衣服继续走,现在的速度比先前更迟缓,就这样我们在漆黑的夜色中跋涉了三个小时。卡辛猛然停下脚步,低声耳语:"胡杨树!"

两座沙丘中间矗立着三株挤在一起的胡杨树,我们颓然坐在树底下,身体疲累不堪。这些胡杨树的根部必定也是从地底吸取养分,于是我们抓起铲子希望掘一口井,然而铲子从手中溜了下去,因为我们连拿铲子的力量都没有了。我们趴下来用

第二十一章 生死关头

手指扒地，没多久就放弃这种徒劳无功的尝试。

我们转而摘下胡杨树新鲜的树叶，然后揉在皮肤上，接着收集干枯的落枝，在最靠近的一座沙丘顶上升起火堆，虽然我很怀疑伊斯兰是否能撑得过来，但若是他真的还活着，这堆火光可以指引他前来；况且火堆也许能吸引和田河畔树林里放牧人的注意。不过，说不定牧人看见死寂的沙漠里发出火光，很有可能会受到惊吓，以为是沙漠上作祟的鬼魂正在施巫术。这堆火整整烧了两个小时，我们把它当作同伴，当作朋友，也当作获救的契机。当海上发生船难时，人们可以在情况极度危急时发出求救讯号，反观我们只有这一簇火堆，唯一能做的就是将目光牢牢盯着燃烧的火焰。

希望再度幻灭

黑夜即将过去，太阳——最恶毒的敌人——很快又会在东方的地平线上升起，再一次折磨我们。五月四日早晨四点，我们开始接下来的行程，跟跟跄跄走了五个小时的路，体力再度透支，我们的希望也跟着往下沉。东边再也看不见胡杨树或柽柳，看不见那足以激励我们求生意志的青翠绿叶，骋目四望，依旧只有一片层层叠叠的黄沙。

我们瘫倒在一座沙丘的坡道上，卡辛再也没有力气为我挖掘凉爽的沙洞了。我们的体力还能够撑上一个晚上吗？这难道真是我们最后的一夜？

暮色低垂时，我站起来催促卡辛继续走，卡辛喘着气，以虚弱到几乎听不见的声音说："我走不动了。"

因此我离开旅队仅剩的最后一名伙伴，独自往前跋涉。我拖着沉重的身体前进，走一步跌一下，碰到上坡就手脚着地地爬上去，再跌跌撞撞地走下山坡；许多时候，我静静躺上很长一段时间，侧耳倾听，却是一片阒寂！天上的星斗宛若手电筒，闪闪烁烁，我怀疑自己是不是还在地球上，抑或这里就是"死荫的幽谷"（《圣经》上所言的临终时刻）？我点起最后一支烟，以前卡辛总是讨去我抽剩的烟蒂，现在既然只有我一个人，索性就抽到尽头吧。抽烟让我稍微放松了些，也多少转移我的心思。

从我独自一人踏上旅途，已经徒步超过六个小时，我被虚弱彻底打败，仆倒在一丛柽柳下，我陷入昏沉状态，心里害怕死神将在睡梦中降临。事实上我根本没有睡着，在如置身墓地般的死寂中，我一直听见自己的心跳和手表的滴答声；大约过了两个小时，我听到沙地里传来窸窣的脚步声，接着看见一个幽灵踉跄地挣扎到我身边。

"是你吗，卡辛？"我

我和卡辛挣扎着往上爬行

第二十一章 生死关头

低声问道。

"是的，先生。"

"加油！不会很远了！"

受到重逢的鼓舞，我们奋力向前行。从山丘顶上，我们顺着滑落下山；到了山丘脚下，我们则挣扎着往顶上爬；要是跌倒了，就一动也不动地躺着，拼命抗拒危险的瞌睡虫。前进的速度越来越缓慢，我们的身体也变得越来越蹒跚，现在我们两个就像在梦游一样，不过还是为我们的生命奋战不懈。

卡辛蓦地抓住我的手臂，手指着沙地，沙地上印着明显的人类足迹！

两人霎时精神大振，因为那意味着河流"一定"离我们不远了！也许是有些牧人发现我们的火光而前来查探，也或许是一只绵羊在沙漠里走失，牧羊人前来搜寻，所以留下了这些足迹。

卡辛弯下腰检视脚印，然后喘息着说：

"是我们自己的脚印！"

原来我们在精神涣散、半睡半醒的状态下，不自觉地兜了个大圈子。那真是情何以堪啊！我们再也受不了，两人颓然倒卧在脚印上呼呼大睡起来；时间是凌晨两点半。

又见树林

五月五日，晨曦为新的一天揭开了序幕。我们艰困地撑起沉重的身躯；卡辛看起来糟透了，他的舌头变成了白色，而且肿胀得很厉害，嘴唇也呈现蓝色，双颊凹陷，眼睛浮现出垂死呆滞的眼神。一种死亡之嗝正在折磨他，使他的身体不停地颤抖——当一个人身体极度缺水时，他的关节通常会发出咯吱咯吱的声音，做任何动作都会辛苦万分。

　　天色逐渐明亮，太阳升了起来。站在视线一览无遗的沙丘顶上向东眺望，我们发现，两个星期以来一直呈现黄色锯齿状的地平线，现在居然变成平坦无垠的墨绿色线条；我们像是被惊吓到似的呆愣了一会儿，然后同时尖叫："树林！"我又加了一句："和田河！水！"

　　我们马上鼓起仅剩的力量，挣扎着往东走。沿路沙丘的高度越降越低，我们尝试在沙丘底一块凹陷的泥地上挖洞，希望能挖到水，但是因为我们太过虚弱了，只好放弃，继续往下走。随着墨绿色的线条逐渐扩大，沙丘逐渐减少，直到完全消失，取而代之的是坦荡柔软的地面，显然我们距离树林只有几百码的路程了。五点三十分，我们遇到第一丛胡杨树，已经筋疲力尽的我们立刻躲进树荫底下，享受树林的芬芳；树木间绽放花朵，小鸟在枝丫间欢唱，苍蝇和牛虻嗡嗡鸣叫着。

远处的树林激起新希望

第二十一章　生死关头　　231

直到七点，我们依旧马不停蹄地赶路，林木变得比较稀疏了。我们来到一条步道，看得出人、羊、马匹的足迹，心想这条路可能通往某条河流。顺着小径走了两个小时，我们躺进一丛胡杨树的绿荫里休息。

两人都已虚弱不堪，实在走不动了，卡辛躺在地上，一副快要断气的样子。我想河流"一定"就在附近，可是我们偏偏像被人钉在地上似的，被一股酷热的暑气包围住。难道白天毫无止境？每过去一个小时，便带领我们更接近死亡一步。在一切变得无法挽救之前，我们必须设法找到河流！可是太阳还不下山，我们呼吸困难而且沉重，连求生的意志都快离我们而去了。

到了晚上七点，我终于可以爬起来，把铁铲子的铲刃挂在树杈上作路标，木制铲柄则用作手杖；如果我们找到牧羊人协助，即可循此标记回去拯救三位垂死的队友，并且找回失落的行李。然而，我们离开那三位伙伴已经整整四天了，他们必然是凶多吉少，即使没有遭遇不测，我们也得花上好几天才能找到他们，他们的处境显然是希望渺茫。

我再次催促卡辛跟我一块去河边喝水，他以手势表示爬不起来，还呢喃着说他不久就会在胡杨树下离开人世。

我只好自己拖着身体穿过树林。一路上，多刺的荆棘和掉落地的枯树枝不断阻挡去路，单薄的衣服被树枝刺破，双手更是伤痕累累，不过我还是慢慢往河边推进。我一方面匍匐着往前爬，途中频频停下来休息，一方面焦急地注意到树林里变得越来越暗。夜晚终于降临了——这可能是最后的一夜，因为我已经不可能再撑过另一天了。

置身和田河河床上！

走到树林的尽头戛然而止，仿佛被火烧过，我发现自己置身在一块六英尺高的梯形小丘边缘，它以几乎垂直的角度陡降到非常宽广平坦的平原上，上面并没有植物生长。这里的土地很坚实，一根没有叶子的枯枝从土里突伸出来，我恍然明白这是一块浮木，而我所处的地方正是和田河的河床，只不过河床是干涸的，就像我背后的沙漠一样干燥。

经过如此艰辛的搏斗，好不容易来到和田河，难道我还是要在河床上渴死？绝不！除非让我先渡过这条河，确定整个河床没有一滴水，也就是所有的希望全都幻灭了，否则我绝对不愿就此倒下断气。

垂死的我爬过树林找水源

第二十一章　生死关头

我知道河道几乎是往正北方延伸，因此到达河的右岸最短的距离一定是往正东方走。虽然月亮已经升起，而我也不断盯着罗盘看，但是在意识不清的状态下，我却朝向东南方前进。想要抵抗这股拉力根本没有用，好像有只隐形的手引导我往那个方向走，最后我不再抗拒，顺其自然向月亮所在的方向走去。许多时候，我仆倒在地上休息，被强烈的嗜睡欲望征服，我的头慢慢埋进地里，这时必须竭尽一切意志的力量才能克制自己不沉入梦乡；以我的疲惫程度，一旦睡着肯定是再也醒不过来的。

和中亚所有的沙漠河流一样，和田河的河床非常宽阔，而且平浅。一团模糊的光晕漂浮在荒芜的大地上，我已经走了将近一英里路了，河床东岸的树林在月光下只剩下隐约的轮廓，河床高起的岸上长着浓密的树丛和芦苇，河边有一棵倒下的胡杨树，深色的树干往河床方向延伸，看起来像是一条鳄鱼的身体。这里的河床还是和先前一样干枯，距离肯定是我的葬身之地的河对岸已经不远了。此刻，生命对我宛如一条瞬息即散的丝线。

恩赐的生命之泉

突然间，我凝视着前方，脚步跟着停了下来。因为前面有只野鸭或野雁之类的水鸟扑打着翅膀飞了起来，同时耳际响起水花飞溅的声音。紧接着,我走到一个池塘的边缘,池塘长七十英尺、宽十五英尺;月光下的池水像墨一样黝黑,而胡杨树干的倒影清晰地映照在深邃的池水中。

　　在宁谧的夜色里,我不禁向上帝感谢这份奇迹似的礼物;如果我先前执意朝东走,现在大概已经迷失方向了。事实上,假如我遇到河流的位置是在这个水池的北边或南边一百码以外,相信无论怎么走,河床都会是干枯的。我知道和田河的源头是西藏北方的雪原和冰河,直到六月初冰雪消融之后才有水注入和田河床,到夏末秋初,河床又会开始干涸,因此整个冬季和春季,和田河的河床绝对是干枯的。我也听说,有些离河床行程一天以上的地方,由于地面凹陷较深,河水一涨便注入靠近

救了我一命的泉水

丘岸的凹地，水退之后，凹地里的水就会滞留一整年不消失，而我现在就站在这种极度罕见的水体边上！

我平静地坐在池岸边，伸手按按脉搏，我的脉搏虚弱到几乎察觉不到，每分钟只跳四十九下。我尽情畅饮池水，完全没有节制；池水凛冽，清澈透明宛若水晶，和品质最好的泉水一样甘甜醇美。在喝过池水之后，我干涸的身躯仿佛海绵吸收水分一般，所有的关节开始软化，伸展每一个动作也变得轻松多了。先前，我的皮肤和羊皮纸一样粗硬，喝了水之后逐渐柔软；前额湿润起来，脉搏的强度也增加了，才几分钟时间就上升到每分钟跳动五十六下。现在我血管里的血液顺畅地流动，一股幸福、通体舒畅的感觉涌了上来。我忍不住埋头再喝，并且坐在这个恩赐的水池中，任由池水轻抚我的身躯。后来我为这潭水池取了个名字，叫作"天赐之池"。

池岸边的芦苇非常茂盛，浓密的树丛纠结在一起，银色的月牙高挂在一株胡杨树的树梢上。树丛里传来沙沙的声音，像是干燥易碎的芦苇被什么东西搅动了，也许是有东西正穿过这片树丛，会是蹑手蹑脚前来喝水的老虎吗？我脸上挂着征服者的笑容，等着看它的眼睛在黑暗中闪烁。我心想："过来啊，你！要不要试试看你能否夺走我的性命？不过五分钟前，我勉强只算是一息尚存呢！"然而芦苇丛里的沙沙声逐渐远去，不管那是只老虎，或是其他来喝水的森林居民，当他发现我这个走失的孤独旅人闯进水池时，显然都一致认为走避才是上策。

第二十二章
现代鲁宾逊

我终于不再觉得干渴,不可思议的是,我这种欠缺思考的狂饮行为竟然没有让自己受到伤害。

我的心思转而飞到卡辛身上,他此刻还因为口渴,昏迷不醒地倒在河流西岸的树林边缘呢。三个星期前浩浩荡荡出发的旅队当中,只有我这个欧洲人支撑到获救的那一刻,如果我动作够快速的话,也许还来得及救卡辛一命。可是我要拿什么东西装水呢?对了,我的靴子不是防水的吗?事实上也没有别的容器可用了,于是我将两只靴子灌满了水,挂在铁铲的铲柄两头,小心翼翼挑过河床回到西岸。月亮虽然已经低垂,我先前留下的足迹却清晰可见;等走到树林边缘时,月亮整个沉落,浓稠而黑暗的天色笼罩着树林。我找不到来时的足迹,迷失在荆棘和树丛间,只穿着袜子的双脚被刺得疼痛不堪。

垂死的伙伴

我不时用尽力气叫唤"卡辛！"然而喊叫声却消匿于树干之间，唯一听得见的是一只被我惊吓到的猫头鹰所发出的呼噜声。

如果我迷路了，可能就找不到先前自己留下的脚印，那么卡辛便活不了了。因此我站在一处枯枝与草丛纷杂纠葛的矮树堆前，放火点燃整丛树堆，我高兴地看着火舌乱窜，连邻近的一株胡杨树也被烧焦了。我相信卡辛的位置离我不会很远，他一定听到也看到了这场火。然而他仍旧没有出现。除了静待黎

我点燃一堆火借以吸引卡辛的注意

明的来临，我别无选择。

我找了一棵火烧不到的胡杨树，躺在树底下睡了好几个小时；火堆可以保护我不受任何野兽的攻击。

直到天空现出鱼肚白，火堆仍然烧得很旺，冒出的黑烟往上直冲出树林；现在我可以轻易找到自己的脚印，还有卡辛的位置了。卡辛躺卧的姿势和前一晚没有两样，他一见到我就低语说道："我快死了！"

我问他："你要喝水吗？"然后晃动靴子让他听听水花落地的声音。他坐了起来，眼睛呆滞茫然，我递上一只靴子，他把靴子举到唇边一饮而尽，停了一会儿，连另一只靴子里的水也喝得精光。

"来，我们到水池那儿去。"我对他说。

"我走不动。"卡辛回答。

"那么等你走得动了，就尽可能顺着我的脚印过来，我会先到水池那儿，再沿着河床往东走。再见了。"

在那一刻，我无法为卡辛多做些什么，我想他应该已经脱离险境了。

五月六日早上五点，我又回到水池那儿痛快喝水，还洗了个澡，休息了好一阵子，之后沿着和田河东岸（也就是右岸）高起的林地往南行；这样走了三个小时，天色渐渐变暗，荒芜的大地上刮起黑色的风暴。

我心想："对于那些陈尸沙漠的伙伴来说，这正是埋葬他们的第一铲沙土吧。"

树林的轮廓消失了，整个大地笼罩在一片朦胧的尘沙之中，走了三个小时以后，我又开始饱受口渴的煎熬；突然一个想法浮现心头：会不会在我找到另一个水源之前天就黑了？很显然，离开第一个水池"天赐之池"实在是不智之举。

我对自己说："我要回到第一个水池那儿，同时寻找卡辛。"

折向北方走了半小时，我发现一个迷你水池，池水很脏。我停下来喝了点水，肚子开始觉得饥饿，毕竟我已经一整个星期没吃东西了。我吃了些野草、芦苇嫩芽和树叶，甚至捉水池里的蝌蚪果腹；蝌蚪尝起来味道很苦，而且很恶心。时间已经是下午两点。

"先不管卡辛，就在这里等风暴过去再说吧。"我心想。

于是一个人走进树林，找了一堆浓密的矮树丛遮蔽强风，然后把靴子和帽子排列好充当枕头，让自己完全沉入梦乡；那是自从四月三十日以来睡得最安稳甜美的一次。

发现牧羊人

醒来时已经晚上八点钟，四下一片漆黑，风暴在我头上肆虐呼啸，把树枝吹得嘎嗤嘎嗤响。我收集一些柴薪升起一堆营火，又喝了些池里的水，吃了点野草和树叶，然后坐在营火旁观赏火焰的翩然舞姿。如果这时有忠实的尤达西陪着我该多好！我吹起口哨，可是狂舞的风暴掩盖了所有的声音；而尤达西是永远不会回来了。

五月七日凌晨我一睁开眼睛，风暴已经停止，不过空气里仍然布满微细的尘土。我惊觉地想到，最接近我的牧人也许远在需要几天行程以外的距离，而我缺少食物，根本不可能活命太久；更何况我所在的位置离和田城还有一百五十英里路程，凭我目前衰弱的体力，至少要走六天才能抵达。

一大清早，约凌晨四点半我就出发了。我循着河床的正中央朝南直行，为了安全起见，我将靴子灌了半筒水，然后用铁铲柄挑在肩上，那模样就像牛颈上箍的牛轭。走了一阵子，我靠向河的左岸，因为我看见一个被人遗弃的羊圈和一口井。中午的热气令人难以忍受，我只好往树林里走，摘些野草、树叶、芦苇嫩芽止饥。暮色以惊人的速度降临大地，我升起火堆，留在原地过了一夜。

隔天，我赶在太阳现身之前上路，整整走了一天。就在天黑之前，我在一个小岛的岸边意外地发现令人诧异的东西：在河床硬实的沙地上有相当新的脚印，显然是两个打赤脚的人赶着四头骡子往北走了。可是，为什么我没有遇到他们？有可能是在夜里我熟睡时和我擦身而过，现在必然已经走远了，想折回去赶上他们恐怕也于事无补。

在这同时，隐约听到从远方沙地传来的不寻常的声音，我赶紧停下来竖耳倾听，然而整片树林依然静谧无声。也许是鸟的鸣叫声吧！我继续往前走。

但是，不对！一分钟后，我确实听到一个人的声音和牛的哞叫声！果真不是幻觉，真的有牧人！

我马上将靴子里的水倒掉，穿上湿答答的靴子往树林里飞奔；我穿过浓密的树丛，跳过倒卧的树干，这时耳边又响起绵羊咩咩的叫声。出现在眼前的是一群正在深谷中吃草的羊，当我突然从树林里窜出来时，一个牧羊人霎时被吓得愣住了，站在原地好像一块化石。

我向他打招呼："主赐平安！"他立刻拔腿就跑，一溜烟消失在林木间。过了不久，他带着一个年纪稍长的牧人回来，他们停在安全距离外，我用简单的几个字告诉他们我的遭遇。

我说："我是欧洲人，从叶尔羌河进入沙漠。我的手下和骆驼都渴死了，我的东西也都丢了。我已经八天没有吃东西，只吃了一点野草填填肚子。请给我一块面包和一碗奶水，让我在你们附近休息吧；我快要累死了。以后我会付钱答谢你们的帮助的。"

他们一脸狐疑地看着我，显然认为我在说谎，不过经过几番迟疑，他们还是答应要我跟他们一起走；于是我跟随在后面走到他们居住的草棚。这座草棚搭在一棵胡杨树的阴影下，只有四支细细的柱子撑起树枝、杂草铺成的屋顶，地上有一张已经磨破的地毯，我忍不住仆倒在上面。年轻的牧人拿出一个木制容器，递给我一块玉米面包，我向他道谢，并撕下一块面包吃，立刻就觉得胀饱了，牧人又递给我一个木碗，里面盛满最鲜美的羊奶。

两个牧人不发一语，站起来离开草棚，不过有两只半野性半驯服的狗仍然留在草棚下猙吠不休。

到晚上，他们偕同第三个牧人回来了。他们刚刚把羊群赶进附近的羊圈里，正在草棚前升起一大堆营火；当营火燃尽时，我们四个人也都睡着了。

三位牧人的名字分别是尤苏普、托哥达和帕西，他们照顾一百七十只绵羊和山羊，还有七头乳牛，这些牲口全归和田一位商人所有。

获知伊斯兰的消息

五月九日天亮时，我发现身旁放着一碗奶水和一块面包，牧人们则早已经离开。我狼吞虎咽地吃完早餐，接下来开始探勘周遭的环境；由于草棚刚好坐落在一处多沙的高地上，从那儿可以俯瞰干涸的和田河，牧人就在邻近河岸的地方掘井。

牧人们身上的衣服已磨损破旧，两脚用羊皮缝起来简单裹住；腰带里只携带够喝的茶叶。棚屋里的用具仅是两个粗糙的木制容器，容器和玉米放在草棚顶上，旁边还有一支原始的三弦吉他。牧人也有斧头，用来在行走林地间时开路前进，另外就是一支铁制的拨火棒，这棒子倒是很少用到，因为火苗趋子微弱时,他们只须把灰烬底下的煤炭再吹旺就可以了。

那天下午发生了一件很奇怪的事。当时牧人带着羊群在树林里吃草,我坐在地上遥望河床,忽然看见一个百头骡子组成的商队从南往北走,骡子背上驮负袋子,看样子他们是要从和田到阿克苏(Aksu)。我犹豫是否要赶过去求见领队,继而想到这样做不妥,也毫无用处,因为我口袋里连一个铜板也没有!照眼前的情形看来,我势必得留下来和这些牧人待一段时间,在他们的地方好好休息两天,然后步行到和田去。想着想着,我又躺在草棚屋顶下睡着了。

突然,我被喧闹的人声和马蹄声给吵醒。我坐了起来,看见三个头缠白色布巾的商人骑马走到草棚外头,他们下马走到我前面,谦卑地对我鞠躬;原来是收容我的两个牧人引他们前来,现在正站在一旁抓着马缰。

商人席地而坐,告诉我昨天他们在从阿克苏到和田的路上,骑马行经河床,当他们经过河床左岸的林地小丘时,看见一个已经奄奄一息的男子倒在丘地下坡,旁边有一峰白色的骆驼正在树林里吃草。

好心的商人便停下来,问他需要什么帮助,那个人低语呢喃:"水,水。"于是商人派遣仆人到最近的水池边汲了一罐水给他——很可能就是救了我一命的那个水池。之后,他们又喂了这名男子一些面包和干果。

我一听就知道那个垂死的男子正是伊斯兰,他把我们旅行的故事向商人描述，虽然他认为我肯定早就一命呜呼了，但还是要求商人协助寻找我的下落。带头的商人表示愿意让出一匹马给我，希望我和他们一起前往和田休养。

可是我一点也不想那么做！他们为我带来的消息使情况整个改观，原本意志消沉的我再度振作起来。也许我们可以回到死亡营地去，寻找那些被留下的人是否还活着；也许我们可以找回行李，重新集结一支新的旅队，幸运的话，我遗失的钱说不定也可以找回来。我感觉前途倏忽又变得明亮起来。

那三个商人与我道别，继续他们的旅程，行前他们借给我十八个小银币，大约值八先令，此外还送了我一袋白面包。

牧人明白我先前所说的都是实情后，个个显得十分困窘。

暌违了！伙伴们

五月十日我睡了一整天，觉得自己好像是刚生完一场大病、正在休养的病人。天方破晓之际，我听到一阵骆驼的嘶鸣声，走出棚外一看，是一位牧人牵着一峰白骆驼，摇摇晃晃跟在后面的正是伊斯兰和卡辛！

伊斯兰整个人扑到我脚边，激动地哭泣，他以为我们永远不可能再相见了。

当我们围坐在营火旁享用羊奶和面包时，伊斯兰开始描述他的惊险遭遇。五月一日晚上，他休息了几个小时之后，就带着仅剩的四峰骆驼追寻我们留在沙地上的足迹往下走；五月三日晚上他见到了我们的营火，心里受到莫大的鼓舞，他奋力走到三棵胡杨树下，靠着敲打树干吸吮树的汁液维持生命。由于有两峰骆驼已经垂垂死矣，他便在胡杨树下解开它们驮载的物品。五月五日，小狗尤达西因为口渴失去了性命；两天之后，两峰垂死的骆驼颓然倒地，其中一峰一路上都驮着我们的测高仪器和其他重要物品。剩下的两峰骆驼有一峰挣脱缰绳，径自跑进树林里吃草，伊斯兰则领着"白雪"走向河边。他在五月八日早晨抵达和田河，没想到河床竟然是干的，伊斯兰绝望地倒在那里等死。过了几个小时，先前的三位商人正好路过，喂他喝了水，后来他们也发现了卡辛；现在两个人都安全来到了这里。

我在"白雪"驮运的背包里发现了我的日记本和地图，还有中国银子、两把步枪，以及少量的烟草；这下子，我摇身一变又成了相当富有的人，只是测高仪器和许多不可或缺的东西都不见了。

我们向帕西买了一只羊，那天晚上，大家围坐在营火旁兴致十分高昂。我的脉搏现在已经跳升到六十下，而在接下来的几天，我的身体状况已经慢慢恢复正常。

第二天，牧人把营地迁移到更好的牧场；伊斯兰和卡辛则利用原来的地方为我建了一座很好的凉亭，位置就在两棵胡杨树中间。我的床是破损的毡垫，我把中国银子藏在一只袋子里充当枕头。白色的骆驼在树林里吃草，它是我们那群矫健的骆驼中唯一的幸存者，牧人每天三餐都会给我们羊奶和面包，确实没有什么好抱怨的，只是我的思绪有时候会转到漂流荒岛的鲁宾逊身上。

五月十二日，我们看见一支从阿克苏来的商队，他们走在河床上朝南走，商队的主人是押队的四个商人。伊斯兰把他们带到凉亭来，经过一番交易之后，我们的情况有

猎人默尔根

了更好的转变；我们买了三匹马，代价是七百五十坦吉（一坦吉等于五便士），另外买了三个驮鞍、一个座鞍、马勒衔、一袋玉米、一袋面粉、茶叶、水壶、碗，还为在沙漠里丢失靴子的伊斯兰买了双新靴子。现在我们是万事具备，想上哪儿随时都可以动身。

两个年轻的猎鹿人前来拜访我们，他们猎鹿是为了取得鹿角，也就是中国人拿来作药材的鹿茸。他们送给我一只刚宰杀的鹿；第二天，他们的父亲默尔根也来到我们的营地，我安排由伊斯兰、卡辛和这三名猎人一起合作，目标是寻找驮载仪器的骆驼，找回丢弃在胡杨树下的东西，可能的话，希望能回到死亡营地去看看。

他们带着白骆驼和三匹马上路了，我又是独自一人和牧人相处。

第二十二章 现代鲁宾逊

对西藏魂牵梦萦

接下来这段时间正考验着我的耐心。我在寻回的日记本上写下最近的冒险历程，其他时间则躺在凉亭里阅读；原先的物品中只有一本书被保留下来，不过它是可以一读再读的书，那就是《圣经》。牧人现在已经变成我的朋友，他们非常关心我的生活是否过得舒适，因此天气虽然燠热，我却享受到良好的遮阴；尤其在微风轻轻吹拂过胡杨木时，更加凉爽宜人。有一天，几位路过的商人卖给我一大袋葡萄干；还有一次当我正陶醉梦乡时，一只黄色的大蝎子爬过毡垫，硬是惊醒了我的好梦。我魂牵梦萦的尽是西藏。只要等到伊斯兰他们带着仪器回来，我们就可以马上动身，取道和田前往西藏。我的体力已完全恢复，并且在树林里休养生息，独处的这段日子也过得相当愉快。

营救小队在五月二十一日回来，伊斯兰遗落在三株胡杨树下的东西都找到了，但骆驼的尸体已经腐烂散发着令人难以忍受的恶臭。至于驮载沸点温度计、三支晴雨气压计和一把瑞典陆军手枪等物品的骆驼"单峰"，却消失不知踪影。

缺少测量高度的仪器，要去西藏简直难如登天。新的装备必须从欧洲采购送来，因此我不得不返回喀什。我们付出一笔优渥的报酬答谢牧人的照顾，然后向他们挥手告别。我们骑马到达阿克苏，抵达时间是六月二十一日；我派遣一名信差骑士到离俄国边界最近的电报站去,得知新装备必须花三四个月才能抵达喀什。这么长的等待时间,我可以做什么呢?当然是再一次前往帕米尔高原探险了!我从彼得罗夫斯基领事和马继业先生那儿借到必要的仪器用品。

有一天,我去拜访道台,想与他聚餐叙叙旧。我一走进他的衙门,他指指桌上一支左轮手枪问我:"你认得它吗?"

那不正是我的瑞典陆军手枪吗,本来是和测高仪器放在同一个包裹里的!

我惊讶地问他:"你从哪里弄来的?"

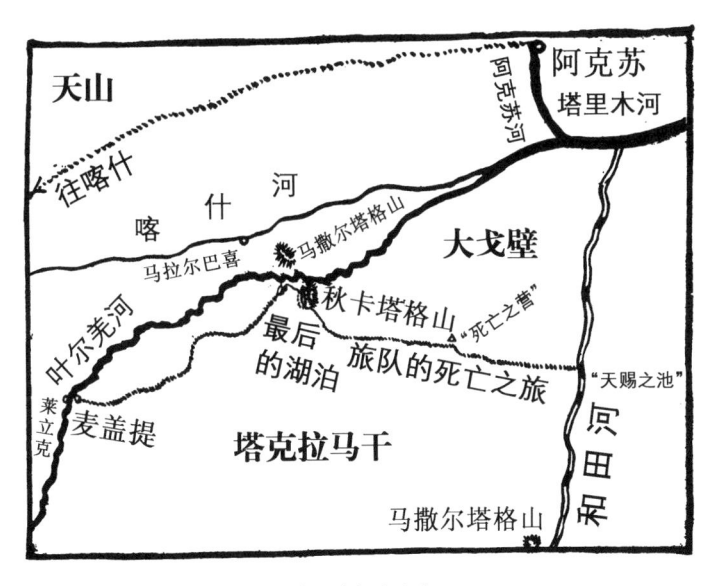

旅队的行进路线

他说:"在和田河南边一个叫塔维克凯尔的村子,一个农人把它配在身上。"

"那么,那峰骆驼所驮运的其他东西又到哪里去了?"

"没有发现。不过我已经派人在整条和田河沿线仔细搜寻,阁下不必担心。"

显然这桩事件上有小偷也有叛徒参与。这些科学仪器能够带给质朴的百姓什么样的满足?事实上,这些东西对他们而言根本毫无用处,对我却是意义重大!我情愿送十峰骆驼来交换他们手里的仪器。

关于左轮手枪的发现过程又是另一个故事,但我必须留待后面的章节才能详述。

眼前,命运之神正将我带回帕米尔高原!

第二十三章
二度挑战帕米尔高原

我忠实的仆人卡辛被俄国领事馆任命为守卫,因此一八九五年六月十日我离开喀什时,只带了伊斯兰和另两名手下随行,还有六匹马。

出发后第二天,我们来到一个相当大的村落乌帕尔(Upal),它就处在一个深邃的峡谷中,松软的土壤受到严重冲蚀。那天下午唏里哗啦下了一场大雨,雨势之大前所未见;日落前一个小时,我们听到一声天崩地裂般的巨响,空洞却拥有令人震慑的力道,而且巨响逐渐逼近我们。不过几分钟光景,河床已经变成一道汹涌的激流,迅速泛滥冲上堤岸,淹没了村落里的大片土地。声势惊人的河水所到之处挟带强大的破坏力,泡沫滚滚、沸沸扬扬的泥浆卷走任何阻挡的东西。在泥水压境的重量下,大地为之震动,漩涡四溅宛如褐色水波上的雾气。转眼间,渡桥被洪水整个冲走,好似它的桥墩和桥板是干草扎成的;而漂浮在水面上的东西有连根拔起的树木、推车、家居用品;田里的干草堆随着起伏的波涛狂舞。眼看着洪水冲毁脆弱的泥土屋舍，惊惶的村民尖叫着四处逃窜；做母亲的背起婴儿涉过及腰的水流逃难，其他的人则设法抢救棚屋内被涌进的泥水浸湿的家具。成列的杨柳和胡杨树无不折弯了腰，而在一个毫无遮挡物可当屏障的地方，共有十五间房屋被洪水冲走。眼看一处种甜瓜的田圃很快就要遭水淹没，村民赶紧抱起就要成熟的甜瓜，搬到安全的地方。至于我自己的处境也是千钧一发，因为旅队差一点被水吞没，幸好洪水暴发时我们离河岸还有一段距离。随着昏黄的天色逐渐降临，肆虐的洪水也迅速消退，到第二天早晨，河床又变得空荡荡的了。

二度挑战帕米尔高原

现在我们要再次攀登帕米尔绵延的山脉，这次我们攻顶的对象是标高一万六千九百英尺的乌鲁嘎特隘口，此处一年当中有十个月被皑皑白雪所封冻。

当我们抵达乌鲁嘎特的帐篷村歇脚时，正值漩涡状的大雪漫天纷飞。村里的吉尔吉斯人认为我们这趟路困难重重，不过他们的族长还是带了十个人来协助我们，将我们所有的行李运过隘口最难走的山脊地带，我付给他们相当于三十先令的酬劳。

出发当天，我们大清早就上路，穿过狭仄的河谷，走了好几百个之字形的弯道，爬上险峻陡峭的山坡。河谷两侧尽是巨大陡直的山脉，处处可见向山下流泻的冰河。这里的积雪大约有一英尺深，吉尔吉斯人背上绑着我们的行李，大伙儿来到山口的起点，开始缓慢而艰难地往上攀爬。在隘口的鞍形山脊地带竖立着一堆石头，上面插了棍子和布条，吉尔吉斯人匍匐在石头前祷告。

假如说上坡的路陡峭难行，那么下坡路更是惊险万状；被积雪覆盖的隧道状似

一对吉尔吉斯母子

螺旋锥，有些地方向下几乎是呈垂直角度，两边则是突出的岩石。我们用冰斧凿进山脊的结冰表层，然后用绳索慢慢把行李箱往下放；每匹马由两个人协助牵引，不幸的是，我在和田的牧人营地买来的其中一匹马失足跌下陡坡，当场毙命。为安全起见，我们自己都是手脚并用地滑下山脊。

大伙跨越熟悉的区域向南前进，上溯红其拉甫河，抵达兴都库什山脉，从那里穿过四个峭险隘口——我终于站在这里亲眼眺望康居山①；我曾经要求英国当局准许我前往，但是得到的答复是："这条路不对旅客开放。"

---

① 喀喇昆仑山脉中的一座山，位于今巴基斯坦所控制的克什米尔区域。

我们继续前往瓦克吉尔隘口，这里的河水流向三个不同的方向，分别汇入阿姆河和咸海的喷赤河、叶尔羌河和罗布泊的塔格敦巴什河①，还有这处隘口南麓发源的一些河流，最后注入印度河②和印度洋。

到了察克马卡丹湖，我得知英俄边界委员会目前正在东北方离此地需要一天行程的美曼优里区，他们的工作在于划定北边俄国领土和南边英国领土间的疆界，亦即理清从维多利亚湖③到中属帕米尔之间领土的归属权问题。我决定造访委员会的营地，于是事先派遣一位吉尔吉斯人送信给英国的杰拉德将军和俄国的帕伐洛许维科夫斯基将军，一天之后，我收到双方热忱邀访的回函。

严守中立态度

八月十九日，我骑马带领一支小形的旅队，想在英、俄两国营地间的中立地带扎营，既然同时身为两方的客人，就必须严守中立的分际。不过我认为应该先去拜访帕伐洛许维科夫斯基将军，因为他曾经在马其兰奉我为上宾，然而在抵达他的吉

---

① 原意为"世界屋脊之河"。
② 喜马拉雅山冰川消融后，从西藏西北流入克什米尔和印度的河流，经由巴基斯坦注入阿拉伯海，全长两千七百三十六公里。
③ 为英国人的称呼，又作 Zokul Lake，是阿富汗名字，位于今阿富汗东北与塔吉克斯坦边境地带的帕米尔高原上，标高四千零八十四英尺。

尔吉斯大帐篷前,我得先经过英国军官的帐篷;突然,老友马继业先生从一顶帐篷里跑了出来,手里拿着杰拉德将军邀请我当天晚上赴宴的请帖,搞得我站在两方阵营之间,不晓得该怎样维持中立的态度。所幸我和帕伐洛维科夫斯基将军相当熟识,便恳请他容许我第二天拜访杰拉德将军;在这段拜会的时期内,我每天轮流造访英、俄两方的营地。

在荒凉的帕米尔高原上,我们的营地得天独厚,盘踞景观最为诗情画意的地点;野生的绵羊从积雪的山头上俯瞰河谷里各种族刻板无聊的生活,它们对政治疆界一点兴趣都没有。英方拥有六十顶印度式陆军帐篷;俄方则搭建十二座吉尔吉斯人的大型毛毡帐篷,有些帐篷覆盖白色毛毯和色彩缤纷的彩带,十分耀眼醒目。驻扎此地的种族包括哥萨克人、廓尔喀人、阿夫里迪人①、印度人、康居人等,每逢用餐时间,乐队便演奏出自英国与俄国作曲家的音乐。

在英国代表的阵营中有

英国军队中的阿富汗军官

---

① 分布在印度与巴基斯坦的一支骁勇善战的民族。

第二十三章 二度挑战帕米尔高原

许多杰出人物,第一个正是该营首领杰拉德将军,他是印度最勇猛的猎虎英雄,曾经亲手射杀两百一十六头老虎,打破所有的纪录。第二位出色人物是上校霍尔迪奇勋爵,他是当代研究亚洲地理的权威之一;还有一位是麦克斯威尼上尉,他给了我永志难忘的友谊,几年之后我们有缘相逢,当时他在印度安巴拉服役,不久便与世长辞了。至于俄国阵营方面,地形测量员班德斯基也相当杰出,他曾出使阿富汗,在喀布尔觐见过酋长希尔·阿里汗[①]。阿富汗现任酋长阿布杜尔·拉赫曼汗也派遣代表参与边界委员会,这位名为吴拉姆的代表沉默寡言,是个仪表威严的阿富汗老者。

至于我自己嘛,经过沙漠的一番跋涉之后,美曼优里区的所有欢宴与聚会全都让我有重新活过来的感觉,毕竟在这伙热情好客的军官营地里,绝对不用担心会渴死。我们聚集在俄军营区的大型赌场中,帐篷外站着手持石油火把的哥萨克士兵守卫;而当我们到英军营地做客吃饭时,席间乐队演奏悠扬的音乐,寂静的群山和着旋律发出悦耳的共鸣。

官兵娱乐的方法还包括在营帐前举办田径活动,譬如哥萨克人和阿夫里迪人比赛拔河,双方各派八个人,结果哥萨克人赢了;在赛马项目上,哥萨克人超前印度人两分钟,又是赢家;

[①] 希尔·阿里汗(1825—1879),曾试图在英、俄强权间保持中立,但是英国人认为他屈服于俄国势力,因而引发第二次阿富汗战争,英军乘隙入侵阿富汗,在逃亡土耳其斯坦的途中去世。

可是在砍树比赛和马上刺术的比赛项目上，印度人则报了一箭之仇。其中有一个项目十分逗趣，不管是欧洲人或亚洲人，全都看得笑翻了；那是由不同国籍组成团队的竞走比赛，参赛者双脚套在一只布袋里，布袋绑在腰间，不但要比赛谁跑得快，中途还要跨过一条带子。至于骆驼和牦牛的竞赛就更滑稽了。不过，最刺激的压轴好戏是：由两队吉尔吉斯骑兵面对面站在两侧，每队各有二十人，两队距离两百二十码。一声令下，只见两队英勇的骑兵全速狂奔向前，他们在中点线全部混撞成一团，许多人直接一头栽到地上，有的撞得鼻青脸肿，被马儿拖在地上跑，只有少数几个人在这样的冲锋陷阵里全身而退。

就在这同时，边界线也达成了协议，划好的疆界上沿线竖立标记用的角锥，委员会终于大功告成。最后一个晚上，英方举办了一场盛大的饯别酒宴，印度士兵围绕着旺盛的营火跳起他们的民族舞蹈"剑舞"，散场后宾客由四方各自散去，顿时这个区域又回到原来的静谧。在所有的人都离开之后，一场暴风雪随即侵袭整个河谷。

湍流中渡河，险象环生

我和旅队返回喀什，沿途必须翻越四座高山，不过最惊险的部分就属在通村（Tong）横渡叶尔羌河这段，河谷狭窄深邃，河流气势雄浑壮阔；汹涌翻滚的河水在陡峭的崖壁间以惊人的声势往下流泻。通村的哈桑长老准备护送我们渡河，他派遣六位打赤膊的塔吉克人（他们是伊朗后裔）来帮忙，他们把充了气的羊皮绑在胸口上。渡河的皮筏是一个担架固定在十二只充气羊皮上做成的；他们跳进河里，用这艘皮筏接驳我们绑成四串的行李。接着他们把马匹套上颈轭，系在皮筏上，然后由水里的一个人伸出手臂揽住马脖子，引导马儿渡河。可是在渡河的过程中，激流把皮筏冲到一英里以外的下游，他们费了九牛二虎之力才抢在强势的湍流之前，把皮筏送到对岸去，否则皮筏就会被湍流摔在突出的岩石上而四分五裂。

我坐在皮筏中央的箱子里渡河，这种奇怪的发明在激流里疯狂地摇晃，迅速飞过眼帘的对岸悬崖，像是在与湍急的河流赛跑。皮筏上下颠簸，左右冲撞，我被这疯狂的舞动弄得头晕目眩；激流的怒吼与力量不断增强，皮筏被紧紧吸住，毫无抵抗力地冲向滚滚泡沫中，下一刻，我们可能就会被狠狠掼在悬崖上粉身碎骨。还好擅长游泳的塔吉克人经验老到，他们对于渡河信心十足，在一个眼看已经逃不过的危险地点，他们硬是把皮筏推进一块突出的岩石底部的逆流中，我们才得以安全抵达彼岸，而且毫发无伤。

第二十四章
两千年的沙漠古城

　　由于一场高烧，迫使我在喀什停留很长一段时间，这期间，新的仪器装备从欧洲运到。一八九五年十二月十四日，我们这支小规模旅队再度出发，成员包括伊斯兰和另外三名手下，加上九匹马。从喀什到和田有三百六十英里的路程，对于这段路程我们已经是经验十足，相信这一次什么样的困难都阻止不了我们。我们将途经中国新疆最大的城市叶尔羌，该城市拥有十五万人口，其中百分之七十五的居民都长了一种奇怪的肿瘤，叫作"博噶克"，肿瘤长在脖子上，经常增生到如头部大小。

　　我在叶城①欢度圣诞夜，过了这个城镇，地表变得十分贫瘠，不过古代的商旅路线至今仍然标示清晰，沿线有低矮的泥台引路。有几个晚上，我们在大型商旅客栈过夜，这些客栈的饮用水全是由深井里打来的，其中一口井深达一百二十六英尺。

　　沿途有个景点叫"吾王之沙漠皇宫"，成千上万只圣鸽在

---

① 位于中国新疆西南的城镇，在喀什东南方。

这里展翅飞翔，空中充斥着它们咕咕的鸣叫和挥动翅膀的扑哧声。每一个旅人都必须带玉米喂食鸽子，我们带来了一整袋玉米，目的就是为了让鸽子饱餐一顿；我站在地上喂食美丽的蓝灰色鸽子，一大群争食的鸽子把我团团围住，它们停在我的肩上、帽子上与手臂上，一点也不怕生。象征奉献的竿子上高挂着布条，用意是吓走试图猎食鸽子的猛禽，不过在目睹聚集现场的虔诚民众之后，我相信任何想要猎捕鸽子的鸷鹰恐怕会因此赔上性命。

我们在一月五日抵达和田，中国人几千年前就对这地方耳熟能详，古代梵语称它为"库斯塔那"，欧洲人则是经由马可·波罗的游记而对它有所认识。公元四〇〇年，中国东晋时的名僧法显曾形容和田是个瑰丽不凡的城市，也是佛教信仰的重镇。

沙漠下的神秘古国

有一则源自公元六百三十二年的传说，述说沙漠里有一座被掩埋的古城。据传说和田西边一个叫琵玛（Pima）的村子曾经有释迦牟尼显灵，神迹显灵的地方是一块二十英尺高、闪烁着光芒的檀香木。之前，这块檀香木原属于北方的另一个城镇，有一天，城里来了一位智者向释迦牟尼像膜拜，城里的居民却对他十分粗暴。他们把智者抓起来，将他整个人埋进土里，只剩一颗头露在外面，有个虔诚的佛教徒偷偷拿食物给他吃，最后将他救了起来。智者在仓皇逃走之前对他的救命恩人说："七天之内，这个城会被天上落下来的沙子所掩埋，届时唯有你一人能够得救。"这位虔诚的信徒连忙跑去警告城里的居民，可是人人都笑他痴人说梦，他只好自己找一个山洞躲起来。到了第七天，天上果然下起一阵沙雨，将整座城市深埋在底下，所有的人都窒息而死。那位虔诚的佛教徒爬出山洞后，直接来到琵玛村，他前脚刚到琵玛村，神圣的释迦牟尼像便从空中翩然而降，选择琵玛村为新的圣地，取代先前被沙子掩埋的城镇。

同一时期——唐朝时代——有个中国旅人也曾经描写过和田北部的沙漠地区："那里无水无草，只有焚风不时刮起，人、马和走兽都为之窒息，有时还因此生病。旅人行经此地都会听见尖拔的哨音或狂嚣怒吼，循声追踪却又一无所获，使得旅人涌起莫名的恐惧。此地恶灵出没，旅人迷失迭有所闻。再行四百里路即到达古国吐谷浑（Tu-ho-lo）；很久以前这个国家就已经变成了沙漠，所有城镇皆化为废墟，到处被丛生的野草所盘踞。"

尽管去年春天我在沙漠里有过悲惨的经历，却依然受到这个沙粒下的神秘古国的深深吸引，无法自拔！和田城周围的绿洲居民也对我述说过那些被埋没的城镇，有两个人甚至自告奋勇要带我前往某个古城，条件是我必须付给他们优厚的酬劳。

我在和田以及古老村落博拉珊（Borasan）向当地居民买了

第二十四章　两千年的沙漠古城　　261

一些古董遗物，如赤陶做成的小东西，造型有：双峰骆驼、弹吉他的猴子、印度的狮身鹫头像，还有希腊糅合印度风格的装饰性瓶罐和碗皿、释迦牟尼像，以及其他的东西。我的收藏品高达五百二十三件，这还不包括一些古老的手稿和一大堆钱币。此外，我也买到一些基督教金币、一支十字架。还有一个描绘"圣安德烈亚·阿韦林"在十字架前祷告的勋章，反面是圣艾琳①头上戴着光环的肖像。马可·波罗的游记提到，一二七五年，同属基督教的景教（Nestorian）和雅各教派（Jacobite）在和田城都有自己的教堂。

和田的地方官是刘大人，他是个慈祥和蔼的中国长者，对于我所有的计划和采购无不鼎力协助，也没有阻止我去参观一处旧河道——即发现软玉的地方。中国人在那里找到美丽的玉石，是他们最钟爱的宝石；这种玉石的形状像肾脏，多半混在河床的圆石当中，颜色绝大多数为绿色，如果是黄玉或莹白中带棕点的玉石，将会被视为最稀有的珍宝。

一月十四日，我再度整队准备出发。这次旅队的规模比以前更袖珍，我只带了四个手下、三峰骆驼和两头驴子；规划的旅程相当短，只是去寻访我听说的沙下城镇，因此只携带几星期的粮食，而把沉重的行李、大部分的钱、中国护照、帐篷等东西全部留在和田一位商人家里。尽管夜里气温可能会降到零

---

① 东罗马帝国的摄政王。

下二十一摄氏度，我和我的手下还是想睡在露天的星空下。

事实上，情况并未如我们的预期，等我们再回到和田已经是四个半月以后的事了，而且有部分行程竟变成名副其实的"鲁宾逊漂流记"。当我向刘大人告辞时，他觉得我的旅队规模实在太小了，便想送我两峰骆驼，不过被我婉拒了。

与我同行的四个手下是伊斯兰、克里姆、猎人默尔根和他的儿子卡西姆；去年，我们在沙漠遇难获救之后，默尔根和他的两名儿子曾经帮助伊斯兰找回我们失落的东西。除了他们以外，还有两个答应带领我们找到古城的男子同行。

我们沿着和田河上游东方的支流玉龙喀什河①前进，抵达塔维克凯尔村，也就是我那把瑞典陆军左轮手枪被发现的地点。我们试图搜寻先前遗失的其他装备，却没有任何收获；实际上，除了照相机，我已经把所有遗失的装备都补充齐全，因此我们并没有特别积极地去寻找失落的东西。

一月十九日我们离开河岸，又一次缓缓推进噬人的沙漠中，不过这时是冬天，装在四只充气羊皮里的饮水都已结成冰块。在扎营的地方，往下挖掘五英尺到七英尺就可以找到水源；如果我们继续往东，就能碰到流向朝北、与和田河平行的克里雅河②。

这里的沙丘较为平缓，不像去年我们走过的沙漠地带那么

---

① 汉语为"白玉川"。
② 位于新疆西南方，起源自藏北高原，向北流入塔克拉玛干沙漠。

高耸，丘顶的棱线大约只有三十五英尺到四十英尺高。

第四天，我们选在一处凹地扎营，附近干枯的树林提供不虞匮乏的燃料。翌日，我们前往古城遗址，带队的向导称这古城为"塔克拉玛干城"，或是"丹登尤里克"，意思是"象牙屋"。古城的大部分屋宇被埋在沙里，偶尔可在沙丘上见到破沙而出的柱子和木墙；在一堵约有三英尺高的木墙上，我们发现好几个用石膏塑成颇富艺术性的人物像，包括释迦牟尼和佛教诸神，这些人物或站立，或盘坐莲花座上，全着上宽松的袈裟，头顶环绕着焰火光环。我将这些发现和其他遗物小心翼翼地包裹起来，装进我的箱子里，而关于古城的地点、被沙子淹没的运河、干枯的胡杨树大道，以及荒凉的杏树果园，我都不惮其烦，详尽地记录在日记里。由于我所带的配备不足以将所有东西装载运走，况且我也不是考古学家，还是把科学研究留给专家吧；几年之后，他们也会来到此地，用铲子在松软的沙地上探索遗迹。能有这次重要的发现，以及在沙漠核心为考古学开创一处新领域，对我来说于愿足矣。在去年追寻消逝文明的努力化为泡影之后，现在我终于觉得辛苦有了代价，信心大受激励。有关于中国古代地理的撰述，和至今仍在沙漠边缘的住民之间口耳相传的故事，如今都得到了证实。根据这次的探索成果，数年后我们又有类似的后续发现。而我个人对这项破天荒的发现，欢欣之情自不待言；当时我把这份雀跃的心情记录在我的笔记上：

未曾有探险家探悉这座古城的存在，现在我就像个被咒语禁锢的王子，在此城市沉睡了一千年之后，悠然醒来面对新的生命。

我利用接连发生几次的沙暴期间，测量沙丘移动的速度，再根据测量数据和暴风行进的路线为指标，估算出沙漠花了两千年的时间，才从当年古城所在的位置延伸到目前沙漠南方的边界；往后的发现证明我的推测正确，显示古城的历史约为两千年。

两位向导收下他们应得的报酬，便依循我们来时的足迹回家了。隔天早晨，我们继续深入这片亘古不衰的沙漠。

如迷宫的沙海

空气里布满极细微的尘埃，在尘雾最浓密的时候，我们甚至连太阳的方位都搞不清楚。沙丘的高度渐次提升，我们攀上一座高一百二十英尺的沙浪顶端，怀疑我们是否又要重蹈去年的惨况，碰上杀人如麻的迷宫。由于尘雾的阻挡，我们根本辨识不出东方的任何东西，眼前好似拉起窗帘一般，感觉正一步一步朝向未知的深渊。尽管如此，我们仍然奋力往前走，一路上平安无事。沙丘随着前进的步伐愈来愈低矮，最后终于与平坦的沙地融合为一。当天晚上，我们在克里雅河畔的树林里扎营，宽一百零五英尺的河面现在被厚厚的冰层覆盖住；骆驼尽情地吃草和喝水，补充沙漠之旅所消耗的体力。四下杳无人烟，唯有一顶被牧人遗弃的草棚。我们捡拾木材升起旺盛的营火，彻夜火焰炽烈，冬天的寒意伤害不了我们，再没有任何事比躺在穹天之下睡觉更令人快意满足了。

以前从来没有欧洲人沿着克里雅河走到沙漠的尽头，因此，也没有人知道河水挣扎地流经无垠的沙丘之后，最后一滴水究竟消失在何处，因而我决定顺着克里雅河往下游走，直到河流的尽头为止。由于有河流的引导，我们可以不需要其他帮手。沿途完全看不到牧人的踪迹，我们只好宰杀最后一只绵羊，还好荒地上有许多野兔、獐子和红鹿，所以不用担心会挨饿。有时候，我们会惊扰到河岸上成群的野猪，它们嚎叫着飞奔逃进浓密的草丛和芦苇里；有时候，我们的脚步也会惊动狐狸，受惊的狐狸像箭一般蹿起，灵活的身形矫捷地钻进林木茂密的深谷。

年纪较长的猎人默尔根有一次跑进树林里走动，回来时带了一个牧人，这个牧人告诉默尔根他原以为我们是强盗，料想自己的小命即将不保。那天我们在他用芦苇搭建的草棚边扎营，我在日记里一字不漏地记下他和他妻子提供给我的讯息。

"你叫什么名字？"我问他。

"哈桑和侯赛因。"他回答。

"怎么？你有两个名字吗？"

"对，不过哈桑其实是我孪生兄弟的名字，他住在克里雅。"

我们穿越河边的树林往北走，沿途不时遇到牧人，为了搜集不同林区和牧人姓名的资料，我们总是会带一两个牧人同行。就这样我们一天比一天更深入北方，结冰的河流伸入沙漠的距离远超过我们的预期；我丈量河面的宽度，发现居然超过三百英尺。越往下游走，克里雅河豁然开展，流经蓊郁的林木时浩浩荡荡。每天早上我们都会面临崭新的激动与兴奋，到底还要走多少路，河流才会与周遭的沙子合而为一？事实上，有些地方沙子已经逼近河水了。此时在我心中已经酝酿出穿越沙漠、直上塔里木河的危险计划，因为我想，如果塔里木河流泻得够远，那么它肯定是沙漠的北方界限。

不知有"魏晋"的老人！

靠近通库兹巴斯泰（原意为"吊野猪"）时，有个牧人告诉我，往沙漠的西北边走很快就能发现古城喀拉墩（原意为"黑色山丘"）。

于是二月二日、二月三日两天，我们全埋首于寻找喀拉墩古城的热潮里。我们也在这儿发现掩埋在沙里的屋舍，最大的房屋长两百八十英尺、宽两百五十英尺；此外，还有许多手工雕琢的建筑结构遗迹，时间可追溯到释迦牟尼的教义风行于亚洲内陆的时期。我仔细记下这个城镇的地点所在,以确保未来考古学家可以找得到。

我们的行程持续前进,穿过树林和芦苇丛,河流到这儿有分成好几条支流的趋势,因此形成一些内陆三角洲。二月五日,我们遇到四个牧人,他们负责看管八百只绵羊和六头乳牛。过了两天,住在林地的一个老人穆罕默德告诉我们,克里雅河的终点距离此地只有一天半的行程。老人住的地方遗世独立,因此他根本不清楚现在统治这里的究竟是阿古柏还是中国皇帝。他还告诉我,过去三年来都没有见到老虎的踪迹,他最后一次见到是老虎正以爪子攻击他的一头乳牛,之后老虎朝北方跑走,后来又转了回来;这只老虎最后应该是横越沙漠往东方去了。

我问他:"从河流的终点算起,沙漠还要往北延伸到多远?"

老人回答:"直到世界的尽头。要到那里得花上三个月的时间。"

第二十五章
野骆驼的乐园

二月八日，在我们扎营的地点河流宽度仅剩下不到五十英尺，截至下一个营区，冰冻的河面更是缩减到十五英尺宽。这里的树林仍然十分茂盛，芦苇丛也浓密得难以穿越，因此我们只好绕路而行，或是用斧头劈出一条小径来；有些野猪穿梭在纠结的芦苇丛里竟然形成了垂直的隧道。

我永远忘不了看见薄冰层像剑簇般在沙丘下戛然而止所感受到的震撼！

我们穿过一座真正的莽林，又走了一天之后，再次清楚地看到河床；我们在凹陷最深的地方往下挖，果然成功找到了水源。放眼四方，周遭尽是拔地而起的黄色沙丘。

珍奇动物野骆驼

我曾在二月一日听牧人说过野骆驼的事，它们主要生长在河流三角洲的沙地上；想到可以一睹这种奇妙的动物，我的兴奋之情实在难以压抑，因为从来没有欧洲人知道，在大沙漠的一隅竟然存在如此奇妙的动物。一八七七年，俄国军人兼探险家普热瓦利斯基带了一张野骆驼的毛皮回到圣彼得堡，向世人证实这种高贵的动物来自罗布沙漠，也就是我们目前位置的极东方。后来，皮耶弗佐夫将军和麾下军官，以及利特代尔先生都曾经射猎到几峰野骆驼，同样也把它们带回家。根据牧人的描述，野骆驼都是小群体活动，它们往往避开树林和地上的矮树丛，只徜徉于宽广的原野上；野骆驼在冬天从不喝水，唯有当夏季水位高涨、漫流到北方的沙漠深处时，它们才会喝水。野骆驼常遭到猎鹿人射杀，这种说法从很多方面可以获得证实，例如，好些牧人的脚上都穿着野骆驼皮制成的鞋子，而且是直接取下它们的足部——鞋子上清晰可见角质趾甲、脚底肉趾和一切特征。

还有一位牧人告诉我们，上帝曾派遣一个神仙假扮成托钵僧来到人间，吩咐他去向亚伯拉罕族长索讨一群家畜，亚伯拉罕慷慨应允托钵僧的要求，但他自己却因此变成穷人。上帝于是命令托钵僧把所有的家畜还给亚伯拉罕，但是亚伯拉罕拒绝收回他刚送出去的动物，这一来激怒了上帝，他斥令这群家畜在大地上流浪，永远无家可归，任何人都可以随意宰杀这些动物。此后，绵羊、山羊、牦牛、马儿都变成野生动物，连骆驼也一样沦落野生的命运。

山中老人穆罕默德有一把只有一百五十英尺射程的枪，一年内射倒了三峰野骆驼。他说野骆驼特别害怕营火冒出来的烟雾，因此只要闻到木头燃烧的气味，它们马上就往沙漠里逃窜。

我不是个猎人，一辈子都不是，这并非出自佛教禁止杀生的戒律。明知道无法重新点燃一息火苗，我绝对不会去吹熄它，尤其是像野骆驼如此尊贵的动物，我又如何忍心痛下杀手，更何况它们才是这片沙漠的主人，我充其量不过是个入侵者。另一方面，我在旅途中经常带猎人同行，不只是为了确保粮食无虞，同时也为了替科学作标本收集。伊斯兰使用伯丹步枪相当熟练，至于默尔根和他儿子卡西姆，更是技艺出众的猎人。我的四个手下都没有见过野骆驼，对我而言，亲眼目睹矫健的野骆驼气势雄浑地奔跑在沙漠上，一直是我长久以来的梦想。

大家的情绪越来越紧绷，二月十一日，我们穿越逐渐升高的沙丘向北方前进时，发现河床越来越不明显，胡杨树也偶尔才见得到，而且大部分已枯死，树干萎缩，像玻璃一样脆弱易碎。沙漠延伸到塔里木河的直线距离长达一百五十英里，比起去年我们旅队从四月二十三日到五月十五日之间走过的距离还远，而此刻，我们所能携带的饮水只有四只充气羊皮的量！这的确是大胆的冒险，不过冬天的寒冷气候对我们有利。我们能成功吗？前面等着我们的会是一场灾难吗？当眼前的沙丘愈形高耸，植物反而渐次消失，而弥漫在我们之间的紧张气氛令人窒息，那不是很诡异吗？

第二十五章　野骆驼的乐园

惨遭猎杀的厄运

二月九日，我们看到一撮浅红棕色驼毛卡在一枝柽柳的针叶上，那是我们首次发现野骆驼的踪迹。第二天我们见到许多新的骆驼足迹，朝四面八方分散；二月十一日，我们严密侦查可能的线索，猎人卡西姆扛着他的古老燧发枪一马当先。

突然，卡西姆像被雷电击中似的停在原地，他比划手势要我们也停下脚步，然后他蹲下来在草丛间爬行，动作恰似一只豹子。我迅速赶上他，眼前正是一小群野骆驼，有人开了一枪，受到惊吓的骆驼瞪视我们所在的方向，旋即转身向右方逃逸，不过，它们的首领（一峰十二岁的公骆驼）只跑了几步就扑通

我们碰到的第一批野骆驼

一声倒在地上。

我们就在骆驼倒地的地点扎营,摔倒的沙漠之王堪称美丽的标本,它身长十英尺又十英寸,腹围七英尺。这天剩下来的时间,我们都忙着为那峰骆驼剥皮,之后我们用加热的沙子覆盖皮毛内层,借此减轻重量。

我们在一处凹地掘井,可是掘到十点五英尺的深度仍然一无所获,因此我们决定第二天留在原地不动,避免过于深入沙漠而危及回返的行程。

井越挖越深,挖到比十三点五英尺深一点的地方时,才看见细微的水渗流出来,我们用水桶一滴一滴地接,好不容易接满了一桶,赶快吊到地面上。我们先让骆驼和驴子喝饱肚子,再将充气山羊皮灌满水。

第二天我们朝一片不知名的沙漠前进。野骆驼的皮由一只驴子驮着,沿途河床依旧清晰可见,但是到了晚上,河床消失在移位的沙丘底下。现在沙丘的高度大约是二十五英尺。

正当我们离开时,看见一群野骆驼,共有六峰,一峰是年老的公骆驼,另外两峰是年轻的公骆驼,还有三峰母骆驼。伊斯兰开枪射死那峰老骆驼,我们将驼峰里的脂肪和一些肉割取下来,又把驼毛剪下来编成绳索;后来又碰到只有五个成员的野骆驼群,我还来不及阻止,伊斯兰已经开枪射杀一峰母骆驼,它中枪倒地的姿势好像正在休息一般,我们赶到它身边,我趁它还活着尽速画了几张素描。母骆驼的眼睛不看我们,而是绝

第二十五章 野骆驼的乐园

望地凝视这片即将永别的沙漠；临死之前，母骆驼张开嘴咬紧地上的沙子。我下令从此禁绝任何杀戮。

我惊讶地发现野骆驼竟然十分缺乏戒心。当我们站在逆风方向时，甚至可以靠近它们到两百英尺近的距离，它们瞪视着我们所在的方向，如果正躺在地上反刍，就会即刻站起身来。先前提到的第二群野骆驼即大约跑了五十步后停住，继而谨慎地观望我们的动作，而且重复两次这样的举动，似乎对我们充满好奇心，连逃命都忘记了。正因为如此，猎人才能在射程内不费吹灰之力射杀野骆驼。

旅队中三峰驯养的骆驼一看见这些野生的近亲，马上变得相当狂野躁动。现在正值它们的发情季节，只见它们低吟嘶鸣，用尾巴拍打背部，磨着牙齿，嘴里还流出片状的白色涎沫。当它们看见那峰垂死的母骆驼时显得十分激动，必须用绳子才拴得住。它们滚动眼珠子，热情地嘶吼，夜里我们必须将它们牢牢拴住，否则它们肯定全部追随沙漠里的亲族去了。

接下来的几天，我们又看到好几群野骆驼，也见到形单影只的骆驼；最后因为已经习惯了这些野兽，也就不再特别注意它们。我喜欢用望远镜追寻它们的一举一动，不管看几遍也不感到厌倦。骑在高高的驯养骆驼上，我能尽情饱览四方的景致，观赏野骆驼在沙地上悠闲奔驰，时而踢踏漫步，时而恣意狂奔；它们的驼峰比驯养的骆驼小而坚挺，驯养的骆驼因为经年驮载背包和物品导致向侧面垂倒。

深入游移莫测的沙漠

每往前走一步,我们就越深入广袤难测的沙漠,也越远离克里雅河最末端的三角洲,直到二月十四日,还可见得到这条河流的老河床。我们很幸运,每天晚上掘五六英尺深的凹洞,总能够轻易找到水。第二天,沿路的沙丘升高到一百英尺以上,随着地势攀升,枯死的树林也越来越常见。再往下走一天,我们意外地发现一处绿洲,而且凹地里长着七十株欣欣向荣的胡杨树;我们还看见一只豹子的足印,还有许多干燥的骆驼粪。天气冷得刺骨,燃料倒是不缺乏,因为我们尽量选在枯树林附近扎营;我趴伏在沙地上,借着营火的微光写日记,手下们则忙着准备晚餐、照料牲口、挖掘水井,或是搜集燃料。对于我所观察到的一切事物,我觉得自己像是个至高无上的君王,过去未曾有白人涉足过地球上的这一片土地,我可谓古往今来第一人,每踏出一步都是人类知识的新斩获。

二月十七日,盛水的充气羊皮又空了,幸好我们在六英尺深的地方找到水源,水滴渗出的速度极为缓慢,接到的水只够人饮用,所以另外再装满一只充气羊皮。次日,沙丘直有一百三十英尺高,眺望北方,只见到贫瘠的高耸沙地,手下们都感到无比沮丧,因为我们已经喝光最后一只充气山羊皮里的水,而整晚的挖掘工作也徒劳无功。垫在一个驮鞍里的干草被迫拆下来喂食骆驼；蓦地我们发现一只狐狸向北窜跑的足迹，我们的希望再度点燃。也许，塔里木河畔的树林离我们不远了。

等到二月十九日拔营时，连最后一滴水也没有了，我们决定万一当晚再挖不到水，就要折返上次找到水源的地方。

我们继续跋涉，不久，杂沓的骆驼足迹又出现了，同时沙丘渐呈低缓，沙丘之间的凹地经常可以找到被风吹落的树叶。我们暂时停在一片芦苇丛生的原野，好让骆驼吃个饱；一边挖掘沙地直挖到五英尺深，才找到水源，可惜水是咸的，连骆驼都不肯喝。

丰富之旅

尽管如此，我们依旧坚持朝北方行进，没有走多久，沙丘的高度又慢慢降到平坦如席；从最后一座沙丘顶上，我们看见远方塔里木森林呈现出的深色线条。一条曾经是塔里木河支流的溪水，现在成了结冰的池塘。当时我们应该就在那里扎营，可是我们认为河水必然就在附近，不如继续走下去。行行复行行，我们穿过了芦苇丛和树林，却一直没有见到塔里木河的踪影。暮色包围着我们，夜晚跟着降临，一丛浓密得让人无法穿越的莽林硬是挡在我们面前，这是我们缺水的第二个晚上。

天亮了，我们在莽林中披荆斩棘，开出一条可行的路。行进中，我们发现一个结了冰的池塘，于是停下来扎营，不论是人或牲口，无不肆意地畅饮。第二天，我们渡过结冰的塔里木河，河宽达五百二十英尺。就在这里我让默尔根和他儿子卡西姆离队，返回和田的家，除了奉上金钱作为酬劳，我还把驴子送给他们，另外他们也带走了猎得的野骆驼毛皮。

当我们抵达沙雅（Shah-yar）小镇，距离出发的日子足足有四十一天了，途中不但跨越广大的沙漠，也绘图记录了当时仍是处女地的河流较低处的部分。此外还发现两座古城，以及难以接近的野骆驼乐园。

我不想沿着已经知道的路返回总部和田，于是决定绕远路转到东方的罗布泊，然后沿着南方的道路骑马回和田；这条路即是马可·波罗曾经探勘过的路线。按照我的计划，这趟行程将有一千两百英里长，现下粮食已经告罄，可是这难不倒我们，大不了和当地土著吃一样的食物。我没有带任何关于东部区域的地图，那也不打紧，我已经准备好自己画一张新的地图；我的中国护照留在和田，不过或许用不着。由于日记本和素描簿都已经用完，因此我在沙雅买了一些中国纸；我的烟草也已经抽完，顺便也买了一支中国水烟和当地生产的酸烟草，满足一下自己。

沙雅的泰米尔长老要求查看我的中国护照，然而我无法出示，他因此宣布不准我们走这条通往东边的道路，偏偏我们棋高一着，暗中溜进塔里木河边的浓密丛林里，可谓神不知鬼不觉。

第二十五章　野骆驼的乐园

第二十六章
撤退一千二百英里

　　由于篇幅有限，我必须尽速说明长途跋涉返回和田的经过，而且我已迫不及待想要这么做，因为我将在后面一章叙述最精彩的部分，也就是罗布沙漠和会移动的罗布泊。

　　有两周的时间，我们沿着塔里木河沿岸在树林中行进，一路上都有好心的牧人指点迷津。此时已经到了野雁开始飞翔的季节，我对它们情有独钟，每天高兴地欣赏它们成群在空中翱翔的美姿；白天雁群飞得很高，入夜后则改为低空飞翔。晚上，我们总会听到它们在隐形的航道上聒噪的鸟语，显然，所有的野雁都是循着完全相同的路线飞翔。

　　我们在三月十日抵达小镇库尔勒，受到当地商人库尔（Kul Mohammed of Margelan）的热忱款待。库尔绰号"白胡子"，他陪我骑马到邻近的城市焉耆——就科学的观点而言，这是一趟收获丰硕的郊游——我在那里冒险拜见中国总督樊大人，我到他的衙门去，开门见山地坦承我没有护照。

　　"护照！"这位彬彬有礼的绅士脸上堆满愉快的笑容说道，

焉耆的城门

"你不需要护照,你是我们的朋友和贵宾。你本身就是一本护照了!"

樊大人的善意不仅于此,他还给了我一份文件,让我可以在他的管辖区里旅游自如。

为伊斯兰讨回公道

等我回到库尔勒,伊斯兰哽咽着声音告诉我,在我出门期间他遭遇到的不愉快。有一天,他非常悠闲地坐在市集里,和一位商人聊天,当时有一名中国军官带领四位士兵骑马经过,他们手持象征皇帝威权的令旗,市集里每个人都站起身,借以表达对那只令旗的尊敬,唯有身为俄国子民的伊斯兰纹丝不动地坐着。中国士兵见状跃下马,抓住伊斯兰并扯开他的衣领加以鞭打,直到他血流如注才罢手。

受到污辱的伊斯兰对于欺负他的人盛怒难消，要求报复他们以泄心头之恨。我因此写了封信给军队统领李达洛，询问他哪一条法律规定中国士兵可以殴打俄国百姓，我并且强硬要求他惩处这些军人。李达洛立刻前来见我，一再赔不是，不过表示很遗憾不知道是哪些手下干的；我要求他安排整支军队列队游行，由伊斯兰自己指认。

当殴打伊斯兰的带头军官走过我们面前，伊斯兰大叫："就是他！"现在轮到这名军官受鞭笞了；正义得到伸张之后，伊斯兰表示他满意了，于是李达洛领着他的军队迈步离去。

我们在库尔勒买了一只有火焰般毛色的小狗，属于亚洲种的猛犬，我们还是管它叫尤达西，它很快就集众家宠爱于一身。我在三月底离开库尔勒，同行的有伊斯兰、克里姆和两个识途老马的当地人，牲口则是原有的三峰骆驼和四匹马。这次，我们沿着塔里木河下游最大的支流孔雀河左岸朝东南方前进，尤达西因为还太小，无法自己跑步跟上队伍，我们只好将它放在一峰骆驼背上的篮子里，可是骆驼不断前后摇晃，但见尤达西被震得七荤八素的。尤达西长大之后变成我最好的朋友，跟着我走遍西藏，从北京到蒙古，从西伯利亚到圣彼得堡，若非俄国是狂犬病疫区，使得我无法带它入境瑞典，我肯定会带它回斯德哥尔摩。既然无法如愿，我便将它寄放在巴克伦教授那儿；巴克伦教授也是瑞典人，在圣彼得堡南方的普尔科沃天文台担任站长，我打算等检疫措施取消后再带它回国。然而尤达西毕竟是一头亚洲猛犬，它已经习惯保护我们的旅队，任何风吹草动都会挑起它的攻击，它完全缺乏寄养在普尔科沃高级宅邸所需要的文明教养；一开始，它就咬死了方圆半英里内所有能捕捉到手的猫，它甚至酷爱撕裂观测站访客的长裤，让做主人的赔了不少钱。尤达西还咬伤一位老妇人的腿，基于此，巴克伦认为将它寄养在远离普尔科沃的农村会是较明智的做法，从此我就失去了这个忠实旅伴的音讯，也不知道它最后的命运如何。回归到眼前的故事，年轻的尤达西首次加入旅行的行列，仆卧在骆驼背上摇摇晃晃的篮子里，正朝孔雀河的河岸迈进。

勘查罗布泊的位置

这趟旅行的目的地是塔里木河的内陆三角洲和罗布泊。马可·波罗是第一位描写罗布泊沙漠和与它同名的大城市的欧洲人，当时，这位名闻遐迩的威尼斯商人并不知道还有罗布泊这个"湖泊"，但是几百年来，中国人早已知晓罗布泊的存在，也清楚它的地理位置，这从中国在诸多不同时期所绘制的地图上，罗布泊都已标示出来足以证明。而首位深入罗布泊湖畔的欧洲人是伟大的俄罗斯将军普热瓦利斯基，他于一八七六年到一八七七年间旅游此地，发现这座湖的位置比中国地图上所标示的整整向南偏移了一度，这项发现启发了游历中国的著名探险家李希霍芬男爵，因而发展出一项理论：他认为塔里木河三角洲经过多年的变动，致使罗布泊的位置向南移动了一度。

继普热瓦利斯基之后，又有四支探险队造访罗布泊（分别是凯里与达格利什、邦瓦洛与奥尔良的亨利亲王、利特代尔、皮耶弗佐夫），他们忠实地按照普热瓦利斯基将军所叙述的路线行进，却没有一个人想到去确认一件重要的事，就是：更往东方去是否还有其他水系？现在我决定进行这项勘查，这是解决罗布泊问题的第一步，孰料后来竟引发激烈的争议。

前往塔里木河三角洲的路上，我已经听说东方有一条水路，主要水源是孔雀河，位处前辈探险家所走路线的东方，这条水路构成一整串的湖泊，位置和中国地图上的罗布泊纬度正好相同。我循着所有湖泊的东岸行进，湖面几乎都被芦苇所盘踞。一八九三年，俄国的柯兹洛夫上尉发现一条干涸已久的支流，那儿一度是孔雀河的河床，似乎是依着湖泊群北方继续向东流，当地人称它为"沙河"或"干河"。在后续的探险行程中，我有机会将这条水路的完整路线画出来，并且发现它的重要性。

独木舟之旅

我们依傍这群湖泊折往南方，路上到处有沙丘和树林横阻，有些老树林已经枯死，另外一些年轻的树林仍旧欣欣向荣；还有宽阔浓密的芦苇丛，使得我们每一步都走得好艰辛。我们一行人来到名为铁干里克的小村落。当我们带领骆驼渡过孔雀河时，碰到很大的麻烦，因为河水过于冰冷，骆驼不肯涉水游到对岸，于是我们把几艘当地土著所用的狭长独木舟绑在一起，上面垫着木板和芦苇，然后试图带领第一峰骆驼渡河，接着两峰骆驼陆续过河。不过，这些可怜的牲畜吓坏了，它们抵死不从，最后只好把它们牢牢绑在这种怪异的木板上过河。

天气变暖和了，白天温度达到三十三点一摄氏度，到晚上往往被蚊蚋叮咬得体无完肤，我在脸上、手上涂抹烟草油防虫，有一次甚至放火烧了整片浓密的干芦苇丛，借以赶跑嗜血的昆虫。当火焰燃烧芦苇秆时，草秆爆开的声音仿佛步枪发射子弹，整个晚上，我们就在持续不断的噼里啪啦声中躺着休息。火势延烧相当大片的区域，将大地照得明亮如白昼。

我和伊斯兰在堪姆切喀（Kum-chekkeh）——一个很理想的钓鱼地点——分道扬镳，他继续沿着主要道路前往马路和三角洲的交会点，我们说好在那里会合。我自己则雇了一艘长二十英尺、宽一英尺半的独木舟走水路；独木舟是用胡杨树干刨空做成，前后两端各配备一位划手，他们摇着桨穿过湖泊、支流，送我到与伊斯兰会合的地点。这段路程相当愉快，我坐在独木舟中央的一张便椅上，手里拿着罗盘，膝上放着表和地图，画出沿途行经的路线。尤达西趴在我脚边，显然认为这种旅行远胜过骆驼背上的颠簸。划手站得挺直，扁平的桨几乎以垂直角度划进水里；独木舟在水上快速滑行，使得船尾卷起一圈圈漩涡，河岸飞也似的向后溜过去，当船拨开杂乱丛生的芦苇前进时，会发出唰唰和喀啦喀啦的声响。其中一位划手老库尔班在这个地区打猎已有五十年的经验，他记得该地一片干旱的景象，也记得二十年前射杀一峰野骆驼并把皮毛卖给普热瓦利斯基的事，这位买主正是第一个涉足此地的欧洲人。

康切勘长老

有一天刮起了一场最强的黑色风暴，狂野的威力横扫大地，连巨大的胡杨老树也在强风的袭击下柔顺地屈身折腰；我们根本不可能划独木舟出去，只能静静地躺在芦苇草棚里等待风暴停息。当地居民热情地迎接我们，并拿出刚捕捉到的鲜鱼、野鸭和刚采摘的雁蛋、芦苇嫩芽款待我们，整趟行程，我们都以土著的食物果腹，外加盐巴、面包和热茶，倒也相当丰富。

几天之后，我们抵达小村庄阿不旦，村民居住的芦苇草棚是塔里木河沿岸最原始的样式，阿不旦刚好位于塔里木河注入罗布泊汇流点上方，村里的首领是高龄八十的康切勘长老（原意为"朝阳首领"），他曾经和普热瓦利斯基以朋友相称，现在更是用最挚忱的礼数招待我们。长老向我们陈述他奇妙的一生，并为我们讲解当地的河流、湖泊、沙漠和野兽，同时邀请我一起乘坐狭长独木舟出游，向东穿过芦苇丛与淡水湖交杂的地带。

这种地理形态堪称奇特。

夜游情调不逊威尼斯

塔里木河从阿不旦以下分岔成好几条支流，我们的独木舟顺着其中一条支流划行，不久就看到前方挡着一大丛芦苇，阻绝了我们的去路，可是划手知道如何应付，他们把独木舟划进隐藏在芦苇之间的走廊入口，这条廊道十分狭窄，使我们完全看不见船底下的水，也看不到头顶上的天空。这些隐匿于芦苇丛中狭仄的运河可供永久使用，因为居民们将走廊里的芦苇连根拔掉，并抑制新生的芦苇继续成长。当地人将植物纤维编织成小网张设起来，排成并行的长列，他们利用这种方式捕捉新

黑暗、狭窄的芦苇丛走廊

鲜的鱼类，而渔获正是罗布人每餐不可少的主食。

我量了一下最高的芦苇，从根部到顶上开花的部位有二十五英尺高，从水平面的高度，将拇指和中指圈起来，只能勉强圈住一株芦苇的茎。通行其间，处处可见芦苇被风暴蹂躏的残败痕迹，尤其水上倾倒的芦苇层层叠叠，甚至可以让我们在上面行来走去。野雁喜欢在这种地方下蛋，有两回我们经过这种芦苇倾倒的地方时，一位向导像猫一样蹑手蹑脚跳了上去，过了一会儿，就瞧见他双手捧满美味的野雁蛋回来了。

傍晚时分，我们划出狭隘的芦苇走廊，抵达宽阔的水域，看见成群飞落的野雁、野鸭、天鹅，以及其他种类的水鸟悠游在水面上。我们选了北岸一处空旷的地方扎营；第二天，我们继续划着独木舟到达湖的尽头，夜幕低垂，大伙儿沐浴在皎洁的月光下回到阿不旦。这段夜游亚洲心脏地带的旅程，竟洋溢着水都威尼斯的情调。

改乘马匹完成旅程

从阿不旦到和田的路程绵延六百二十英里，我希望尽快完成这趟旅程，而能够如愿以偿的就是骑马。因此，我在小城婼羌[①]忍痛卖掉三峰陪伴我好长一段时间的骆驼，对于这次在地

[①] 今作"若羌"。

我们的道路被芦苇堵住了

理和考古上都有新的发现,它们确是大功臣。我最舍不得的是那峰背着我穿越沙漠和树林的好骆驼,每天早上,它总是用鼻子将我推醒,然后提醒我别忘了喂它吃两块玉米饼。虽然心有不舍,伤心道别的时刻终归还是到了,买下三峰骆驼的商人自己来把它们带走,我恨死他了!眼看着骆驼走出空荡荡的前院,身影逐渐消失时,我的眼眶中忍不住盈满泪水;那几头富有耐心、冷静沉着的骆驼真的走了,走得昂首阔步,然而横在它们面前的却是新的苦役和冒险。

  我们的心思很快就被其他的事给转移了,婼羌的民政官员李大人差了一个使者到我住的地方,要求查看我的护照,我对他说护照被我留在和田了,李大人因而下令禁止我走那朝西通

第二十六章 撤退一千二百英里

往和田的路，不过他允许我可以循原路折返和田！他还明确宣告，如果我意图违反禁令，取道且末和克里雅（现称于田）抄近路返回和田，他将会逮捕我！

我伫立在那儿凝望眼前已经走过的道路，等着我们的是穿越树林和沙漠的旅程，而且又是令人窒闷难耐的酷暑。这叫我怎么走！那天晚上，统领席大人前来拜访，他是个和蔼可亲又通情达理的人，他向我打听我的整个旅程状况。

他问我："你就是那个去年在塔克拉玛干沙漠损失旅队，自己还差点儿渴死的人吗？"

我证实了他的迷惑，他显得十分开心，详细探询我探险过程的细节。他专注聆听，就像孩子聆听奇妙的故事一般聚精会神。到最后我向他抱怨李大人的刁难，他告诉我毋需烦恼。

第二天，我到席大人府上回拜。

"我的逮捕令怎样了？"我问他。

席大人放声大笑，说道："李大人简直疯了，我是这里的统领，没有我的许可，他不敢叫士兵逮捕你，你只管走最近的路回和田，其他事情让我来处理。"

我非常感激他的仁慈。我随即买了四匹新马，再次向我忠实的骆驼们告别，然后上路出发。我骑马穿越车尔臣河畔的树林，行经以淘金闻名的珂帕河床，最后路过克里雅回到和田——我们三个风尘仆仆的骑士抵达和田时已是五月二十七日。

第二十七章
亚洲核心的侦探故事

一回到和田,我的首要工作是去拜访总督刘大人。接下来,我们那次沙漠蒙难记便开始像连续剧的情节有了后续的发展,整件事情和侦探故事一样悬疑刺激;去年被我们视为救难天使的一些人,出乎意料地竟都变成流氓和小偷的角色。

因为拿水给伊斯兰喝而救了伊斯兰一命的三个商人当中,为首的尤赛普曾经拜访年长的商人萨伊德,当时尤赛普送给萨伊德一把左轮手枪,一来希望他保持缄默,不要声张,二来表示善意。谁知萨伊德事前已经接获彼得罗夫斯基的警告,于是便主动供出尤赛普;随后尤赛普遭到官方的尖锐盘问,他只好从实招认左轮手枪原是塔维克凯尔村的村长陀各达长老所有。萨伊德立刻把手枪交给刘大人,刘大人则转交给喀什的道台,这就是后来我从道台手中拿回的那一把瑞典陆军左轮手枪。

精彩刺激的间谍战

尤赛普发现大事不妙,赶紧潜逃到乌鲁木齐。这厢萨伊德则派出一个狡猾的间谍来到塔维克凯尔村,在陀各达长老家里谋了一个差事,为长老照料羊群;有一天,这个间谍到陀各达长老家索讨工钱,却被挡在门口,尽管如此,他还是看见长老和其他三个人盘腿坐着,摆在他们中间的是一些布满尘土的旧箱子,里头的东西散置在旁边的泥地上。而这三个人正是我们的旅队遇难之后,陪伴伊斯兰返回沙漠找寻失物的猎人默尔根和他的两个儿子卡西姆、托格达,其中默尔根和卡西姆甚至伴随我寻访古城遗迹和野骆驼的栖息地,当时我一点都不知道四名手下里,居然有两个是小偷,甚至曾经掠夺过我的财物。

再回头看看间谍这边的进展。他窥探到的景象已经足够交差,于是蹑手蹑脚走回牧羊的地方,一等到确定已在陀各达长老屋宇所及的视线之外,他立刻跃上所遇到的第一匹马,策马尽速赶回和田。间谍消失后不久,陀各达长老察觉情况有些不对劲,便派出一组人员骑马随后追赶,不过为时已晚,间谍已经遥遥离他们很远了。

间谍抵达和田之后,向萨伊德说明整个经过,萨伊德跟着禀报刘大人,刘大人即刻派遣两名中国军官带领一些士兵前往塔维克凯尔村。

在这同时,陀各达长老明白他已经脱不了干系,必须施点手腕方能化险为夷;他心想宁可牺牲这些不义之财,也不能让目前的地位和职务有所动摇,因此他把偷来的东西装回箱子里,然后运送到和田。陀各达长老在运送的途中和刘大人的人马不期而遇,他捏造了一个故事,表示有人发现这些失踪的东西,几天前才送到他家去,而他现在正准备把东西送到中国衙门。于是整支队伍返回和田,陀各达长老和其他小偷都被安置在一家商队客栈里;没想到萨伊德也在客栈里安排了几位间谍,他们窃听到陀各达长老和三个猎人讨论如何串供,以应付官府的讯问。

掌握了充分的资讯后,萨伊德便对嫌犯进行审问,三名猎人的供词是:那个冬天,他们为了追踪一只狐狸的足迹而深入沙漠西方,结果来到一座散落着面粉的沙丘;可能是因为我们先前丢弃过的一些食物,狐狸被食物气味所吸引,而一再流连于死亡营地。

猎人发现狐狸的脚印并没有再往西走,他们因此推断出一个正确的结论,这座沙丘一定是我们舍弃帐篷和箱子的地点;经过一番挖掘,终于发现被沙子掩埋的帐篷,这些帐篷也许在被夏日沙暴淹没之前,早已经被风掀翻了。既然找到帐篷,要把我们遗留在帐篷里的箱子掘出来,自是轻而易举的工作了。这些猎人根本不知道还有两名旅队的队员当时很可能已经死在帐篷外了。猎人把箱子装上驴背,他们自己则扛着装水的充气山羊皮。

不知是透过什么渠道，塔维克凯尔村的陀各达长老听到风声，他把这三位生性忠厚老实的猎人找去，说服他们把箱子带到他的家里，并且藏身在长老家里一段时日。后来我正好要去探访古城遗迹，雇用了默尔根和卡西姆加入旅行队伍，所以实际上，他们对旅程中发生的整件事了若指掌，却一句话也没有提起。等他们带着野骆驼皮毛回到和田时，已经知道事情经过的刘大人即下令逮捕他们，猎人们除了挨一顿鞭子，还锒铛入狱。

我回到和田后，刘大人把我遗失的东西全部归还，由于我已经从欧洲添购全新的装备，这些东西已不再那么重要了，何况所有已曝光、未曝光的底片都被拆下来了，连照相机里的玻璃板也成了塔维克凯尔村住屋的窗玻璃，这时再留着笨重的照相机和脚架又有什么意义！

刘大人打算进一步刑求犯人，要他们多供出一些实情，可是被我阻止了。在最后的一次审讯中，陀各达长老和三位猎人争相怪罪对方，刘大人以所罗门王式风格裁决他们必须偿还我的损失；根据我保守的估计，这些东西价值一百英镑。不过我表示不要他们的赔偿，况且已经造成的损失是无法用金钱弥补的。然而刘大人为了杀鸡儆猴，坚持不能对他们善罢甘休，所以最后的结论是，他们必须赔偿相当于三匹驮马的金钱，也就是大约二十英镑。显然陀各达长老是那个必须掏腰包的人，因为猎人们根本一无所有。我确实替他们感到难过。

是梦想，也具地理探勘意义

要是有读者提出下面这个问题，我一点也不会感到惊讶："你这样冒着自己、手下和骆驼的生命危险，以及有可能损失一切的装备，不顾一切在干旱的沙漠里长途旅行，究竟所为何来？"

我的回答是：尽管保存最详尽的亚洲内陆地图上指出，中国新疆腹地的沙漠是否真的存在还有待证明，因为从来没有欧洲人到那里旅行，有鉴于此，实地勘查地球这一块地方的真相，就变成地理研究上一个尚待完成的任务。此外，根据传说，此地留有古文明的遗迹，如今完全埋没在飘忽不定的滚滚黄沙中，这种说法也应该存疑。还有，我们都看到的，如同前文已经叙述过，我怀抱的探险梦想终究一一实现；截至目前，我的探险队的确发现了两座古城的遗迹。

我也提到过，这些古城遗迹未来将成为考古专家挖掘与研究的对象，关于这一点我也没有失望，只不过要到十二年后才真正实现。至于将这项愿望付诸实现的正是我的朋友斯坦因爵士[1]。斯坦因爵士出生于匈牙利，是英国著名的考古学家，他在

---

[1] 斯坦因（1862—1943），英国考古学家兼探险家，曾经带领印度考古探勘队，也曾率领四支探险队走访中国和西方之间的古商旅路线，发现敦煌千佛洞。著有《克什米尔君王年谱》《古和田》《中国沙漠遗迹》《千佛洞》等书。

印度政府的资助下接受这项艰难却正合他意的任务。放眼当今世上，能够胜任挖掘我所发现的两座古城当真非他莫属，因为他对该地和亚洲其他地方的研究成果丰硕。后来在我的推荐下，瑞典地理学会特地颁给他"雷丘斯①金奖章"。

一九〇八年二月开始，斯坦因爵士大胆循着我走过的路线，沿着克里雅河、穿越沙漠；他根据我所绘制的地图为指标，只是行进方向跟我相反，他是从北到南穿过沙漠。在斯坦因爵士所著《中国沙漠遗迹》第二册里有如下的描述：

假如我在库车②时就明白到了沙雅不一定找得到向导，那么我在直捣沙漠和克里雅河之前也许会犹豫一下，因为缺少向导，我片刻都无法躲避这项任务的极端艰难和潜在风险。当年赫定从南向北走时，在克里雅河终点转向下一个大目标，他很确定假如继续往北方走下去，塔里木河必定会在某一地点和他的路线交会。但对于从北向南行进的我们而言，情况完全不同。我们想在合理时间内找到水源的希望，全仰赖能否在高耸的沙丘间行进一百五十英里路，丝毫无差地抵达一个特定点——克里雅河的终点，这条河并没有与我们的路线交叉，而是呈完全相同的方向流淌。当然还得加上一个假设：赫定见过的克里雅

---

① 雷丘斯（Anders Adolf Retzius，1796—1860），是瑞典解剖学家兼考古学家，为人类头盖骨研究的先驱。
② 南疆北部的绿洲城，位于天山南麓，是古丝路的一站。

河最好依然流水淙淙。

现在我从经验中已经完全了解，单凭罗盘冀望在无任何地标指引的茫茫沙海中朝正确的方向行进，是一件多么困难的事！无论我多么信赖赫定细心描绘的地图，都不能忽视一项事实：在这样的地形中，纯粹靠前人走过的路线来推测经度，必然会衍生相当大的歧异，而现在我们的情况又必须绝对依赖这些假设为正确的经度。多年前，河、沙作殊死抗争，因而留下干涸的河床，万一我们无法找到河流尽头的三角洲，处境之危险可想而知。届时将没有任何指标可以告诉我们河流到底在东边还是西边，而我们却渴望能在那儿找到河床，至少可以掘井找寻地下水。假如我们继续朝南前进，在饮水完全喝完的情况下，牲口还来不及走到昆仑山脚的水井线和绿洲，恐怕早已渴死，也许连人也无法幸免；这绝对是凶险万分的处境。

斯坦因爵士把他个人的生命，及其手下、牲口的生死全押在我绘制的地图上，一旦我的地图稍有疏失，将我在沙漠里找到克里雅河终点的位置画偏差了，斯坦因爵士将可能因此被误导，行至无人地带而致丧失奥援的机会。因此我担负极重大的责任，即使到今天，我仍然为斯坦因爵士对我的地图具有十足信心而感到欣慰。人命关天，他绝不可能拿自己和别人的生命下没有把握的赌注，此外，斯坦因爵士比我多占一项优势，就是他从我的经验中晓得骆驼和驴子可以跨越沙丘。我自己可没这么幸运，当我从河流终点深入沙漠探险时，对此事其实毫无把握。斯坦因爵士的探险队平安完成任务，等到所有险恶都已事过境迁，他写下这段话：

我……悠然见到一处辽阔如河谷般的狭长地带，上面有枯死的树林和生机盎然的柽柳；这片狭长的土地朝西南偏南方迤逦延伸。我们刚才见到的黄沙高地和这片绵延的枯树林都和赫定的描述不谋而合，当他从南方往北行进时，就是在这里失去干涸河床的踪迹。事实上，我几乎可以肯定已经找到赫定地图上所显示的第二十四号营地，可见赫定地图的正确性已经获得了证实，而我们自己的方向也掌控得相当成功。

两次冒险，一样的情怀

几个月之后，斯坦因爵士的行程转向北方，沿着和田河往下游前进，这时距离我的沙漠之旅已有十三年之久；听他述说如何找到那个救了我一命的水池，也就是我用靴子汲水给卡辛喝的池塘，不禁激起我高昂的兴致。以下是我直接从他书里摘出的一段：

四月二十日，我从马撒尔塔格山出发，沿着和田河干枯的河床向下游走，目的地是阿克苏。我们以迅捷的速度旅行了八天，已经来到和田河与塔里木河的汇流处，在这段路程中，我们忍受越来越炽热的沙漠气温，以及一连串的沙暴，这些经历使我完全体会赫定于一八九六年（确实年份是一八九五年）五月首次横渡塔克拉玛干沙漠的艰困。当年在牧人营地与赫定重逢的卡辛带我去看那个淡水湖，地点在河右岸二十英里外；这座水塘的确是旅人的救星，当旅人挣扎着跋涉过"沙海"而几乎死于干渴时，水塘适时发挥的救命功能不言而喻。我们在和田河的右岸发现一些类似的水池，彼此相隔颇长的距离，池水保持稳定的高度，加上水质甘美清新，无不证明这些池塘底下必然蕴藏水量稳定的水源，这条地下伏流大概也是沿着和田河床向下游流淌，即使在最干燥的季节，涵盖范围也达一英里以上。

当年吸引我冒险一探塔克拉玛干沙漠的地理问题，同样挑逗着斯坦因爵士；十八年后，他循着与我相同的路线穿越塔克拉玛干沙漠。他和我想法一致，都认为马撒尔塔格山是一条横贯整个沙漠的山脉，走势起自西北止于东南，唯一不同的是，斯坦因选了一个更合适的季节出发。他于一九一三年十月二十九日展开旅程，而我则于四月二十三日出发，换言之，等在斯坦因前面的是寒冷的冬天。他选择的起点也和我一样，就是我发现的那座长条形湖泊的南端。当年，我走了十六英里路之后，发现山脉并没有继续往沙漠里延伸，因而改变行程转由东方笔直前进，打算穿过整个沙漠。至于斯坦因则走了二十五英里路程后，也察觉到这条路线风险太高，于是中途放弃并折返湖泊。他实在比我这个凡夫俗子高明多了！斯坦因对这段旅程有这样的描述（《地理杂志》，一九一六年八月号）：

邻近山丘有一座湖泊，水源来自叶尔羌河丰沛的河水，但是我们发现在湖泊尽端的水却是咸的。一八九六年五月（确切时间为一八九五年四月）赫定就是从这里出发向东穿越沙漠荒地，结果整支旅队全军覆没，他自己则在千钧一发中逃过一劫。我们的路线朝东南方行进，在沙丘之海中举步维艰地走了三天；沙丘彼此之间离得很近，而且一开始坡度就十分陡峭，现在更是稳定爬升，和我们的方向几乎保持斜线交叉。在第二天的行程中，所有的植物（不管死活）一概被我们抛在身后，眼前仅见无尽延展的高耸沙丘，沙丘之间没有丝毫平地。沙丘棱线很快就拔高到两三百英尺，我们驱赶着负荷重物的骆驼，行进速度缓慢得令人难过⋯⋯这绝对是我在塔克拉玛干沙漠中遇到的最恐怖的地带。到了第三天晚上，雇来的骆驼⋯⋯不是完全崩溃了，就是显露严重的衰竭征兆。隔天早晨我爬上营地附近最高的沙丘，仔细扫描远方的地平线，除了仍是令人颤栗的沙丘之外，别无他物。这些沙丘好似怒气冲天的海洋在掀起滔天巨浪时，整个动作瞬间冻结而成形；这幕景象具有诡异的魅惑力，其中隐含着大自然的死亡张力。虽然沙漠精灵召唤我继续深入的奇幻魔音难以抗拒，可我还是不得不转向北方……我的决定下得恰如其时，也是明智之举，因为就在第三天之后，沙漠里即刮起了狂暴的飓风……

从折返的地点算起，斯坦因还要走八十五英里路才能回到和田河西岸的马撒尔塔格山，不管是对他自己和同伴而言，能及时回头无疑是很幸运的事，换作是我处在相同的情况，绝对无法做这样的决定，我一定会义无反顾地继续横越沙漠。结果将可能使我自己和手下全数罹难，就像一八九五年那次，失去我所有的一切。尽管如此，探险活动、征服未知地域，和与不可能的逆境搏斗等，对我来说都是那么迷人，而且具有无法抗拒的吸引力。

第二十八章
第一次西藏行

哦，多么甜美的和田夏日时光！历经沙漠与树海丛林无数次劳顿的骑乘之旅后，在和田休养生息的日子格外惬意、恬适！

温柔又伤感的时光

每当忆起在和田古城度过的那一个月，迄今心里仍然怀有温柔的伤感。那段时日，我从早到晚不停地工作，画好地图、整理完笔记、写信、阅读，同时为探访西藏北部的旅程作准备。我在和田独自居住在一幢相当宽敞的木造堂屋，屋里只有一个大房间，四面都是镶着木格棂的窗户，白天门户大多敞开，到晚上才会关闭。这间堂屋建在一块砖砌台地上，房子则坐落庭园的中央，庭园四周筑有高墙环绕。围墙上仅有一扇门可以进入庭园，旁边有间门房小屋，伊斯兰连同其他仆役住在那里，另外厨房也在这间小屋里。堂屋和厨房之间距离相当远，我即使大声喊叫，仆人还是听不见，因此我们在两栋屋子间架设极为简陋的铃声系统。

庭院里有十五匹新马正吃着马槽里的谷物。刘大人非常慷慨,每天差人送来马吃的粮草和人吃的伙食;我请他推荐一位年轻的汉人给我,可以陪伴我去北京,还可以在路上教我一些中国话。有一天,这位新加入的旅伴终于现身,他的名字叫冯喜,是个农人,他自愿揽下这份差事,而且对于能够去北京一事感到极为开心。他马上开始教我说中国话,我每天勤作笔记,将冯喜佶屈聱牙的母语记录下来。

天气炎热,还好庭院里处处绿荫蔽天,树与树之间的小河潺潺流淌,因此哪怕温度高达三十八摄氏度,我们也觉得心凉气爽。有时候威猛的暴风会侵袭我们这个地区,劲风从树梢呼啸而过,可以清晰地听见树枝倾轧、摩擦的嘎吱声,或是清脆断裂的响声。

有个漆黑的夜晚,暴风再度横扫和田,我清醒地躺在床上聆听屋外狂风的怒吼,感到舒适悠闲。忽然尤达西(此时已经长成一只很称职的看门狗)跳了起来,对着远端一扇窗户狂吠,窗户已经拴上,但是尤达西愤怒的狺叫声不止。我悄悄摸到墙上的铃,发现绳索已经被剪断,于是我溜出堂屋跑到外面的砖地上,这时我瞥见两个黑影,他们显然被狗的狺吠给吓阻了,一溜烟消失在庭院的树丛中。我赶紧唤醒伊斯兰,两人朝院子里随便开了几枪;第二天早上,我们发现围墙内侧有部梯子,应是小偷匆忙逃走时留下的。从此,我们便在庭院里安排一个

达赖库干的山地人

人守夜,每隔几分钟守夜的人就要在鼓上敲三下,以后再也没有小偷来骚扰过我们。

待新旅程的一切事宜准备就绪后,我前往刘大人府上,向这位好心的老人辞别,我送他一只系链子的金表作为纪念。我们在庭院里升起好大一堆营火,举办一场盛大的饯别宴,邀请所有帮助过我们的人来参加;席间,客人和我的手下都尽情地享受羊肉、白米布丁和热茶,另有舞蹈和音乐表演助兴。第二天早上,我们把行李装上旅队牲口的背上,然后往克里雅和尼雅(现称民丰)出发,到那里新添购了六峰骆驼,再到珂帕去;那是个很不起眼的小村落,发现有金矿的山脚下只有几间石砌小屋。

七月三十日,我们终于置身世界上最巍峨、最壮观的自然奇景,也就是西藏高原。借由山中谷地的引导,我们向上攀爬至达赖库干地区,此地标高已达一万一千英尺,至今仍住着具有东土耳其斯坦血统的民族"塔格里克人"[1],全区只有十八户人家,以帐篷为屋,豢养六千头绵羊。等过了达赖库干区,我们

---

[1] 原意为山地人。

来到一处杳无人迹的地方；我们继续向东走了两个月，沿途没遇上半个人。

更糟糕的是，离开达赖库干一天后，我们遇到此行最后一片丰美的水草，过了这个地方，草木越来越稀疏，直至成为空空荡荡的一片。我们从达赖库干启程的时候，共有二十一匹马、二十九头驴子和六峰骆驼，等完成藏北之旅，保住性命的仅剩三匹马、三峰骆驼和一头驴子。除此之外，我们还带了十二只绵羊、两只山羊和三条狗——除了忠实的伙伴尤达西（原意即为"旅伴"），其他两只则为尤巴斯（意为"老虎"）和布鲁（意为"野狼"）。有一只因奋勇对抗狼群而挂彩，只能靠三只脚跛行的牧羊犬则是自己加入我们的旅队。

在这趟旅程中，伴我同行的只有八位踏实稳健的仆人：伊斯兰、冯喜、帕尔皮、伊斯兰、哈姆丹、艾哈迈德、罗斯拉克和库班。我们在达赖库干还雇了十七个山地人，他们的酋长自愿陪伴我们两个星期，协助我们通过最艰难的山口。

五十岁的帕尔皮相貌英俊，蓄着一脸浓密的黑胡子，深棕色的眼睛灵活有神；身穿一件羊皮外套，头戴毛皮镶边的帽子。他曾经跟随探险家达格利什探险，后来达格利什在喀喇昆仑山口遇刺身亡；他也做过吕推①的仆人，结果吕推在西藏东部遭人

---

① 吕推（Jules-Léon Dutreuil de Rhins，1846—1894），法国探险家，曾经游历过赤道非洲、中国新疆和西藏，出版过《中亚》(*L'Asia centrale*，1889）等作品。

谋杀；接着他又加入奥尔良的亨利亲王的旅队，孰料这位主人也在法属东印度（今中南半岛）魂归离恨天。他总是利用大伙儿围坐着营火休息时，滔滔不绝地述说自己似乎说也说不尽的探险经历；他在亚洲的长途旅行充满了奇妙的冒险故事。

　　打从一开始，我们就感觉到塔格里克山地人不太可靠。有一天晚上，先是两个人私自落跑，后来又有一人不告而别，由于他们事先已经拿了报酬，所以酋长得垫还这些钱。我们若想要到达西藏高原，就必须穿过繁复如迷宫的谷地与山脉，而这非得靠山地人的帮忙不可。

分组依序前进

　　旅队分成五组前进，第一组是骆驼和驭手，接着是马匹，然后是两组驴子，再由牧人带领绵羊和山羊殿后。我自己一直落在旅队最后面，由冯喜和一个熟悉地形的山地人陪伴，因为我得一边忙着画路线图和勾勒四周耸然挺立的高山美景，一边注意搜集植物和岩石标本。伊斯兰负责挑选扎营地点；选择营地必须考虑水源、牧草和燃料。等到我从后面赶到营地时，往往帐篷已经搭建完成，牲口早在稀疏的草地上吃将起来；熊熊营火缓缓燃升，而遥遥望见远方营地便常弃我而去的尤达西，这时也会站在我的帐篷入口处摇着尾巴欢迎我，好像它才是主人。

山谷弯向东南，变得越来越狭仄，引领我们攀上第一道高地隘口，在山地人的协助下，旅队毫发无损地顺利攀过隘口。现在的位置标高一万五千六百八十英尺，伫立尖峭无比的山脊上，积雪皑皑的绵延山脉一览无遗，景观更是壮丽非凡。我们在此地巧遇第一只野驴，受到惊吓的它瞬即消失在山林中，狗儿则在后面猛追不放。那只仅剩三条腿的瘸足牧羊犬发现自己追不上旅队的速度，孤寂地站在一块突出的山岩上，望着旅队抛下它继续往前走时，它幽怨地呜呜长嚎。

塔格里克人命名的最后一个地方叫"不拉卡巴喜"，意思是"春之首"，过了这个地点，往东将是漫漫悠悠的无名地带，也是欧洲人从未涉足过的区域。塔格里克人称南边的山脉为"阿卡-塔格"，意为"远山"；绵延不绝的山脊和峰峦披覆着厚厚的白雪，冰河就从峰顶倾泻而下。

气候变化莫测

在高山地带，冬天的脚步来得特别早。有一天清晨，我们被一场雪暴吵醒，我的帐篷倏地被风掀翻，必须用绳索和箱子固定住；虽然是八月天，气温却骤降至六七摄氏度，整座山区变成银白色的天地，找寻商旅路径简直是雪上加霜。尤其队员们也开始患起高山病，多数队员抱怨头痛和心跳急促，最惨的要算是冯喜了，他的情况一天比一天糟，高烧不退的他根本无

一场雪雹交加的风暴袭击旅队

法稳稳坐在马鞍上,我担心继续带他走下去会危及他的性命,于是决定送他回去。我让他留下坐骑,给了他钱和食物,再派一个塔格里克人护送他。去北京的愿望破灭了,冯喜感到非常难过,有天早晨我们在营火余烬旁与他挥手道别,他的样子看起来实在是惨不堪言。

我的忠仆伊斯兰也病了,病到咳出血来;他请求我让他带两个塔格里克人脱队,不过幸好我们找到一处勉强长了些水草的河谷,经过几天的休息,伊斯兰的病情终于逐渐康愈。在此之前,牲口已经断了四天的粮草,只能靠我们喂食的玉米果腹;驴子驮运的正是马和骆驼所吃的玉米,至于驴子倒不挑剔,连野驴和牦牛的排泄物都肯吃。我们携带的玉米足够牲口吃一个月，而人吃的粮食则还能维持两个半月。每天日落时分，骆驼吃完草便摇摇摆摆地踱回营地，就着一张垫底的帐篷布吃起它们当天配给到的玉米。

当我们进入西藏北部时，已经成了一队老弱残兵。目前标高一万六千三百英尺，晚上温度降到零下十点五度；山中天天从西方刮来挟带雪、雹的风暴，席卷整个西藏高原。不管天空多么清朗，西方常是一片阴沉，铅灰色的云朵填满了被雪遮蔽的山峰，此刻你会开始听到风萧飒的怒吼声，然后暴风旋即以骇人的速度狂卷而至。中午，天色阒暗如夜晚，轰隆隆的雷声响过，山壁间随之传出沉闷的回音，紧接着是一场冰雹乒乒乓乓，仿佛敌军炮队发动枪林弹雨，无数小冰球打在我们疲惫的躯体上，即使隔着最厚重的羊皮外套也可强烈感受到其力劲。风暴中什么都看不见，我们把头缩进衣物里，夜色笼罩下来，旅队只好叫停，可怜那些马匹无辜被冰雹鞭笞了一顿，吓得瑟缩不前。不过，这类风暴虽然来得猛烈，去得倒也相当快速，而且风暴过后往往会带来雪雨，大约一小时天空又再度转晴，随之映现眼帘的是太阳的万丈光芒沉落于山巅之后。

接下来，我们准备攀登"远山"。向导带领我们往上穿过一条陡峭的河谷，今天打头阵领队的是马儿，我紧跟在它们后面，经过好几个小时的艰苦搏斗，我们终于抵达隘口，这里标高一万七千二百英尺。正当我们登上隘口的鞍部，挟带冰雹的风暴像往常一样轰然降临，由于无法辨识路况，不能继续往下走，因此决定留在该处暂时扎营。帐篷搭建好、固定住，牲口也拴紧了，尽管缺乏水和燃料，也没有青草，我们唯有从罅隙中收集冰雹，再拆下一只木箱当作柴火。这是个恐怖的扎营地点，雷声在我们四周震天价响，连大地也随之颤动，我们全然听不见驴子或骆驼的嘶鸣。到了晚上，乌云一扫而空，月亮缓缓升起，滉漾着银色的光辉。

直到第二天，我们发觉塔格里克人带错了方向，我们扎营的隘口并非通往"远山"，而是通向一条较小的山脊，因此我们必须下山，重新找寻正确的隘口，同时寻回迷路的其他队员。

好不容易找到失散的队员，每个人都已筋疲力尽，等我们扎好营，马上就发现一条小溪，旁边还有一块勉强可喂食牲口的草地。

塔格里克人失踪记

我们安排三位塔格里克人先行返回，其他的则留下来陪伴我们，直到遇见其他人为止。留下来的塔格里克人要求我事先支付一半酬劳，以便让回村的三位族人先把钱带回去给他们的家人。

夜幕方落，营地慢慢陷入沉寂；我们雇用的塔格里克人习惯把玉米袋和粮食箱围成一小圈防栅，然后在圈栏中央升起营火，找寻避风的屏障过夜。

八月十九日早晨，我们的旅队拉起警报：所有的塔格里克人都失踪了！可能是趁半夜偷偷溜走的，我和手下因为疲惫都睡得很沉，没有人注意到有任何异状。塔格里克人偷走两匹马、十头驴子，以及一些面包、面粉、玉米等粮食；从他们的足迹判断，为了让我们摸不清楚状况，他们分组离开营地，而且是朝不同的方向前进。很可能他们事先已经安排好在某个地点会合，然后一起回家。

帕尔皮受托带了两名手下和三匹最好的马前去追赶逃犯，过了一天半，他带着一脸歉意的逃犯返回营地。帕尔皮向我们述说经过：

塔格里克人马不停蹄地赶了相当于我们三天脚程的路之后，自觉很安全了，便停下来升起火堆歇息，其中有五位围坐在营火旁边，其他人则酣然入睡。见到帕尔皮骑马赶上来，他们惊跳起来，拔腿往不同方向作鸟兽散，帕尔皮对空鸣枪，喊道："回来，不然我会开枪打死你们！"塔格里克人一听即刻停住，转身趴在地上哭着求饶，帕尔皮取回金钱，把他们的手反绑在背后，隔天早上一行人便出发返回我们的营地。晚上十点钟，这些可怜的家伙全数返抵营区，也都个个累得半死。

一出精彩的法庭戏码就在我的帐篷前上演，营火交织着月光，非常值得观赏；逃犯被判必须捆绑，并且担负守夜来弥补帕尔皮和其他两名队友的辛劳。塔格里克人倒卧在他们用袋子和箱子筑起的防栅后面，带着一身的疲惫沉入梦乡；此时，皎洁的月光洒在铺了一层薄雪的大地上。

山神的欢迎

几天后，我们彻底勘查过地形，借道一万八千二百英尺高的隘口跨越"远山"主峰；翻过山脊，我们往下进入一处辽阔的河谷，河谷迤逦延伸，穷极目力也望不见尽头。于是我们沿着这条河谷走了将近一个月，左手边是巍峨的"远山"，雄浑的高峰林立，上有经年不消的雪原和莹蓝的冰河；右手边则是我们路线的南方，正是蒙古人称为可可西里（原意为"绿色山丘"）的山脉的极东端。

这个地区杳无人迹，连游牧民族和牲口也很难在此地生存，因为高度实在太高了，即使在山脉最低矮的地方也都胜过白朗峰顶点。绝大多数时间，我们在标高为一万六千二百英尺（将近五千米）处活动。

刚在第一处营地落脚，山神就以雷鸣欢迎我们的到来。黄昏时，河谷里堆满了犷美的紫黑色云霭，像迸发的火山岩浆朝东方飘流而去。四周的天色越来越昏暗，飓风大有吹走整座营地的磅礴气势，我们紧紧抓住帐篷，以防狂风卷走营帐；满天冰雹像鞭子般劈头落下，整个地区无一处幸免。就在五分钟之内，暴风过去了，笼罩天空的乌云往东方移动，看起来像是庞大的舰队缓缓驶离，取而代之的是浓密的雾气，弥漫整个河谷；紧接着，由神秘而不可知的黑夜轮番登场。

第二十九章
野驴、野牦牛和蒙古人

我们此刻正驻足广袤的西藏高原峰顶,地球上最庞大、最高耸的山群。这里的空气变得非常稀薄,又找不到可以放牧的草地,如此艰苦的情势给了旅队的抵抗力极重的打击,我们几乎每天被迫遗弃驮运重物的牲口,垂垂死矣的牲口颓倒在路上苟延残喘,成为旅队过路遗下的痕迹。

然而我们也同时置身于野生动物的宝山。在我们遍寻不着水草的地方,野驴和羚羊却能觅得稀有的草地,而野生的牦牛则踩着冰河边缘一路往悬崖上走,找寻赖以维生的粮食,也就是生长在砾石之间的地衣与苔藓。我们天天可见或形单影只、或成群结队的动物,这些擅长在高地求生的好手为荒僻贫瘠的高原增添了许多生气。

我们探险队的四腿队友(狗儿)对这些野生动物的兴趣,与我们相较毫不逊色。有一回,一只好奇心特强的野驴在我们旅队前足足奔驰了两个钟头,它不时停下脚步,左闻右嗅,然后又继续在我们前面奔跑;尤巴斯追赶它,它反而转过头来攻击这条号称"老虎"的悍狗，大伙儿眼看尤巴斯夹着尾巴落荒而逃，都忍俊不住地哈哈大笑。

我最宠爱的尤达西也制造了另一桩趣事。但见它像一支飞箭似的冲向前方去追赶一头野驴，仓皇逃开的野驴越过最靠近的山丘旋即消失了踪影，这更加诱引小狗紧追不舍，没想到勇敢的尤达西一去不返，我们只好扎营等待。夜晚降临了，直至深夜仍然不见它回来；凌晨三点钟，我被钻进帐篷底下扭动着的尤达西吵醒，它欣喜地哼哼叫，扑上来舔我的脸，显然它找不到我们的足印，独自在荒地里找了十四个小时，最后大概运气不错才找了回来。

有一天，伊斯兰开枪打中一头落单的公野驴，子弹击中它的一条腿，它挣扎了一小段路才不支跌卧地上，我在素描簿上画下它美好的身影：这头野驴从嘴唇到尾巴尾端共长七英尺半，毛皮是漂亮的暗红棕色，腹部和脚呈白色，鼻子却是灰色的，它的蹄子和马蹄一样大，耳朵相当长，鼻孔宽大，尾巴酷似骡子，肺部发育得很强壮。我们剥下它的皮毛保存下来，至于驴肉则成为大受欢迎的加菜好料。

狂野剽悍的牦牛

伊斯兰并没有骚扰美丽而优雅的羚羊，倒是有几头牦牛成了他的枪下冤魂。猎中的牦牛里有一头母牛，身长八英尺，它的舌头、腰子、骨髓全祭了我的五脏庙；换换新口味真不赖！至于牦牛肉则由手下自行分食。被伊斯兰射中的一头公牦牛，可就不像母牛这么容易收拾了；那天他得意洋洋地跑回营地，告诉我们他在离营地有一段距离的地方射中一头壮硕的公牦牛，他一共发了七枪才迫使牦牛在它熟悉的草地上瘫软倒毙，也就是在我们隔天将经过的道路附近。我决定叫伊斯兰带我去那儿，也许可以为公牦牛画一张素描。

第二天早上伊斯兰便带路前往该处，当我们发现地上空空如也，而"被射杀"的公牦牛已经不知去向时，可以想象我有多么惊讶！起先，我以为这又是一次常见的猎人吹牛行为，可

一头野牦牛攻击我们的狗

第二十九章 野驴、野牦牛和蒙古人

是不然！地上的痕迹清楚地显示牦牛遭受一连串的枪击，后来伤势稍有复原，便爬起身走到一处泉水边，它在水池边缘走来走去，以蹄子刨刨地；当它抬起头瞧见我们时，忽然爆发出沉积内心的力量和怒气，气势极为慑人。伊斯兰又对它开了八枪，但是子弹穿进它身体时却只发出沉闷的声音，冷不防地牦牛低下头拱起牛角，猛力向我们冲了过来。我们赶快掉转马头，全速逃离现场，牦牛紧追不放，而且逐渐逼近，我们之间的距离愈来愈缩短，眼看着它就快逼近身子了，霍地停下脚步，以牛角挑起地上的沙子，尾巴重重地腾空鞭打，充血的红色牛眼狂野地转来转去。我们也跟着停下来，伊斯兰再度发出一枪，这一枪使得牦牛在地上打了好几个滚，全身沾满泥沙。跟在我们身边的尤达西开始挑衅，它激怒了公牦牛，所幸及时躲过牦牛的攻击而保住一条狗命。第十一发子弹穿透牦牛的心脏部位，老牦牛终于沉重地倒在这块原本无忧无虑的栖息地上。

这头公牦牛年龄大约二十岁，身长达十英尺半，是个相当好的标本。我测量牛角外部，长度也有两英尺半，它的身体外侧长有又密又厚的黑色毛缝，较两英尺长一点，躺下时正好可以当作柔软温暖的靠垫。

由这次经历可知猎杀牦牛并不容易，除非子弹射中其肩膀后方，否则即使中了弹仍旧不会轰然倒下；当伊斯兰的子弹射进那庞大、低垂的额头时，它不过是刨刨土、甩甩头，不过若是击中较为致命的部位，便会激起牦牛狂野的兽性而猛烈地攻击猎人。由于已经适应空气稀薄的高地生活，牦牛纵然受伤也不至于缺乏氧气，使得它很有机会追赶上习惯呼吸较浓密空气的猎人和坐骑。

牲口相继死亡

在往东迈进的路程中，我们发现了一长串湖泊，其中绝大多数都含有或多或少的盐分，我并没有以欧洲名字为这些湖泊命名，只是编上罗马数字。例如第十四号湖标高一万六千七百五十英尺。一个星期之后，我们沿着一座大湖的湖岸行进，一共走了十七英里路。

沿线地势依然单调，但是积雪的山头和冰河每天都呈现崭新的风貌。其间我们看不到任何人类的足迹，不过，且慢！当我们走到与邦瓦洛和奥尔良亲王的路线交叉时，竟意外地发现一条毛毡毯，有可能是他们探险队的驮兽留下来的。我们沿路收集干燥的牦牛粪，装在袋子里用以充当燃料，牦牛粪烧起来会产生红蓝色火焰，热度相当高；最糟的是牧草越来越稀少，马匹和驴子相继倒毙，在那段时期，若有哪天没有损失任何牲口，我们就觉得那天承蒙幸运之神的眷顾。牲口当中以骆驼最为强韧，可是它们脚下的肉蹄和沙地摩擦久了也会疼痛，因此我们必须为它们做些袜子当衬垫。当猎人猎获成绩不是顶丰富时，狗儿只有吃殉难的牲口肉。整支旅队的气氛越来越紧张，到后来我们甚至开始怀疑，究竟能否在旅队的最后一头牲口断气前碰到游牧民族的帐篷？万一真的找不到人烟，我们只好舍弃行李，徒步找到人为止。

事实上，我们已有好长一段时间猎不到东西了，所以当旅队第一峰骆驼不支倒地时，手下们将它身上最好的肉割下来当食物。而载我长达十六个月的忠实坐骑也一命呜呼了，有天早晨，我们发现它已经断气倒在帐篷外的地上。

九月二十一日，我们选在一座湖泊的西岸扎营，湖的走向刚好成斜角阻隔我们的去路；我们无法走到湖的东南极点，当时也许想象自己正站在一处海湾的岸上。随后我们花了两天时间顺着岸边往东北方走；有一天，突然刮起一场规模和强度都属前所未见的风暴，天空转眼像漆上一层黑墨，蔚蓝的湖水顷刻间也转为深灰色，原本平静的湖面掀起白色的滔滔巨浪。山脉消失在密不透光的云层后面，夹带冰雹的风暴鞭笞着岩石，由于浪涛阻断了我们的前进，逼得大伙儿紧急在一个山谷的入口扎营。

现在我们只剩下五峰骆驼、九匹马和三只驴子，而它们也仅剩最后一餐谷粮，不过面粉倒还够用一个月，所以幸存的马匹每天可以分食一小块圆面包。

九月二十七日，我们离开拥有多座湖泊的辽阔河谷，转往东北攀过一条山口。远处有一群成百的牦牛被我们所惊动，伊斯兰对牛群开了一枪，受到惊吓的牛登时分成两群逃窜，其中一群有四十七头牦牛，笔直对着我和一位陪伴我的塔格里克人冲过来，带头的是一只魁梧的公牦牛，等到离我们约一百步光景，它们突然从我们俩身旁闪过，这时伊斯兰又发了第二枪，公牦牛发动攻击，眼看就要撞上伊斯兰和马匹的千钧一发之际，坐在马鞍上的伊斯兰急转过身子，对着牦牛的胸口补上致命的一枪。我们在牦牛倒地的附近扎营，它的肉提供了我们好几天的伙食。

喜见人迹！

现在我们不可能离人烟太远了。在下一个山口的巅峰上，我们见到一块石头地标，显然是狩猎牦牛的蒙古猎人所竖。我们还看见许多野驴群，为数有两百头之多。又有两匹马死了，不晓得我们的旅队还能撑多久？粮食已经所剩无几，帐篷、活动床、箱子和动物标本的重量丝毫未减轻，甚至比先前更重。

九月的最后一天，我们抵达一处

由四十九块板岩搭建成的欧玻

第二十九章　野驴、野牦牛和蒙古人　317

山谷空地，空地上有间非常美丽的"欧玻"，其义为献给山神的宗教纪念堂，由四十九块墨绿色的板岩构成，有些长达四英尺半，以锐边向外的方式堆叠而成，看起来像是有三个秣槽的马厩；岩板上刻满西藏表意文字。我以前从未见过"欧玻"，它很可能是柴达木蒙古人通往拉萨的朝圣路线，刚好和我们在这里交叉而过。也许岩板上所刻的文字叙述着某些重要的历史讯息吧？这点我无须研究太久即发现个中端倪，因为这些文字一再重复，顺序也都一样，正是信徒祷告时诵念的咒文："嗡嘛呢叭弥哞"，即"赞颂莲花心之宝石"的意思。

第二天我们走下花岗岩山壁之间的谷地，途中又发现另一个"欧玻"，还有一些火炉与被遗弃的帐篷营地。山坡上有一群牦牛正在吃草，伊斯兰远远射了一枪，它们却动也不动，反而是一名老妇人跑上前来，放声大喊；她告诉我们这些牦牛是驯养的，其实我们一靠近就看出来了，因为牧人驯养的牦牛体型较野生种的小。一条溪涧顺着河谷淙淙流淌，在岸边我们搭起营帐，离那位"山中老妇"的帐篷相当接近。

交谈靠比手画脚

经过五十五天孤独的旅程后，我们再次感受到人类有趣的一面。我们没有一个人听得懂老妇人所讲的蒙古话，帕尔皮只懂得"巴尼"，表示"这儿有"；我晓得五个词："乌拉尔"代表山、"诺尔"代表湖泊、"郭尔"和"慕伦"指河流、"戈壁"是沙漠的意思。可是要靠这些简单的词语跟老妇人表达我们很想向她买一只肥美的绵羊，却是一件困难的事。我试着学羊咩咩叫，然后拿两个中国银币给她看，就这样，决定了她豢养的一只绵羊的命运；当然，羊肉很快就进了我们的煎锅。

老妇人穿着一身羊皮衣，腰束一条皮带，脚上是一双靴子，前额绑了一条手绢，并把头发编成两条麻花辫，而她那八岁大的儿子也作同样的装扮，只不过比母亲多出一条麻花辫。他们居住的黑色毛毡帐篷用两根直挺的杆子支撑住，然后以绳索绷紧。帐篷里一片狼藉，四处散落着锅碗瓢盆、打猎工具、毛皮、装满牦牛肥油的绵羊膀胱，还有从牦牛身上割下来的几大块牛肉。帐篷后方有两尊小小的释迦牟尼佛像，以及一只木头箱子，根据我信奉伊斯兰教的手下表示，这是家庭式佛堂。

入夜以后，一家之主才回到家，他的名字叫朵尔切，专门以猎取牦牛维生，忽然看见自家附近凭空冒出我们这些邻居，他的诧异可想而知。他就像陷入瘫痪一样站在那儿瞪视着我们，无法确定我们是真的人还是异象。

也许是老妇人和男孩告诉他我们并非强盗，而是付钱取物的正人君子，更何况我们还送给他们烟草和糖。

于是朵尔切的敌意慢慢软化下来，等我们带他到我的帐篷参观之后，他的态度变得相当亲切。后来朵尔切成了我的朋友和亲信，当了我们好几天的向导，同时带我们去拜访他的族人，也就是柴达木地区的塔吉努尔蒙古人。就在我们认识他的第一天，朵尔切就送给我们三匹小马和两只绵羊。

刚开始我们很难了解彼此的语言，每当见到我们对他所说的话一头雾水时，他就大嚷大叫，把我们当成聋子。我于是开始向他学习蒙古话，先是把数字写下来，然后指着额头、眼睛、鼻子、嘴巴、耳朵、手脚、帐篷、马鞍、马匹等，逐一学习它们的名字；碰到动词可难学多了，我们先从简单的学起，像是吃、喝、躺、走、坐、骑、抽烟等。有次我想知道"鞭打"的蒙古话怎么说，便用拳头敲敲朵尔切的背部，他陡地一脸惊惧地跳起来，以为我生气了。往后几天，我们的课程未曾间断。经过几天的休养生息，我们骑马沿着奈齐慕伦河（Naïji-muren）河谷往下走，这期间我一直把朵尔切留在身边，随时询问他河谷和山脉的名字。我想学蒙古话，除了兴趣之外，也是基于实际需要驱策我学习；有时候，没有翻译在身旁对我反而是好事，因为这样我就会逼着自己去熟悉这种语言。几个星期过后，我已经可以用简单的蒙古话和游牧民族沟通了。

十月六日，我在旅队准备好之前先行上路，同行的只有朵尔切和小狗尤达西，我们向越来越宽敞的河谷下方前进，骑了一英里又一英里，最后的目的地是与海平面等高的低地；低地北方常有柴达木人出没。一天又过去了，我们在缓缓沉降的暮色中，穿越一处带状沙漠，然后步上一条蜿蜒通过柽柳草原的小径。

朵尔切停下脚步手指我们来时的方向，宣称如果没有向导，落在后方的旅队永远摸不清方向找到我们的营地，因此他必须回去带领他们前来。临去前，他指指我准备前往的方向，见我结结巴巴地表示我了解他的意思，他漾着笑脸点点头，跳上马鞍，又跃身下马，然后就消失在黑暗中；我则继续往下骑。

　　夜色阒黑，新买来的马显然熟识路途，只见它专心一意地踏着步伐；前面的路似乎没有止境，最后我终于望见远方依稀有火光，慢慢地光线愈来愈强，这时北边传来狗吠声，一会儿，引来一大群愤怒的狗冲出来围攻我们，如果我没有跳下马把尤达西抱上马鞍的话，它大概早已经被这群狗撕成碎片了。我带着尤达西和马儿赶了将近三十英里路，来到名叫崖克左汉果（Yike-tsohan-gol）的帐篷村，我把马系好，独自走进一顶帐篷，里面有六个蒙古人围坐在火边，一面喝茶，一面在木碗里揉捏糌粑。

　　我向他们打招呼："阿姆桑班？"（您身体可安康？）

　　这伙人一语不发地瞪着我瞧，我取过锅子，喝了大口马奶，然后十分镇静地点起烟斗。蒙古人见状惊异不已，显然不知道该拿我怎么办，我试着把朵尔切教我的蒙古话秀给他们听听，但他们还是噤若寒蝉，我依然得不到他们的一言一语。

　　我们都坐了下来，一会儿你看我、我看你，一会儿又盯着营火，如此挨了两个小时。突然从棚外响起哒哒的马蹄声和嘈杂人声，表示我的旅队已经到达了。一路上，我们总共损失

第二十九章　野驴、野牦牛和蒙古人

了两匹马和一头驴子，它们都是我的老伙伴，而我们原先的五十六只牲口现在仅剩下三峰骆驼、三匹马和一头驴子。

等朵尔切向崖克左汉果的蒙古人作过一番解释后，我和他们很快就变成了朋友。往后五天我们住在这个村子里，而且重新组织了一支旅队。

私售释迦牟尼佛像

住在附近的蒙古人得知我们想买马匹，特地跑来向我们兜售，我们一共买了二十匹马，擅长制作马鞍的帕尔皮为它们做了合适的驮鞍。酋长梭南穿着一袭红斗篷来看我，还带来一些木头容器，里面是送给我们的鲜奶、酸奶、发酵马奶。随后我也到他的帐篷作礼尚往来的拜访，棚外有一柄长矛插在地上，棚内则布置有一间漂亮的室内佛堂。这个地区完全没有农业，可是每户人家都豢养牲口，包括绵羊、骆驼、马匹、牛只，有些人甚至因此而变得富有。

蒙古人通常在脖子上佩戴黄铜、红铜或白银做成的小匣，

蒙古人挂在脖子上的匣子"嘎乌"

匣里放着泥塑或木雕的释迦牟尼佛像，还有几张书写神圣祈祷文的纸片，他们称这种匣子为"嘎乌"。我买了一整套的嘎乌准备收藏，它们的装饰非常美观，其中又以银制匣子最美，大都镶上土耳其玉和珊瑚，不过蒙古人不敢让其他族人知道他们把神圣的先人遗物卖给异教徒，所以他们都趁晚上偷偷跑进我的帐篷，在夜色的掩护下，他们将神秘的释迦牟尼佛像送进我的手里。

第三十章
唐古特强盗之地

我们在十月十二日这天挥别新结交的朋友,往东横越大草原、沙漠和纠结的盐地。再出发的这支旅队可说是焕然一新,马匹都处于非常好的状况。在我们左手边的是辽阔无边的柴达木平原,右手边则是西藏的层层山脉。晚上我们住宿在蒙古的帐篷村,和当地人吃一样的食物。几天之后,朵尔切领了酬赏回家了,取代他的是个高大的蒙古人洛布桑。这时我们离西宁(青海省会)还有一个月路程,与北京的距离更长达一千两百五十英里远;酷寒的冬季逐渐逼近,不过我们已经抵达海拔较低的区域,平均标高从九千到一万英尺不等。

接下来的行程转往北方,来到了托索湖,这是一个水色湛蓝的美丽盐湖,附近几乎杳无人烟,不过到了晚上,我们在呼伦河岸边见到火光。这片土地上充塞着一股美丽而神秘的氛围,随处可见景致动人的"欧玻",其上插着祝祷用的三角旗帜,在风中像幽灵般振翅欲飞。在托索湖近岸凡有淡水源头的地方,总见得到白色天鹅在蔚蓝的湖水上自在悠游。此刻气温下降到零下二十六摄氏度，空气凝窒不动，一轮明月将荒凉的大地染成了银色世界，月光在湖面上泼洒出一条波纹粼粼的水道。

迎战唐古特强盗

我们骑马沿着淡水湖库里克湖的南岸前进，洛布桑沉默而严肃地坐在马上，嘴里不停喃喃念祷神圣的咒文"嗡嘛呢叭弥哞"，我问他为什么如此忧郁，他说我们先前遇到的一群蒙古人告诉他，唐古特强盗几天前来到库里克湖一带，偷走了游牧民族的马匹，他还警告我们最好准备好所有的武器。于是我们把三挺步枪和五支左轮手枪分配给大家，夜里则把马匹拴在营地附近，同时安排守卫轮流在帐篷周遭巡逻；我们也冀望三只狗能给予危险的警讯。

十月的最后一天，我们在哈拉湖畔扎营，由于在岸边有很多熊脚印，我们必须更加提高警觉看管马匹；若是平常时节熊吃吃野生浆果便能果腹，然而每至晚秋时分，熊就会攻击任何野放吃草的马匹。

第二天旅队继续朝东骑行，经过一处由低矮山脉所环绕的谷地，熊留下的足印方向和我们的路线不谋而合，尤其到谷地中央的路径上清晰可见。伊斯兰和洛布桑骑马前去追赶，一个小时后他们快马奔驰回营，如同见了鬼似的，一看到我们就上

第三十章 唐古特强盗之地 325

气不接下气地嚷着:"唐古特强盗!"

随即在他们背后不远处扬起了滚滚尘烟,十来个唐古特强盗正骑马冲过来,每个人的肩上或手上都持着一挺步枪。他们笔直地朝我们奔驰过来,我们立刻排列成防卫队形严阵以待。我们停队的地方刚好在一块六七英尺高的台地上,我和伊斯兰、帕尔皮、洛布桑选定最佳作战位置,架起了步枪和左轮手枪准备开枪,其余的手下带着旅队牲口躲在我们后面,突起的台地正好形成一个护卫堡垒。手下们都认为大限已到,害怕得膝盖不停颤抖。我们把身上的皮裘脱下来,这样比较容易承受枪支的后挫力,看来这场战斗胜负难卜,我们只有三把步枪,对方却有十二把;想到此,我点起烟斗,希望自己的冷静能减少手下的恐慌——尽管我自己也很难保持镇定。

当强盗看到他们要对付的是一整支旅队时,霍地在一百五十步外暂停下来,围拢成一堆召开作战会议,只见他们一边叽里咕噜地商量,一边比手画脚;他们的步枪在阳光下闪烁着光芒。过了片刻,他们调头离去。我们也上马赶路尽快离开那儿,可是唐古特强盗却跟在我们右方,与旅队保持在步枪两倍的射程距离外。他们兵分两队,一队往一道叉开的山谷方向骑,另一队则沿着山谷右手边的山麓前进,而且队员都不落单,似乎在等待我们走进主要谷地的狭窄入口。我们非常清楚危险正埋伏在前方,因此拼命策马加速前进;洛布桑吓得魂都快没了。

他说:"他们会从岩石上开枪打我们,我们最好转头走别的路吧。"

但是我仍然催促手下使劲往前冲。唐古特强盗又出现了,这次是在靠近山谷狭隘入口处的岩石上方,我们的处境惊险万分,因为强盗可能就埋伏在我们头上的岩石后面,等我们经过隘道时,他们甚至不必现身就能将我们一一撂倒;他们占据了立于不败之地的天险关卡,相较之下,只有三挺步枪的我们,手中的胜算实在渺茫得可怜。

我用力吸着烟斗,率先骑进狭隘的岩石通道,我心想:"这一刻来临了!一颗子弹会把我击倒,然后我那些勇敢的穆斯林队员将会落荒而逃以保性命。"

严防盗匪来袭

孰料什么事情都没发生!我们安然穿过狭道,直见山谷另一端有大片平原豁然开展,大伙儿全都感到如释重负。唐古特盗匪消失得无影无踪,我们继续驰马前进,来到一潭结冰的淡水池塘前才停下来,池塘位处平原中央,四周环绕

唐古特强盗趁黑夜在营地四周潜行

青翠草地，我下令旅队当晚就在此地扎营过夜。

手下们应声松开马匹的缰绳，让它们徜徉在草地上自由吃草，不过，还是小心不让它们离开我们的视线，直到天空罩上黑幕才把它们拴在帐篷之间。这天晚上由伊斯兰和帕尔皮负责巡夜，我们不必采取任何措施来维持大家的警觉心，因为每个人心里都有数，晚上唐古特盗匪必然召集更多的人马来犯。普热瓦利斯基有一次曾经遭遇三百名唐古特强盗的攻击，假如唐古特人在哈拉湖东岸的族亲胆子再大一些，他们早发大财了。

天色一变暗，我们马上听到凄厉的嚎叫声，像是土狼、胡狼、野狼等惯常在夜间发出的凄恻长嚎，声音从四面八方传到我们的营地，似乎近在咫尺。洛布桑坚信那是唐古特强盗刻意发出的作战呼声，目的是想吓吓我们，也借此试探我们的看门狗有多机警多勇敢。强盗们可能正匍匐着通过草地，利用漆黑的夜色神不知鬼不觉地一步步逼近；我们每一分钟都感觉即将听到发动攻击的第一声枪响，届时大家只能在暗夜里盲目还击。我们尽可能掌握强盗发出的声响，每隔一分钟帕尔皮都会大吼两次："卡巴达！"（"守卫醒着吗？"）由于我们没有打更用的鼓，负责巡守的两个人只好拿两只锅子拼命地敲响。

一个小时接一个小时过去了，仍然没有听见任何枪响，唐古特强盗显然也没有把握，因此尽量拖延攻击时间。我觉得很困，便躺了下来，临睡前还听见帕尔皮不厌其烦地吼着："卡巴达！"

这个晚上还是没有发生什么事。当太阳升上山头之际，唐古特强盗跃上马匹撤退到射程之外；我们为牲口装好行囊，开始向东行进。我们一离开营地，那群唐古特强盗马上就骑马过去，只见他们下马又刨又挖的，找寻昨晚帐篷和营火所在的位置。从我们留下来的空火柴盒、残余蜡烛和报纸，无疑地让他们明白这支旅队是欧洲人所带领，从此再也没见到他们追上来。

大家顿时觉得安全了，经过前一晚辛劳的守夜，我让大伙儿好好休息一整天。此刻他们所发出的鼾声之大，就我一生所听见的绝对是空前绝后。

之后，我们经常路过唐古特游牧民族的帐篷，向他们购买绵羊和鲜奶。唐古特人是西藏的一支部落，但在一般藏族人的眼中，唐古特人较为野蛮、凶恶，喜好劫掠势单力薄的旅队，只要有机会就偷取别人的马匹。有一次我带着洛布桑走进一顶帐篷，两人都没有携带武器，帐篷里有两个妇女正坐着给婴儿喂奶，我把棚里所有的东西都写下来，然后一一询问各种东西的名字，妇女们不禁莞尔，她们可能心想我一定是疯了，洛布桑则担心万一她们的丈夫在这个时候回来，我们的麻烦就不堪设想了。又有一回，我们足足拜访了二十五顶帐篷，不管出多高的价钱，就是没有一个唐古特人愿意当我们的向导。

随着旅队越接近"活佛"居住的都兰寺，山中谷地变得越来越生机盎然。夜里在小湖泊"茶卡湖"（"白湖"的意思）边扎营时，我们又听到附近传来鬼魅般的长嚎，这使得我们怀疑是唐古拉强盗卷土重来，正伺机全力攻击我们。虽然如此，我还是累得睡着了，第二天早晨醒来，手下告诉我这次的嚎叫是野狼所发出的，它们逼近到我们的帐篷边，还和狗儿打了一架。

第二天我们遇到一支旅队，由大约五十名唐古特人组成，他们先到丹噶尔（现称湟源）采购面粉与其他冬天用的补给品。他们就在我们附近扎营，夜里看见他们在我们的帐篷四周鬼鬼祟祟徘徊不去，想必是希望能偷点什么东西。

接着我们来到一处荒野僻壤，没有丝毫的人烟或兽迹，可是一到夜晚野狼凄恻嚎叫不休，狗儿狺吠回应，叫得喉咙都沙哑了。

壮丽的青海湖

渡过半结冰状态的雅克河之后，东边赫然映入眼帘的是一幅壮阔奇丽的景致，正是广袤无垠的青海湖，湖水的颜色变化万千，色泽在孔雀羽毛的蓝绿色调中间歇转换。诚如古伯察修士[①]在他一八四六年所写的旅行记录中提到的：青海湖虽大，却没有大到拥有自己的潮汐。青海湖海拔高一万英尺，每逢冬季唐古特人便在湖岸扎营过冬，夏季游移高原各地逐水草而居。

---

① 古伯察（1813—1860），为法国天主教遣使会的修士，一八三九年旅行到中国，曾到过蒙古、西藏，是第一个进入拉萨的欧洲人。

我们循着青海湖北岸走，沿途清晰可见湖盆南方的连绵山脉。青海湖中间有个岩石小岛，岛上住着一些贫苦隐士，平时全仰赖信徒和游牧民族自发性的供养维生。信众们在冬天最寒冷的时候走过结冰的湖面抵达小岛，可说是冒着生命危险，因为当他们走到半路时，忽焉而至的大风暴很可能将冰层击破。尽管如此，供养隐士因为可以得到菩萨的护佑，所以信众大多甘冒生命危险。

青海湖畔常有一大群羚羊在那儿吃草，我们曾经将六匹趴伏在一处峡谷中等待猎捕羚羊的野狼给吓跑了。在这里处处可见帐篷和聚集成群的绵羊。有一回，我们遇到由六十头牦牛组成的商队，牦牛背上驮着玉米，是商人准备卖给青海唐古特人的粮食。还有一次，我们发现整个河谷挤满了人和牲口，那是德松萨萨克（Dsun-Sasak）蒙古人的庞大旅队，刚从丹噶尔采购冬季补给品回来。这支商队共有一千匹马、三百峰骆驼，以及配备一百五十挺步枪的三百名骑士，还有妇孺随行；当他们路过时，马匹杂沓纷乱的蹄声充塞了整座山谷。

唐古特人向洛布桑探听我们的箱子里装了什么，洛布桑眼睛眨也不眨地回答：大箱子里装两名士兵，小箱子里只装一名。我有一个铁皮做的轻巧型炉子，炉上有根烟囱，是用来放在帐篷里取暖的，可是洛布桑对唐古特人说那是一挺大炮，唐古特人一听大为惊讶，他们从来不晓得大炮可以加热，洛布桑解释那是让武器就绪的一般做法，他还说炮弹是从锡管中向敌人发射过去，世界上没有任何力量可以和天女散花般的炮弹相抗衡。

林哈特夫妇的遭遇

翻越过哈拉库图山口，我们来到可以经由黄河通达大海的区域。截至这一刻，我已经有三年时间是在与海洋不通气息的土地上跋涉旅行，不过，从此地距离北京还有九百英里远，我内心十分渴望能到中国的首都一游，但北京却显得如此遥不可及。

越向东行，乡间景色越显活泼有生气，途中我们遇见许多骆驼商旅、骑士、行人、推车、成群的牛羊；而一路行经的村庄尽为胡杨树、桦树、柳树和落叶松所环绕。我们沿路经过无数大小桥梁、寺庙、祠堂，最后终于进入丹噶尔市的城门。

我听说城里有个基督教教会，因此我登门拜访那户教士居住的中国屋舍。负责教会的是荷兰人林哈特先生，不巧的是他正好去了北京，他的夫人苏西博士是个博学、亲切、多才多艺的美国妇人，她非常热忱地招待我，还为我和手下张罗住处。这位勇敢又能干的女士不久之后却遭遇到最悲惨的命运，我想任何妇女都很难经得起这样的打击：一八九八年，她偕同丈夫与幼子试图前往拉萨，抵达那曲①时，他们被迫折返，不幸的

---

① 位于拉萨东北方怒江边的城市。

是，她的孩子却死在回程途中，藏族人又偷走了他们的马匹，地点离一八九四年法国探险家吕推被谋害之处不远。失去爱子的林哈特夫妇来到扎曲河边休息，瞧见对岸有一些藏族人的帐篷，林哈特先生于是尝试游泳过河，他的夫人见他消失在一块岩石后面；就像他以往探访其他邻近的帐篷，林哈特夫人以为丈夫很快就会回来，没想到他却一去不返。林哈特夫人等了一天一夜，却始终没见到丈夫出现，没有人知道他究竟是淹死了还是惨遭杀害；林哈特夫人哀痛逾恒，这个打击几乎让她活不下去，最后她设法回到中国内地，后来黯然返回美国。

拜见住持活佛

我离开林哈特的家直接转往著名的塔尔寺（藏语有"十万佛像"之意），放眼所及寺庙林立，庙宇屋顶皆贴着光彩夺目的金箔；我在那里拜见了住持活佛，他还为我的朋友洛布桑祈福。我也参观了佛教改革者宗喀巴[①]的巨大塑像，以及古伯察修士在游记中所提到的奇妙大树。据说每年春天这棵树萌发新芽时，"嗡嘛呢叭弥吽"的咒文便会自动浮现在叶子上，不过洛布桑在我耳边低声说，那些咒文其实是喇嘛趁晚上偷偷印在叶子上的。

十一月二十三日，我们很晚才出发，当我们终于抵达西宁

[①] 宗喀巴（1357—1419），藏传佛教格鲁派的创立者。

城门外时,已是夜深人静。城墙边有个守门人踱来踱去,不时敲鼓报更,我们用马鞭敲打城门,可是没有任何回应,我们只好唤来守门人,允诺如果他能为我们打开城门,就给他一笔丰渥的赏金。双方经过好一番争执,他终于答应遣了个信差到县官衙门去通报,我们等了一个半小时才得到回音,答案是:天亮时城门自然就会打开!

我们别无选择,只得就邻近的村子住宿一宿。第二天,我们去见中国内陆使节教会的三位教士里德利、亨特和霍尔;我在西宁期间即在里德利教士的家叨扰,受到他和家人非常热情的款待。

我的生活方式和旅行模式在这里有了变化,除了伊斯兰之外,我解散了旅队其他的队友,为了酬谢他们,我付给他们两倍于先前约定好的酬劳,只留下两匹马,其余都送给他们。由于这些手下都是中国子民,因此我不费吹灰之力就通过西宁道台为他们索取到通行证,让他们回到自己的故乡。

现在我怀里揣着七百七十两银子,离北京还有三个月的行程那么遥远!

第三十一章
北京之路

这趟长途旅行的最后几个月简直就是回归文明之旅,因此对这段冒险旅程,我将轻描淡写快速带过,不再多加着墨。

如同我先前说过的,伊斯兰是我现在唯一的随从,他负责照顾所有的行李。我们先驾驶骡车到达平番①,再改乘土耳其斯坦大型马车前往凉州府②。当横渡西宁河时,我们见到第一辆骡车的轮子如刀切豆腐般陷入还不太结实的冰层里,还好最后平安脱困。但是第二辆就没这么幸运了,深陷冰泥中动弹不得,我们必须把车上所有的行李先搬运上岸,然后由一个中国人脱光衣服走进很深的河水里,把淤积在车轮前方的冰块铲开——直到现在一想起他还会忍不住颤抖。这场意外花了我们四个小时的时间才解决。

---

① 现称永登,位于甘肃省兰州北方。
② 清朝时府名,现称武威,位于今甘肃省境内。

从凉州府到宁夏

接着又经历了许多大小意外,最后终于驶入美丽的凉州府城门,径直前往英国传教士贝尔彻一家的住处,在那里我们受到非常温暖、友善的招待;相反地,我借住十二个晚上的教堂反而没让我感受到一丝丝的温暖,教堂只有星期日才生火加热,其他日子室温只有零下十五点五度。我买了一只形似茶壶的铜制手炉,里面装有几块埋在灰烬里的煤炭,日夜都烧得暖洋洋的。

我在凉州府停留很长的时间,因为要到宁夏必须准备一些拉车的牲口,只是寻找合适的牲口并不容易。我花了大把时间在城里城外搜寻,记忆中,以到桑树庄①那次最值得回味。有一次,我去桑树庄拜访博学而亲切的比利时传教士,看见当地的中国农人把田里的工作放下,自动到教堂里做礼拜,走到圣母像前还在胸前画十字,那景象感觉很怪异。我听说有许多家庭信奉天主教,而且由父亲传给儿子,代代相传已历经七代之久。

我们终于找到一个好心的中国人,愿意用九峰骆驼载伊斯兰、我和所有的行李,报酬是五十两银子。从凉州府到宁夏有两百八十英里路程,途中会经过贺兰山和乌兰阿勒苏沙漠(原

---

① 因原文为音译,回译时部分地名可能与实际存在误差。

意"红沙")。我在贺兰山首府王爷府会见中国皇帝赐封的一位亲王,他年长和蔼,我们共度了愉快的一小时。

宁夏的两位传教士皮尔奎斯特夫妇不但敞开双臂欢迎我的到来,给予热情的招待,更巧的是,他们还是我的瑞典同胞。

从宁夏到北京还有六百七十英里路。亚洲实在是一片广大无边际的大陆啊!我骑马走了几年复几个月,至今尚未穿越整个亚洲大陆!我们的下一个目标涵盖跨越鄂尔多斯(大致在绥远省境内),是一处由大草原和沙漠形成的地形,它的西、北、东三方被黄河河套所包围,南方则有长城为屏障。骆驼在这里脚程不快,我们花了十八天才走了三百六十英里,抵达包头。

寒天里穿渡黄河

我们选择黄河冰层较厚的地方渡河,河面宽一千一百二十二英尺。一个星期之后,我们策马穿越荒凉的沙漠地带,偶然才看得见一些蒙古包。我们在知名的古井边扎营,它们的深度都很惊人,例如宝亚井就达到一百三十四英尺深。天气越来越寒冷,最低温为零下三十三摄氏度,连帐篷内的温度有时也会降至零下二十六点七摄氏度。

不过,最令人寒冻难挨的还是呼啸不断的西北风,这种凛冽的风夹带尘沙,毫无阻拦地席卷大地,简直冷得酷似寒冰,我们坐在骆驼双峰间就快冻成冰棍了。我一直把小手炉放在膝盖上，绝对不让炭火熄灭，否则我的双手早就在这次艰苦的旅程中冻僵了。一月三十一日，我们碰上一阵猛烈的飓风，想在这种天气里旅行根本难如登天；无垠的沙漠消失在浓密的漩涡状尘云中，我们盘腿坐在小得可怜的帐篷里，努力使皮袄里的身躯维持体温。

我们来到黄河宽度增加到一千二百六十三英尺的地点渡河，再次穿渡黄河的过程相当赏心悦目。我们骑马进入包头市，在这里我再度感受到传教会的宽大包容；像瑞典籍传教士赫勒贝里夫妇和基督教联盟美国传教社，都对我极为照顾，遗憾的是，这些善良而以自我牺牲奉献的好人，却在一九〇〇年与无数的外国人死于义和团事件中。

骡车陷入河面上的冰泥

我在包头暂时与旅队和伊斯兰分手，他们继续前往张家口，我自己改走另一条路线，和两个中国人搭乘一种蓝色小车经由桂花庄去张家口。沿路不时可见美国传教会，而在这里服务的瑞典人更多达六十一人，因此我在前往张家口的整条路上都住在瑞典人家里。到了张家口，我成为传教士拉森家的座上客，当时我可没有料到二十六年之后，也就是一九二三年十一月，我竟然会和拉森传教士搭乘汽车从张家口旅行到乌兰巴托（蒙古首都），笔直穿越整个蒙古。

北京逍遥游

我在张家口雇了一顶驴轿，轿子由两头骡子前后顶着，如此花了四天顺着南口谷地走到北京，现在这段路程坐火车只需七个小时。三月二日，我们踏进低平的北京西北近郊，我兴奋的情绪达到极点，因为眼前所见不正是我三年七个月以来一直梦寐以求想到达的地方吗？时间走得真慢，骡子的步伐似乎比以前更踯躅，对于两个车夫的催促吆喝毫不在乎。

我们经过许多村庄和园林，夕阳西下时，我忽然在树缝间瞥见一抹灰色，那正是北京的城墙！我觉得自己好像正要去赴此生最豪华的盛宴，除了两个和我语言几乎不能通的中国人之外，此刻只有我独自一人，顶多再过半个小时，我在亚洲大陆内部的漫漫游历即将谱下休止符，此后我将再度拥抱文明的舒

我乘坐的驮轿抵达北京

适——与不舒适。

我乘坐的驮轿像一艘船似的摇摇晃晃,晃进了城南的一扇拱门。沿着使节路继续走,我见到左手边有一处白色入口,外面站着两个哥萨克卫兵,我大声对着他们问这栋房子是谁的,他们回答:"俄国公使。"好极了!那个时候,瑞典在"中心王国"[①]尚未派驻代表。我跳出摇晃的轿子,穿过一栋中国式豪华的大宅院,突然一堆中国仆役全挤了上来。一名侍从赶紧跑进屋里通报我的到来,两分钟不到,俄国的代理公使 M. 帕夫洛夫便出来相迎,他衷心向我道贺历险成功,并告诉我很早就已收到圣彼得堡外交部的命令,由于正逢外交部长卡西尼伯爵回俄国度假,这份命令于是指示把卡西尼伯爵在北京的寓所让给

---

① 作者戏称中国是"中心王国"。

我住。

这让我想起游经科曼夏时商人哈桑慷慨借我使用的皇宫！这次我同样受到幸运之神的眷顾。初抵北京的我筋疲力尽、阮囊羞涩，连个像样的行李也没有；我跋涉过沙漠深处，也借宿过一无所有的蒙古包，现在却发现自己置身于豪华宅邸，里面从会客室、餐厅到卧室一应俱全，四处装饰有中国地毯、丝线刺绣，摆放着古董与昂贵的铜器，甚至有康熙、乾隆年间制造的瓷器！

过去那段时日由于物质生活极度贫乏，以至于我花了三天才从流浪汉的角色彻底蜕变成绅士，也是一直等过了这个阶段，我才出门拜访各个大使馆，并且纵情穿梭于接二连三的晚宴与狂欢聚会中。

与李鸿章的唇枪舌剑

我在北京最值得一提的往事是结识了李鸿章。他是赫赫有名、颇具睿智的老政治家，也是当代最富有的中国人物之一。尽管如此，在北京迷宫似的屋舍与巷道之间，他的生活却过得非常简约朴实，一点也不造作。那个时代，北京的街道极为狭窄、脏乱，人们不像现在可以驾驶汽车、马车，或是等而下之的拖板车，即便是人力车在北京都很难有立足之地。由于街上泥泞不堪，而且不管上哪里距离都长远，因此想在北京走路是不可能的事，要上街除非骑马，否则只好乘轿子。

　　李鸿章笑容可掬地接待帕夫洛夫和我，他殷殷垂询我的旅程和计划之后，便邀请我们过几天与他共进晚餐。

　　那真是一顿美好的晚餐！在一个普通大小的房间中央摆了一张小圆桌，墙上除了两帧照片之外别无其他装饰品。我们一进房间，老先生便迫不及待向我们展示这些照片，显然是他十分得意的东西，其中一帧是李鸿章与俾斯麦①的合照，另一帧则是他与英国首相格莱斯顿合影留念照片。照片里李鸿章的笑容显露出他的纤尊降贵，好像这两位欧洲政治家和他相比只是微不足道的小角色，他们应该感到十分荣幸能够与他合影留念。

　　呈上来的菜式属欧式料理，香槟酒干了又马上斟满。我们通过一位翻译聊天，李鸿章畅谈去年（一八九六年）他去莫斯科参加俄皇加冕仪式的旅行，他同时顺道访问好几个欧洲国家，最后一站到了美国。此外，我们也谈到我的横跨亚洲之旅，对话中数度出现尖锐的争论；李鸿章从他个人的经验判断，所有访问北京的欧洲人无非是有所求而来，每个人都心怀自私的动机，他相信我也不例外。所以他说得很坦白：

　　"当然，你是想到天津大学谋个教职吧？"

　　"不，谢谢你的好意！"我回答，"即使大人给我一官半职，

---

① 俾斯麦（1815—1898），为普鲁士宰相，以"铁血宰相"之名著称于世。

再给我部长的薪给，我也不会接受。"

他谈到瑞典国王时用的称谓是"王"，意思是"封建亲王"。

帕夫洛夫解释瑞典国王是个最独立、最负权势的国王，和欧洲其他国家的君王不相上下。接着我问他：

"大人去年既然已经到了欧洲，何不拜访瑞典？"

"我没有时间参观每一个国家。不过你可以说说瑞典是什么样子，人民的生活又是如何？"

我说："瑞典是个泱泱大国，社会安和乐利。冬天不至于太冷，夏天也不会太热，那里没有沙漠或大草原，只有田园、森林和湖泊；我们的国家没有蝎子，毒蛇猛兽也很罕见；没有富人，也没有穷人——"

李鸿章倏地打断我的话，转头对帕夫洛夫说：

"多么特别的国家！我得奉劝俄国沙皇赶紧攻占瑞典。"

帕夫洛夫一脸尴尬，不知道如何打圆场，他说：

"这是不可能的，大人！瑞典国王和沙皇是世界上最好的朋友，他们对彼此绝无恶意。"

于是李鸿章又把话锋转向我：

"你说你旅行过新疆、藏北、柴达木和漠南，为什么你一定要跨越这些臣属于我们的国土呢？"

"为了探索还不为世人所知的处女地，并将它们绘制成地图，同时勘查其地理、地质和植物的分布。最重要的是要了解，是否有些瑞典国王可据以占领的省份！"

李鸿章深谙语中幽默地哈哈大笑,他竖起两根大拇指说:"有勇气,有勇气!"我总算报了一箭之仇!李鸿章倒是没有针对瑞典要征服中国属地的话题穷追猛打,反而转了个话题,他问我:

"原来如此!你也研究过地质。既然这样,假如你骑马穿过一处平原,望见远方地平线上突出一座山,你能不能即刻判断山里是否蕴藏金矿?"

"不行,完全不可能!我必须先骑马到山里去,然后实地仔细检查各种矿物的岩石属性。"

"啊,谢谢你!你的做法不需要技术,我自己也做得到;我要说的重点就在于是否可以从远处判断有没有蕴藏金子。"

我不得不承认在这一局上我落了下风,继而想到我的对手是中国近代最伟大的政治家,这场口角之争倒是虽败犹荣。一顿饭吃下来,我们的交谈一直都是这样的气氛,酒席结束之后我向李鸿章告辞,坐上轿子摇摇晃晃回家。

在北京留了十二天,我折返张家口,伊斯兰也许已经带着行李抵达该地了。我决定取道蒙古和西伯利亚回家,当时西伯利亚铁路只修筑到叶尼塞河东方的坎斯克①,所以我必须接着搭乘马车和雪橇旅行一千八百英里。

---

① 亚俄中南部的城市。

觐见沙皇

到达圣彼得堡，我前往沙皇村①，向甫即位数年的沙皇尼古拉二世②致敬。在未来的岁月中，我有缘经常觐见沙皇陛下。我收到一张由瑞典公使馆转交的邀请卡，上面注明"皇帝陛下着意接见"我的详细时间，而且宫廷派车来接我的一切细节也都安排妥当。当我抵达火车站时，已有个扈从在那里等候我，准备护送我到皇宫。从火车站到皇宫的路上，我被哥萨克骑兵拦下来盘查两次，在确认我是邀请卡上所邀访的人之后才放行。

沙皇尼古拉二世穿着一袭陆军上尉的制服，给人的印象平凡无奇，不太像是个位高权重的帝王；他的个性相当直率，不善矫揉作态。沙皇对于我的旅行兴趣高昂，并吐露他本人非常精通亚洲内陆的地理，他说着在桌上摊开一张巨大的中亚地图，让我在地图上重新模拟曾经走过的路线。他用红蜡笔在我重要的停驻地点上画记号，例如喀什、叶尔羌河、和田、塔克拉玛干、罗布泊等等，他甚至详尽地比较我和普热瓦利斯基探险区域的差异。沙皇特别感兴趣的是帕米尔的英俄边界委员会，也就是我曾停留数次的英、俄双方的营区，他毫不掩饰地问我对

---

① 后为纪念俄罗斯著名诗人而更名为普希金市。
② 第一次世界大战之前欧洲极为重要的君主之一，于一九一七年俄国大革命期间被推翻。

第三十一章　北京之路

"世界屋脊"上所画下的英、俄界域有何看法，我只能据实回答。我表示，最自然、最简单的方法就是以兴都库什山的主要棱线（分水岭）作为边界，这么做远比分割台地容易，因为在台地上画疆界必须以人为方式树立石界，然而该地有许多浪游四方的游牧民族，届时一定很容易发生摩擦。

沙皇的眉头纠结在一起，只见他在地板上踱来踱去，然后十分激动地说："我早就认为应该这么做了，可是从来没有人提出如此清楚而简单的事实！"

稍后他听说我有意深入亚洲心脏地带进行新的探险活动，便要求我下次出发前，务必向他说明详细的计划内容，因为，他希望尽可能帮助我完成壮举；后来证明沙皇的承诺并非只是空言。

期待衣锦荣归的喝彩

几天之后，亦即一八九七年五月十日，我从芬兰搭乘汽船回到斯德哥尔摩，我的双亲、姐妹和友人全等候在码头边，亲友再度相聚的快乐诚非笔墨可以形容，毕竟我差一点就永远回不了家了！当天我即刻前去觐见这次探险之旅的主要赞助人——瑞典的老国王，并接受皇室的表扬，然而童年时代梦想的衣锦荣归、光荣游行的场景，也就是诺登斯科德当年所受到的那种欢迎场面，却不见任何迹象。原来整个斯德哥尔摩市只关心一件事，那就是即将开幕的大博览会。

五月十三日，我偕同两位友人为安德烈[1]及他的两名伙伴举行一场小型饯别晚宴，他们三人即将出发前往斯匹茨卑尔根，然后乘安德烈的热气球"老鹰号"飘越北极，目的地是白令海峡[2]。席间安德烈发表了一场动人的演说，他首先恭喜我在亚洲历险数年之后安然返国，而且把旅行的诸多收获带回瑞典；尔后他说到自己正站在前途混沌的起点。我向他表达诚恳的祝福，希望他横渡海洋与冰原的飞行顺利成功，而且此时此刻祝福他旅途愉快的我们，在他凯旋归来时能有那份荣幸环绕在他周围，向他致上热忱的欢迎，那么今日的忧愁伤感届时都将转为狂喜欢乐。

安德烈于五月十五日离开斯德哥尔摩，七月十一日从斯匹茨卑尔根岛的北岸升空，"老鹰号"缓缓消失在地平线的彼端。后来安德烈再也没有回来，直到今天他和同伴的下落依旧不明，可是人们对他的这项壮举却是记忆长存；世界上首次大胆尝试飞越北极的是瑞典人，对于这一点我们都感到无比的光荣。

来自各界的欢迎盛会

饯别晚宴一结束安德烈便离开了，几个小时之后，国王在

---

① 安德烈（S. A. Andrée，1854—1897），瑞典工程师兼探险家。
② 分隔亚洲与北美洲的水域，同时连接与大西洋相邻的白令海。

皇宫招待八百人共进晚餐，以庆祝博览会的开幕。在我回家之前两个星期，驾驶"弗兰姆号"完成横渡大西洋计划的南森①才刚接受过国王的接风洗尘，现在轮到我了，与会宾主纷纷向我敬酒。有份记录当时情景的文件如此写道："国王再度发言，他的声音永远是那么迷人，表现出一种特殊的温暖音质。"身材高挺、银发生辉的国王走入众多宾客之间，为我发表了一段演说。他致词的部分内容如下："冒着生命的危险、秉持不屈不挠的毅力，南森在大西洋的冰原中找寻陆地，而赫定，我们瑞典的子民，也承受同样的生命威胁，发挥同样坚定的意志力，他找的是水——而在亚洲内陆的沙漠和大草原上，水源并不充沛。国王背负的责任常是沉重的，不过他们的特权也很宝贵；现在我就要行使一样特权，我要以瑞典民族之名向诸位政治领袖、社会精英致词，我呼吁各位加入我的喝彩，在我代表瑞典人民向赫定致意、大声喊出他的名字时，请各位与我齐声欢呼。"

我年迈的父亲也参加了这场盛宴，当国王发表致词时，他的快乐不比我少，甚至比我自己更开心。

之后，欧洲几乎所有的地理学会都为我举办欢迎会，如果要一一叙述，很快就会塞满整本书；在为我举办的欢迎宴会中，又以巴黎、圣彼得堡、柏林和伦敦地理学会最为盛大。各种奖

---

① 弗里乔夫·南森（1861—1930），挪威探险家，也是动物学家与政治家，乘船漂游横越格陵兰和北极部分冰原，推进到北纬八十六点一四度，是当时人类所接触纬度最高之地。

章和皇家颁赠的殊荣像潮水一样涌来。我特别感念柏林地理学会的老师李希霍芬、法国共和政府总统菲利·福尔、巴黎地理学会的爱德华和波拿巴、圣彼得堡的赛门诺夫、英国的威尔士王子（也就是后来的国王爱德华七世），还有我的老友伦敦皇家地理学会会长马卡姆爵士，以及诸多人士。伦敦皇家地理学会颁给我一面金质大奖章——"创立人奖章"，并推举我为荣誉会员[1]。在伦敦停留期间，我经常造访伟大的非洲探险家斯坦利，在他府上叨扰，终其一生他都与我保持亲密的友谊。当我接到好差事时，斯坦利是我最好的导师，例如去美国演讲就是其中一项，不过后来并没有成行，因为我心里正盘算着与此有天壤差异的计划。

---

[1] 关于我在伦敦所接受的欢迎，请见《地理杂志》（一八九八年第十一册）。——原注

第三十二章
重返沙漠

　　一八九九年仲夏日（六月二十四日），紫丁香盛开的季节，我第四度出发远征亚洲的心脏地带；这次探险的赞助人主要是奥斯卡国王和伊曼纽尔·诺贝尔。我所携带的仪器，四架照相机，两千五百张玻璃板，文具和画图原料，送给当地居民的礼物、衣服、书籍，等等，（总之，是所有的行李）加起来重达一千一百三十公斤，整整装满二十三只箱子。这趟探险旅行必须仰赖一件新的交通工具，那便是属于伦敦的詹姆斯专利的折叠船——帆柱、船帆、船桨、救生筏，一应俱全。

　　和往常一样，每次开始一趟新的旅程，最困难的部分就是阔别双亲和兄弟姐妹，至于愉快的部分往往在出发之后才会来到，也就是在旅程的每个阶段体验不断发掘未知事物的喜悦；我渴望宽阔的天空，也亟欲在踽踽独行的旅途上展开伟大的冒险。

　　出发前几个月，我去觐见沙皇，向他说明我的探险新计划，沙皇竭尽所能给予我旅程中的协助，包括免费的交通工具、搭乘俄国火车（不论欧、亚）免付关税。除此之外，沙皇甚至亲自调遣一支二十人的哥萨克骑兵护卫队，我无需支付一毛钱；我告诉沙皇二十人太多了，我只要四个护卫，沙皇也同意我的看法，因而挑选哥萨克骑兵的任务便交由战事部长库洛帕金将军去负责。

按照计划，我必须搭乘火车旅行三千一百八十英里路程，抵达俄属土耳其斯坦的安集延①。我先到达里海东岸的克拉斯诺沃茨克，在这儿已经为我准备好了一节特等卧铺车厢，让我可以这节车厢为家悠游于整个亚俄。只要我愿意，我可以随意停留各个城市，时间也不限制，而且只要我指定搭乘哪一列火车，铁路当局就会把我的车厢加挂到那列火车的最后面，这样我可以坐在车厢后的平台上，尽情欣赏车外飞奔而过的风景。

揭开亚洲深处的神秘面纱

当抵达安集延，伊斯兰已经在那里等我了。他穿着一件蓝色长袍，胸前佩挂瑞典国王赠予的金质勋章，我俩为这次重逢，以及能够再度同甘共苦感到喜悦不已。我叫他先带着所有行李赶到欧什，并且联络将协助我们前往喀什的旅队车夫，至于我则先留在老友赛茨夫上尉的家里。

---

① 位于乌兹别克斯坦东部，蕴藏丰富的石油和天然气。

我在七月三十一日这天动身，同行的有七个人、二十六匹马和两条幼狗；小狗都只有一个月大，名字分别是尤达西三世和多夫雷。在翻山越岭到达喀什的两百七十英里崎岖的路程中，我们必须穿过咸海与罗布泊的分水岭唐布伦隘口，站在隘口上远眺，整个亚洲尽纳眼底！我觉得自己就像个探索世界的征服者，深邃若迷雾的沙漠和高山顶峰的神秘面纱，都在等待着我去揭开。在接下来三年的探险之旅，我的首要原则是只探访人迹未曾到达的地方，至于这趟旅程中，我所绘制的一千一百四十九张地图，绝大部分都是未被勘查过的地域。

再度置身帐篷里，侧耳聆听树梢风声的呢喃，与大型驼队的清脆铜铃声，感觉真是愉快极了！一如昔日，吉尔吉斯人带着牲口在草地上游牧，而在一处可通行的浅滩上，还多亏他们的帮忙我们才把马匹带过湍急险恶的喷赤河。

我在喀什遇到老朋友彼得罗夫斯基总领事、马继业爵士和亨德里克斯神父，而瑞典籍的胡谷伦牧师如今则带着家人与助理在喀什创办基督教会。彼得罗夫斯基的热心不减当年，一样给予我许多实质上的帮助。我用一万一千五百卢布买了一百六十一个中国银锭，足足有三百公斤重，分装在好几口箱子里，如此可减少被偷或全部遗失的几率。当时每个银锭值七十一卢布，等我后来需要更多钱时，每个银锭已增值到九十卢布。我们买了十五峰壮硕的双峰骆驼，不过截至探险结束，却只有两峰存活下来。我指派尼亚斯和图尔杜担任旅队的领队工作；图尔杜是个胡子雪白的老汉，他的价值难以衡量，从头到尾陪伴我们直到探险任务完成。还有法伊祖拉，是个可以信赖的骆驼驭手；除此之外，我还雇了一位年轻小伙子迦德，主要是他能书写当地文字，万一有需要，他就能派上用场。而沙皇调拨给我的哥萨克骑兵之中，西尔金和切尔诺夫来自七河之乡，他们约好与我在喀什会合，另外两人则径行前往我在罗布泊的据点报到。

行过滚滚长河

九月五日下午，我们在毒热的艳阳下出发，驮负沉重行李的骆驼摇着颈上的大铜铃，缓缓走过喀什，穿过村落、园林和

我们正通过喀什外小村庄的一座桥

田野，四周尽是平坦的黄土，骆驼和马匹踢踏扬起了一缕缕的黄色尘云。西北方的山峰上天色逐渐变黑，一阵强风倏忽卷起厚厚的尘土，那意味着风暴即将来临。果不其然，顷刻间，一场狂暴的大雨开始袭击大地，隆隆的雷声一声接着一声，我们像耳聋似的除了雷声什么也听不见，脚下的大地也随之撼动，令人不禁以为世界末日就在眼前了。雨还下不到一分钟，我们已被淋得全身湿透，脚下的土壤因被雨水浸软，变得像肥皂一样滑不溜丢的；骆驼更像喝醉了酒一般步履踉跄，不小心滑倒，便把泥浆溅得四处飞起。每次有骆驼跌倒，刺耳的嘶鸣立刻响起，我们得不时停下来为跌倒的骆驼松解重物，帮助它们站起来，然后再重新打包。如果在塔克拉玛干沙漠遇险那次能够下一场这样的暴雨，我们的旅队也不至于损失那么惨重！眼下这场雨不但来得并不令人欣喜，还阻挠了我们的前进。天色已黑，我们在一座园林里扎营过夜。

　　在大草原和荒原旷野里徒步行走了六天，我们来到位于叶尔羌河畔的莱立克，与这村子隔河对望的正是我们上次沙漠历险再出发的地点麦盖提。我们在河的东岸——离莱立克不远——发现有人要卖一艘舢舨；叶尔羌河上常可见到这种载运旅队和推车过河的舢舨，我们花了一锭半银子买了下来。舢舨长三十八英尺、宽八英尺，即便载满货物时，吃水还不满一英尺。据当地人说，叶尔羌河流到马拉尔巴喜附近岔成好几条支流，所以我们又造了艘小一点的木舟，只有另一艘舢舨的一半大，希望不论河水情况如何，这两艘小船都可以把我们带到罗布泊。

舢舨的船头部分增建一块甲板，我的帐篷就搭在上面。舢舨中央有个方形的船舱，外面覆盖黑色毛毯，准备用来作为处理照片的暗房，舱房里有嵌入式桌子、柜子，以及两个装清水的盆子，是洗碗盘用的。船舱后面堆放沉重的行李和补给食物，在船尾甲板上则是露天营地，泥土做的火炉边围着我的随从和他们的什物，因此途中我随时有热乎乎的茶可以喝。靠左舷这边有一条通道，船头船尾就靠这条通道互通声息。

我的帐篷入口处放着两只箱子，当作观测桌，另一只较小的箱子则是我的椅子；坐在这里我可以全方位地欣赏到河景，也能详细勾勒河流的走势图。帐篷内有一条地毯和我的床，还有我随时需要的几只箱子。

岸上的码头洋溢着一片朝气蓬勃的景象：木匠忙着锯木材和钉钉子，铁匠用力打铁，哥萨克护卫正在执行监督的勤务。秋天的脚步已经来临，河水的水位每天都在下降，看来我们必须尽快行动才行。当一切安排就绪，我们的船终于可以风风光光地下水起航，未来将近三个月时间我必须以船为家；船顺着河流航行了九百英里路，而过去也未曾有人为这条河画出详细的地图。在小船完工那晚，我为造船工人和附近的居民办了一场聚会，帐篷之间悬挂着亮晃晃的中国灯笼，悠扬的鼓声、弦乐和我的音乐盒相互呼应；跳舞的女郎打赤脚，身穿白色衣裙，头发上编饰着长长的珠串,头戴尖顶帽,以最美妙的姿势环绕熊熊营火翩翩起舞,此刻的叶尔羌河畔漾满了庆典似的欢乐气氛。

九月十七日我们准备好上路,哥萨克护卫带领旅队穿过灌木丛,他们将取道阿克苏和库车,预计两个半月之后在河流的某一点与我会合。

缓缓行进的船屋

伊斯兰、迦德陪我走水道出发,舢版上的三名水手分别是帕拉塔、纳赛尔和阿利姆,其中两人掌舵、一人负责船头的岗位。他们手持长竿,碰到船靠岸边太近,便用竿子把船推离岸边;还有一位水手叫卡辛,他负责驾驶另一艘小船。小船好像一座漂流的农场,上面载有咯咯叫的母鸡、香甜的西瓜和蔬菜,而我们乘坐的大船上还拴着两只绵羊。多夫雷和尤达西两只小狗也在大船上蹿来蹿去,显然它们从一开始就有把船当家的自在。

我们开航的河段宽四百四十英尺、深达九英尺,流速是每秒三英尺,流量为每秒三千四百三十立方英尺。我下令开船的时间是下午,两艘船堂堂滑下河道,夹岸尽是葱林苍木,河流转了第一个弯,莱立克小村迅即消失在我们身后。

下一个弯道水很浅,当我们的船靠近岸边时,有些妇女和小孩已经等在那里，一瞧见我们的船立刻纷纷跳进水里，为我们送来牛奶、鸡蛋、蔬菜等礼物，我给了一些银币当作回报。他们都是船上水手的家人，趁此机会向家人作最后的道别。

　　我在写字桌前坐下来，把第一张纸摊开在桌面上，同时备齐罗盘、表、铅笔、望远镜。放眼欣赏周遭壮观的河景，河流蜿蜒穿过沙漠，形成许多罕见的弯道。我们如同蜗牛一般带着屋子行进，永远都住在"家"里，风景缓慢无声地从我们眼前滑过，既不必走路，也无需骑马，每转一个弯道，每每悠然呈现簇新的林木岬角、浓密的草丛，以及掀漾起伏似波浪的芦苇。伊斯兰特地在我桌上准备了一个盛放热茶和面包的托盘，船上肃穆寂静，唯有水花拍击深陷泥淖的树枝时激出涟漪，或是水手必须拿长竿将船推离河岸，以及小狗相互追逐，或偶尔站立船头对着岸上的牧人吠叫时，才会打破这样的宁静。岸上的牧羊人总是站在树丛或枝叶架起的帐篷外，像尊雕像般动也不动地凝视我们的船经过。我仿佛走入河水的生命线，感觉到河流鼓动的脉搏，每一天，我对河流的习性都有新的体会，这真是我所经历过最写意的旅途！至今我对那次宝贵的经历记忆犹新。

　　突然船身晃动了一下。糟糕！我们是不是擦撞到什么东西了？原来是舢舨的船头被河床上的一截胡杨木树干紧紧卡住了，船身跟着翻转了半边，感觉上好像太阳在天空里滚动了起来。我利用这个机会测量河流的速度，一旁瞥见帕拉塔连同其他伙伴纵身跳入水中，很快就把舢舨扶正，船又开始滑行，直到暮

第三十二章　重返沙漠　　357

色低垂。我们觅地扎营,这是河流之旅的第一个营地。

我们让船泊在岸边,手下们跳上岸去升起营火,准备晚餐。紧接着,两只小狗也跟着跑上岸,在树丛里互相追逐,可是等到晚上又都回到我睡觉的船上帐篷,手下则睡在营火旁。我当天的笔记还没整理完,伊斯兰端来了白米布丁、烤野鸭、黄瓜、酸奶、鸡蛋和热茶,小狗也各自享受了一顿相当丰盛的晚餐。我把帐篷打开,月光在粼粼的河水上曲曲折折,空气中弥漫着欢愉的气息,我贪恋着黝暗的树林和银色的河水,舍不得把头转开。

惬意的河流之旅

为了节省时间,太阳一升起我们就启程。船尾的炉火上煮着茶,上路之后我才开始穿衣盥洗。帕拉塔手持长竿坐在我前面,一边哼着歌曲,歌词内容是关于传说中的一位国王四处冒险的故事。当船缓缓滑行过一位牧人所站的河边时,我们趁机向他打听一些事情:

"请问树林里有些什么?"

"有红鹿、獐子、野猪、野狼、狐狸、大山猫、野兔!"

"没有老虎吗?"

"没有,很久没见过老虎了。"

"河水什么时候结冰?"

"再过七十天或八十天。"

看来我们得加快速度了。秋天的河水流量迅速下降，才不过两天时间，每秒流量就已经剧减到二千三百五十立方英尺，而风是我们最大的敌人，帐篷和船舱就像船帆一样，逆风时船速减低，遇到顺风船行速度又比我们想象中的要快速。有一天，我们出发没多久就刮起了一阵飓风，船被迫停靠在岸边避风，于是我换乘小船，扬起风帆，快如飞箭顺流而下，而停泊的舢舨及河岸、树林全都消失在灰黄色的霭气中。我享受了好一阵宁静与孤独，之后才把桅杆和船帆放下来，干脆躺在船板上，让河流带着我往下游滑行。

风速减缓了，我们继续河上行程。有时伊斯兰会自己划小艇上岸，扛着步枪在树丛里穿梭，回来时总见他手拎着雉鸡和野鸭，那天晚上大家就会趁机打打牙祭。有一次，伊斯兰带着另一名手下一块上岸，两人去了整整七个小时之久，我们远远望见他们俩四平八稳躺在一片河滩上睡着了，当船悄然无声地滑行过他们身边时，两个人竟都沉睡没醒，我只好派人划小船去叫醒他们，把他们带回船上。

野雁已开始躁动不安，而且慢慢集结起来准备长途飞行到印度。我们在莱立克抓到一只野雁带在船上，它的翅膀因为被剪而不能飞翔，所以我们任由它在大舢舨上自行走动，它不时会晃进我的帐篷来走动走动，然后在地毯上留下一摊它到此登门拜访的"证据"（颜色像菠菜）。当我们上岸扎营时，便让它

第三十二章 重返沙漠　　359

留在河里游泳取乐,等它玩尽兴了便会自动回来报到。每当听见它的表亲野雁在空中嘎嘎叫时,它一定会仰起脖子凝视它们,也许它正怀念着恒河畔的芒果树和棕榈树吧。

航向急湍恶水

九月二十三日,我们到达了麦盖提居民所警告的河流分叉点,叶尔羌河在这儿岔成多条流速湍急的支流,河床宽度骤然缩减。船被惊人的激流带着走,陷在汹涌的浪涛中,河道霎时变得狭窄难行,转弯的角度又险又急,想要调头避开已经为时已晚;大舢舨猛烈朝着河岸撞击,我的箱子几乎掉下船去。当大伙儿还惊魂未定时,河水再度将我们冲过两段急流,不远处,河流为自己冲出一小段新的河床,流到这里已经见不到树林,不过河里还是生长许多柽柳,漂流在水上的浮木和胡杨树干堆积起来,和柽柳交错纠结成一些小岛。整条河布满了漩涡,我们的船速实在太快了,因此当舢舨猛然触礁时几乎整个翻了过去;有的时候,船身被浮木缠得很紧,我们费了九牛二虎之力才得以安全脱身。由于数条支流分散了水量,使得河水的深度越来越浅,尽头的河床浅到使整艘船陷进河底的蓝色淤泥中。我派遣手下前往附近村落寻求援助,他们带了三十个人手回来,村民帮我们把所有的行李搬到岸上,然后一英寸英寸地把搁浅的舢舨拖离河道,一旦过了这处河道,接下来只剩下几段最陡峻的急流要应付。我独自留在船上，观看帮手用长绳索把舢舨固定住，以免舢舨横向旋转而翻覆在湍流里；舢舨乖乖地滑过急流边缘，然后像跷跷板似的跌入水中。下一个急湍位于一段狭窄的水道中，我们一刻也不敢放松地提高警觉，以防船只向前冲撞成碎片。

叶尔羌河畔的小精灵

我们此刻正航行在新形成的河床上，岸上还是光秃秃的一片，野生动物也很稀少，芦苇稀稀疏疏的，偶尔可见野猪和獐子的脚印；有只老鹰安坐高处好像在细细观察我们，几只大乌鸦哑哑叫着飞过河流。两条小狗经常逗我开心，看着它们船头船尾跑来窜去，活脱脱是一对快乐的小精灵。横七竖八倒在河里的胡杨树干看起来像是伏卧的黑色鳄鱼，刚开始，两只小狗对着树干狂吠不休，很快也就见怪不怪了。一转眼，它们又发明了另一种游戏，那就是趁船行进时跳进河里，然后游泳上岸，顺着河岸玩起跟踪船的把戏。若遇到河道转弯，舢舨被迫离开河岸边时，它们就会又跳进河里游水，如此没有实际意义的行动一再重复，直到它们累了，就回到船上来，趴在甲板上发出长长的嚎鸣。

新河床走到了尽头，我们再度回到翁郁林木夹岸的旧河道，水流变得迟缓，相反地，森林却越走越广阔。已是秋天时节，树叶转黄，然后转红，不过胡杨树梢的枝叶依旧茂密，将太阳光线远远隔绝于树叶形成的屏障之外。我们的船如同在威尼斯的运河上滑行，只不过河岸两旁矗立的是树林而非宫殿；水手拄着长竿打盹，仿佛有人暗地里施展了魔法，树林隐约散发出一股神秘的氛围笼罩着我们，这时若出现童话里的魔笛手潘恩吹奏笛子，或是树丛里钻出古灵精怪的小精灵，我也不会觉得惊讶。一阵清风霍地拂过树林，金黄色的叶子像下雨似的纷纷飘落晶莹的河面，令人联想起印度贵族献给圣洁恒河的黄色花环。

叶尔羌河的转折真是疯狂！有个弯道只差四十度就是一个完整的圆圈了，另一处弯道的直线距离虽只有一百八十米，我们却整整走了一千四百五十米。更离谱的是，河道转弯的角度是三百三十度，高水位很快就会切割狭窄的长形地带，缓缓的水流将再一次遗弃旧弯道。

我们的前进速度非常慢，河流水位日益下降，天气也变得越来越冷，我怀疑我们能否在河水结冰之前抵达目的地。

第三十三章
河上生活

从九月三十日这天开始，沿途的景观变得与先前迥然不同，树林不见了，平坦如茵的大草原向四面八方迤逦延伸。马撒尔塔格山宛如一朵轮廓鲜明的云，浮升在地平线上端；由于河流走向的关系，这座山有时在我们前面，有时不是跑到船的右舷就是在左舷，可是当河道转向西南方而非东北方时，它又会出现在我们的背后。

再往前航行一天，我们已经可以看见北边的天山，广袤的山脉顶上覆罩皑皑白雪，看似远方朦胧的背景。随着距离的拉近，马撒尔塔格山的轮廓更加清晰了，当暮色笼罩大地时，我们到达山脚下准备扎营。那里已经有一座搭好的帐篷，亲切和善的土著走下河岸来兜售野鸭、野雁和鲜鱼，这些都是他们用陷阱和网子捕捉来的。我们请托此地的长老骑马去商队路线上最近的村庄，为我们采购毛皮和靴子，另外再买些米、面粉、蔬菜等，补充我们的粮食存量；我拿足够的钱给他，仅告诉他去某个地点与我们会合，这么做其实担了些风险，因为他有可能拿了钱之后一去不返,毕竟他跟我们任何人都不认识。结果证明长老不敢欺骗我们,他依约来到指定地点,而且不负所托把事情都办好了。

负责驾驭小船的水手卡辛对捉鱼很有一套,他做了一支鱼叉,然后站在一处由小支流形成的瀑布底下叉鱼。几天之后,我远远望见秋卡塔格山,属于马撒尔塔格山脉最南端的部分,也是当年我在沙漠遇难动身的地点。我想再次看看那个地方,而且重访那座无法提供我们足够饮水的湖泊,由于那座湖泊会在前方与这条河交会,于是我们转乘英国制小艇继续这趟旅程。伊斯兰陪我一起前往,但是他忘记携带步枪。万一我们离开太久没回来,留守原地的手下会在夜里生火作为指引的讯号。

回首往事不胜唏嘘

我们顺着一股强劲的风行进,从河流转往一段峡道,途中遇到的第一座湖泊长着茂密的芦苇丛,不过湖泊本身具有宽阔的水域,湖面上十四只雪白的天鹅正优哉悠哉地游泳戏水,突地看见一艘小艇滑进,着实吃了一惊,似乎在怀疑我们的白色船帆是不是某种巨鸟的翅膀,一直等到我们靠得很近了,天鹅才聒噪地扇翅飞起,可一会儿又一只只降落在不远的地方。

我们所在的湖泊借着一条长长的峡道和南边的湖泊相连,毗邻的湖泊叫作丘尔湖(原意为"沙漠湖泊"),一八九五年四月二十二日我曾经在它的南端扎过营。船抵达后靠了岸，我带着帕拉塔和两名土著徒步前往秋卡塔格山，伊斯兰和其他土著则在船上等候，我们打算稍后转由秋卡塔格山的南坡返回营地。

走到秋卡塔格山的山脚下，再攀上巅峰花了我们很长一段时间，那时太阳就快贴近地平线了。我在山顶上盘桓了好一会儿，从南向东眺望，眼前景色唤醒了我一种奇妙诡异的回忆，我可以看见沙丘顶上染着一抹红光，仿佛释放光热的火山，高耸的景象像是我那些死去的手下和骆驼的墓碑。唉！老穆罕默德啊！如今他在天堂的棕榈树下啜饮仙境甘泉，纾解了喉咙的干渴，是否因此原谅我了呢？

我是三位侥幸存活的其中一位。往更远的地方走去，有一处是我们最后一次在沙丘之间扎营的据点；我没有注意到太阳已经西沉，耳边隐然响起从沙漠深处传来的送葬哀歌。天色越来越昏暗了，恍惚间我感到有鬼魅幻影从阴暗的沙丘向我扑过来，后来我被一只轻盈跳下山坡的野鹿惊醒，还有帕拉塔的声音："先生，我们离营地很远了。"

下坡路走得很吃力，天色昏黑，我们都特别小心；好不容易回到平地，又往北行走二十四英里路，才终于看到指引的营火。走回营火边的这趟路令人十分迷惑，明明看它近在咫尺，却走了好几个小时才抵达，最后我终于在午夜时分回到船上的帐篷。此次探险截至目前，今天可是第一回觉得艰辛，没想到这样的苦头以后还多的是哩！

沉闷的氛围

我们在十月八日离开那个值得怀念的湖泊，继续蜿蜒曲折的路程。之后，我们总是找一两位熟悉本地状况的牧人，请他们跟着我们的船同行一段路，随时可提供相关资讯。我们瞥见正前方有只美丽的天鹅正游过河，伊斯兰匆忙抓起他的步枪，可是距离太远，他又过于激动，结果当然是一枪落空了。受到惊吓的美丽天鹅立刻跳上岸，一溜烟消失在芦苇丛中。

入夜后，我们在一处树木茂密的地方扎营。好几天以来，一直显得无精打采、行为怪异的小狗多夫雷突然跑上岸，焦急地钻进树丛好像在搜寻着什么，最后见它全身痉挛倒地气绝。我对多夫雷的死感到十分难过！当我们在欧什买下它时，它还只是只楚楚可怜的幼崽，现在已经长成一只漂亮的大狗，不料却在这时一命呜呼。水手里刚好有位伊斯兰教教士摩喇，他为多夫雷掘了一个墓穴，将小狗包裹在我们最后一头绵羊的羊皮里，喃喃念诵一些祈祷文后，便将小狗埋葬在小小的坟墓里。自从多夫雷离开我们之后，船上显得寂寞又凄凉。

船行得越远，河水的流速越缓慢。水手们无事可做，除了帕拉塔之外，人人都坐在后甲板听摩喇说故事，他手捧一本书，大声朗读先知穆罕默德的信徒如何为伊斯兰教征服东方。河流上空原本绿荫蔽天，随着航程的推进浓荫愈发稀薄，林木的树叶已多数换上或黄或红的颜色；我们经过一座形似小岛的地方，两旁竖起高高的柱子。伊斯兰想要娱乐一下大家，便把音乐盒拿出来播放，原本死气沉沉的氛围

一群野猪

被《卡门》、瑞典国歌和瑞典骑兵队的行军进行曲给搅散了。一只野鸭游过来循着河岸与我们同行，有一头狐狸则躲躲闪闪地盯着野鸭的一举一动；而芦苇丛里出现一群野猪以鼻尖拱着地，年纪较大的野猪颜色呈黑色，较年轻的则是棕色，它们定定地站着凝视我们，然后调头钻进草丛逃走，一路还发出嘈杂的哄哄声。

在昏黄月色下赶路

我每天工作长达十一个小时，像禅定似的稳坐在观察桌前，因为地图上不容许出现任何缺口。十月十一日夜里，气温首度降到冰点以下，从那天之后，树林里的最后一丝绿意也消失了。起风时，河面上布满密密麻麻的落叶，我几乎可以想象自己在红黄相间的拼花地板上溜行。由于河边的带状树林非常狭窄，

有时可以透过树叶的罅隙见到塔克拉玛干沙漠中离我们较近的沙丘。

四位牧人围坐在河岸边的营火旁看管绵羊,虽然我们的船静悄悄地滑过河道,他们还是被吓一大跳,站起身来掉头就跑,如飞箭般冲入树林中。我们上岸放声大喊,并且四处找寻他们,可是这些牧人就这么消失无踪了,也许他们误以为我们的船是要生吞活剥他们的大怪物。

十月十八日、十月十九日两天刮起一场黄风暴(sarik-buran),整条河的河面上漂满了马尾藻,我们被迫靠岸停泊。我徒步穿过树林走到沙漠的起点,风势终于转弱,我们继续行驶,夜里就凭借月光和灯笼的微光赶路。扎营时,我们架起一堆木材生火,四截干枯的胡杨树干为我们带来不少暖意。

第二天,摩喇在船抵达一处弯道的地方宣告,离河岸不远处的森林里有一座清真寺,名叫"马扎和仁"。除了迦德,我们全都到清真寺去了。寺庙小巧而原始,由树枝和木板将四周环绕起来,直接搭建在沙地上,绑在柱子上的三角旗帜和布条迎风飘展。摩喇庄严肃穆的表情像个大祭司,念起经文来,洪亮的"伟哉真主!伟哉安拉!"的吟诵声霎时响彻前一刻还沉浸在宁谧氛围的树林。我们回到舢舨上,留守的迦德也想去寺庙向先知致敬,便央求我让他循着我们的脚印单独前去,可是他很快就回来了,好像有一堆恶鬼在后面追赶他一样,原来是他踽踽独行于林中心生不安,因而把每一簇树丛误看成野兽,而在风中噗嗤鼓动的旗帜也把他吓得半死。

浓厚的人情味

卡辛乘小船漂流在我们前面，目的是探测河水的深度，以便预先警告我们哪里有浅滩。他手持长竿站在船尾，有一次把竿子插进河底时由于用力过猛，一时间竟拔不出来，整个人登时像倒栽葱似的往后跌到河里，所有的人见状全都捧腹大笑，差点笑岔了气。

十月二十三日，船上洋溢着一股活泼的气息。此刻航行的这段河道和商队路线十分贴近，我们看见一位骑士骑马走在树林边缘，突然之间消失了身影，不久，我们又看到一整队骑马的人，他们要求我们停下来，于是我们上岸，这些人马上摊开一张地毯铺在地上，然后在上面堆满了甜瓜、葡萄、杏子和新鲜面包。接着我回请他们当中最出色的几个上船来，和我们一同旅行，其他骑士则顺着河岸护送我们，过了一会儿，又有新的队伍出现，他们是来自阿瓦特的商人。这还不是全部，转眼间又从树林里窜出三十个骑士，这次是阿瓦特长老亲自前来向我们致意，我仍然邀请他连同其他几位商人上船，伊斯兰为他们奉上热茶。舢舨轻巧地滑行，岸上聚集越来越多骑马的人士；我们将船停泊在岸边，预备在该地多逗留一天。邻近的居民几乎全部出笼，争着来观看他们眼中怪异的船只；八位放鹰人和两位骑士带着猎鹰邀我们一同去打猎，事后还慷慨把猎到的一头鹿和四只野兔送给我。

当我们挥手告别这些热情好客的居民时，他们在我的地毯上放置装满水果的大碗，以及足够我们吃好几个星期的食物。我们也在这里买了一条新狗，我管它叫哈姆拉（二世），费了好一番工夫才将它驯服。

塔里木河登场了！

又航行了两天，周遭的景致再度呈现迥异的新风貌。现在我们来到滔滔大河阿克苏河向南流入叶尔羌河的交汇点，从此地开始，缓慢而蜿蜒的叶尔羌河画下句点，流量大增的河水转

全速穿越湍急水流

向东流,改名为塔里木河。壮丽的景色神奇地伸展开来,我们出了叶尔羌河右岸最后的一处岬角,停泊在左岸,然后就地停留一天,为的是想仔细观察两河交汇处的漩涡与激流。

一天过后,我们又往前赶路,有一次舢舨在漩涡里打转,所幸后来船身稳稳落在一股劲流之上。河水是浑浊的灰色调,河面宽阔而且相当浅,弯道也不险急,有很长一段河道几乎呈笔直伸展,两岸景物一幕幕往后飞驰,向南去正是和田河干涸的出口。几年前,和田河曾经救过我一命。

我们第一次在塔里木河畔扎营,有一大群野雁呈人字形飞翔掠过天空,它们正在飞往印度避冬的途中;还有一群停在很靠近我们的船的地方,我们并没有骚扰它们,因为粮食已经足够。第二天一早,它们又开始避冬的旅行,我们豢养的那只野雁用困惑的眼神凝视它们;雁群里有一只远远落在后头,可能是疲倦了,但它很快就警觉到孤单,于是奋力追赶,循着同伴无形的雁迹飞翔而去,显然它知道雁群下一个停靠站在哪里,也很确定自己能够迎头赶上同伴。我们的旅队中,来自莱立克的水手不像野雁那么熟悉路线,加上现在离莱立克越来越远,他们就更加迷惑了,担心找不到路回家。不过我向他们保证,到时候一定会帮助他们安全回到家乡。

这时节,塔里木河的水流量是每秒二千七百六十五立方英尺,流速则达到每秒三四英尺。到了晚上,这里的温度可以降到接近零下九摄氏度,地面已开始结冰,不过一到白天又迅速

第三十三章 河上生活　371

融解。夹岸呈垂直的台地不断滚落整块的泥沙，扑通掉入河中。有一次，我们的船经过时正巧有泥块掉下来，舢舨的整个右舷被溅起的冷水淋得湿透，船身也起了剧烈晃动。在这次航程中，我们曾经过一处河岸，有个妇人提了一只篮子独自站在岸边，篮子里装了一些鸡蛋，她要求我们买下鸡蛋，由于她站的位置离船尾实在很近，所以我们根本不需要停船，只消抄起篮子，然后丢一个银币给她即可。

水流很急，到处有水涌出来，形成漏斗形的漩涡；有时候，我们的船似乎眼看就要冲撞上陆地，而每位水手的长竿也奋力往水底戳，却无济于事，最后真正帮助我们脱险的反倒是水流，是水流把船托离险恶的地方。有两天的时间，我们几乎以玩命的速度行经一段刚形成的、笔直的河床，两边尽是垂直峭立的高地河岸，大块泥沙不断从岸崖掉落河里，滚落扬起的泥尘仿佛河岸正冒着烟。

每个人都感受到摄人心魄的紧张气氛，随时保持高度警觉，乘小船带头先走的卡辛忽然惊慌大叫："停船！"原来是一截胡杨树干卡在水流中央，形成了一个由浮木和草丛堆积起来的小岛，我们被水流推着直直冲向这个障碍岛，只差几百英尺就要撞上，此时船身四周的水流十分湍急，泡沫、水花四溅，这会儿能救我们的唯有奇迹了。就在千钧一发之际，阿利姆捉起一条绳索跳进冰冷的河里，然后使劲游上岸，他终于成功地减缓了船的速度，舢舨因而在控制之下得以慢慢通过障碍。

当天晚上在我们扎营的地点,牢牢拴住的船整晚被水流抛来晃去。

凄凉的冬景

我们终于又回到老河床,河岸再见林木苍翠。航行中不时会遇到牧人,有些牧人看管的羊群数目高达八千,甚至一万。一些灰棕色的兀鹰零零落落栖息在一个淤泥堆积成的半岛上,它们的身形既臃肿又笨拙,伫立在那儿连头也不肯转一下,只用眼睛斜睨着我们的船只从旁经过。当地土著在岸边架起一张张的网子,形状酷似鹅蹼或蝙蝠翅膀,土著将它们沉进河中,然后再收拢支架,如此可把网子连同捕到的鱼捞出水面。

我们在下一个营地新买了只公鸡,这只鸡一上船就和我们的老公鸡斗了起来,还把老公鸡逼进河里去,逼得我们只好把这两名斗士分开,由每艘船各保管一只,之后它们才得以相安无事。每当其中一只喔喔啼叫时,另一只也会立刻应答。我们同时添购一艘独木舟,让伊斯兰和摩喇划在舢舨前面,最后我们还买了一些火把用的燃油,以备不时之需。船上也来了一位新乘客,那是一只棕色小狗,我们以死去的多夫雷之名为它命名,只见它一登船便在舢舨上发号施令。天方破晓,每样东西都蒙上一层白霜,萧瑟的树林难得见到一片叶子,光秃凄凉的景象已经准备迎接冬天的来临。每天都有成千上万的野雁朝温暖的低纬度飞去，有的雁群甚为壮观，为首的野雁飞在人字形队伍的最前面领航，整个雁队两翼间的长度可达好几百码。

现在是晚上，温度降到零下十一点一度，船停泊的岸头纵使隔着屏障也冻结成冰，船柱表面都覆满冰层；船上每个人均是全副御寒装备，穿上冬衣和毛皮外套，一入深夜更需要生起大堆营火来取暖。我怀疑在河水结冰之前我们还能走多远，因此每天早上大伙儿尽可能早出发，直到夜幕低垂才靠岸休息。

害羞的土著

十一月十三日晚上，所有船被冰河冻在岸边，必须用冰斧和冰凿撬开，所以此后，我们只选择水流冲击的地方扎营，这样河水才不至于结冰。我们的船慢慢漂流过一个地方，岸上有四名男子和四条狗看管着一群马，这些人一看见我们就没命似的逃跑，而他们的狗却沿河岸跟着我们跑了好几个小时，而且对着我们狂吠不休，船上的狗不甘示弱，也大声回以吠唁，真

当地土著眺望我们的舢舨

是喧嚣震天。这里的土著似乎比上游的居民更害羞，偶尔我们上岸在附近扎营，所有的人会一溜烟地跑得无影无踪，留下棚屋里烧得正旺的炉火。有时候希望从他们口中探听点消息，任凭我们在他们背后如何叫嚷，一样不予理睬，只有一次好不容易逮到一个小男孩，他却吓得一句话也说不出来。

过了几天，我们终于成功地第一次和当地人搭上话。他住在用树枝和芦苇搭建的草棚里，是个猎虎的猎人，我向他买了一张虎皮，至今仍然是我在斯德哥尔摩书房里的装饰品。

这个地区的丛林居民在猎虎方面，并非特别突出和勇敢。当老虎杀了牛马之后，一定是尽情享受美食，吃饱了就钻进浓密的丛林深处休息，等第二天再回原处继续饱餐一顿，因此老虎总是跟随被牧人或牛群踏平的小径猎食。这时候，牧人就在通往动物尸体的小径上挖一个深坑，然后在里面安装兽夹陷阱，只要老虎不小心踩到兽夹，沉重而锐利的框架就会狠狠夹住老虎的脚，一旦被夹住，老

落入兽夹陷阱的老虎

第三十三章 河上生活

在独木舟上透过薄冰层捕鱼

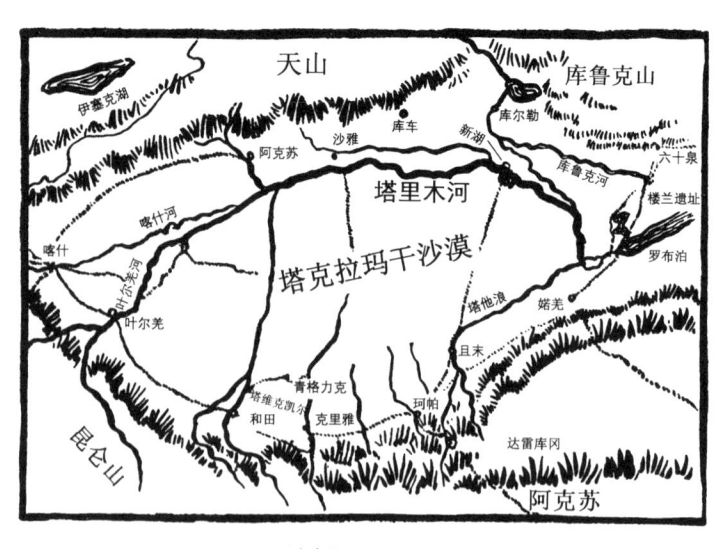

塔克拉玛干沙漠

虎绝不可能逃脱，即使脱逃现场，脚上的兽夹也是甩都甩不掉的，假如受伤的老虎又无法觅食，将会逐渐消瘦、忧郁，最后注定饿死。而猎人常要等到过了一个星期才敢去搜捕老虎，由于负伤的老虎足迹很容易辨识，猎人只要骑在马上补上最后一枪，就可以轻取老虎性命。

当我们和猎虎人交朋友时，碰到了第一批罗布人，他们住在岸边的芦苇棚屋，以捕鱼为生。有一位罗布人向我们示范怎么捉鱼，他在河岸与泥岸相夹的一段狭长内港下网，内港已经结冰，他划着独木舟到外缘地带，用船桨尽可能击破冰层，然后把渔网向新的边缘一点一点移动，最后鱼被赶进内港中，罗布人敲破最靠近河岸的冰层，将要转头游回合流的鱼儿赶进渔网中。这项捕鱼技术进行得很快、很顺畅，捕完鱼，我们向渔人买了相当多的渔获。

十一月二十一日，河流转进新的河床，这里的流速一样十分湍急，此地的长老特地前来警告我们，不过他自己胆子也很大，上船来陪我们走了一段。现在岸边的树林被光秃秃的沙丘所取代，它们的高度达到五十英尺，丛生的胡杨树零星散布，有些甚至长在河床中央。有几次，我们上岸时发现新的老虎足迹。

就这样，塔里木河带着我们越来越深入亚洲的心脏地带。